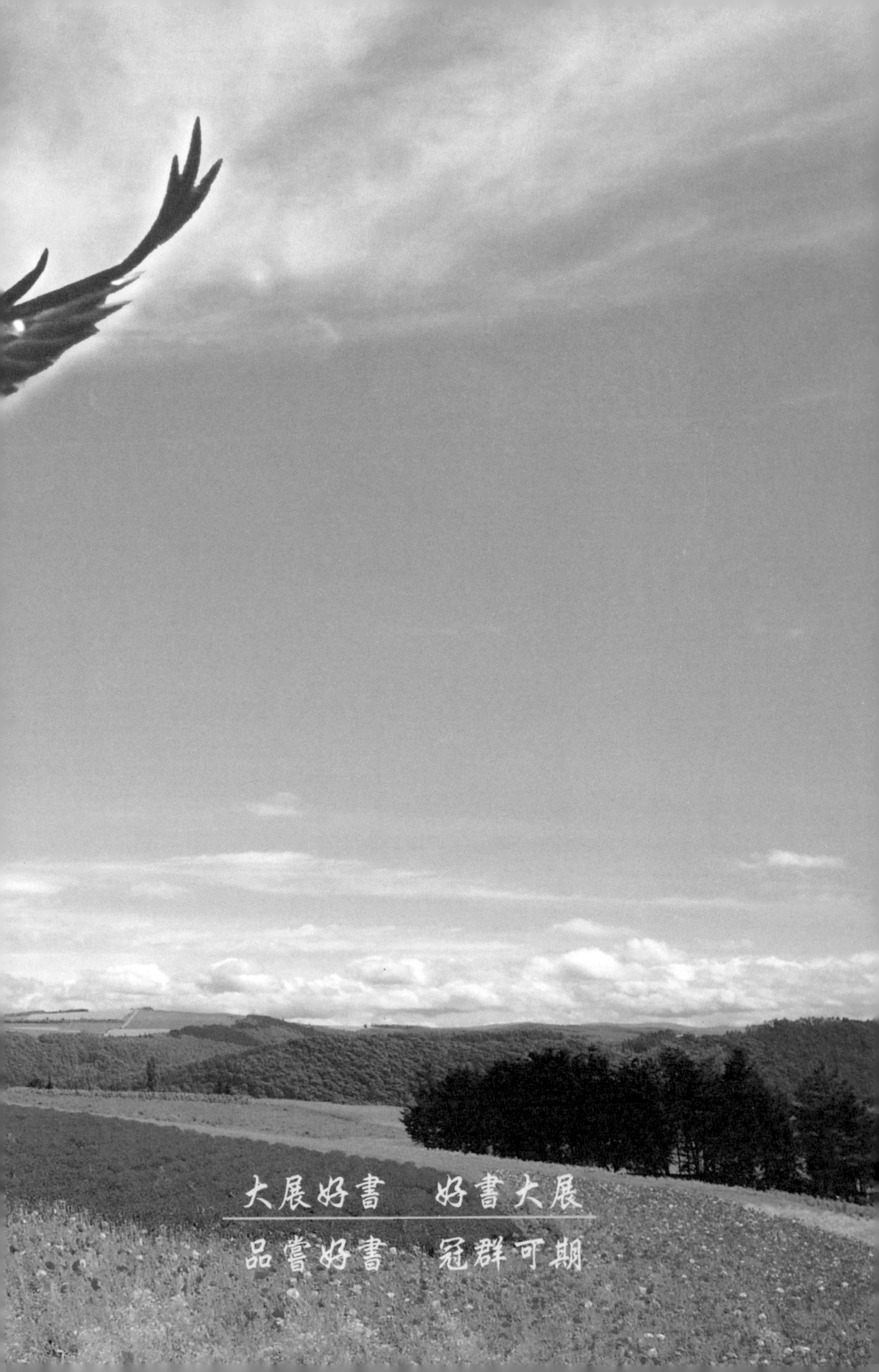
大展好書　好書大展
品嘗好書　冠群可期

大展好書　好書大展
品嘗好書　冠群可期

休閒娛樂
23

假日木工DIY

月夜木工手藝俱樂部／編著
李久霖／譯

大展
出版社有限公司

前言

「這裡如果擺個架子就很方便了」「如果能使用這個空間收拾東西，那就太好了」……在日常生活中，相信大家都經常有這種感覺。要在有限的空間中過著舒適的生活，當然需要下點工夫。然而，能夠完全吻合條件及空間的成品非常少，所以本書的目的就是自己動手做做看。

本書的作品例，就算是初學者也可以製作，並未使用任何專門用語，也沒有困難的加工，以容易製作的順序即可完成。當然，也不需要昂貴以及很少使用的工具，只要到DIY賣場購買板子、螺絲等必要的材料，則不論是誰都可以製作。

靠自己的力量完成成品也是一種快樂。首先想想看要做什麼，完成構思後，剩下來的就只是實踐而已。剛開始先從身邊的小東西做起，等到技巧純熟、有自信之後，就可以向架子或家具等大型物件挑戰。

目錄

第1章 簡單的製作生活中的小物件

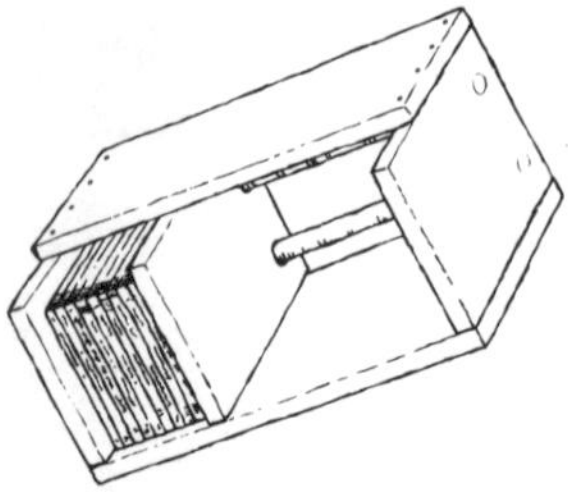

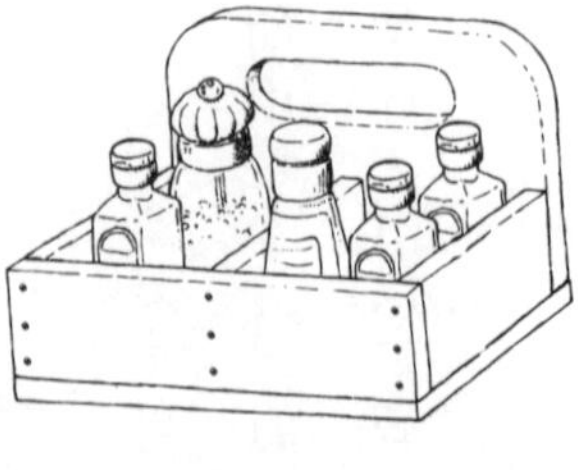

第2章 我家的方便小物件

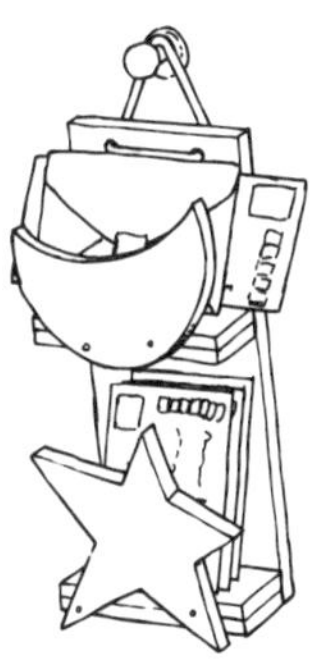

第3章 用途廣泛的收納架

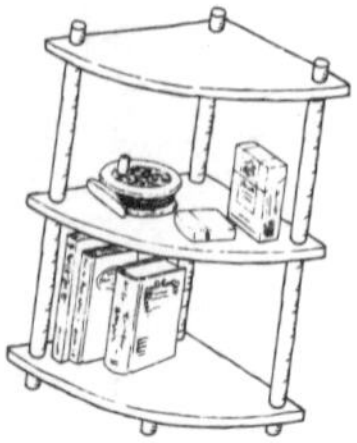

第4章 安慰心靈的綠色植物架

第5章 方便的家具

第6章 充滿玩心的戶外用品

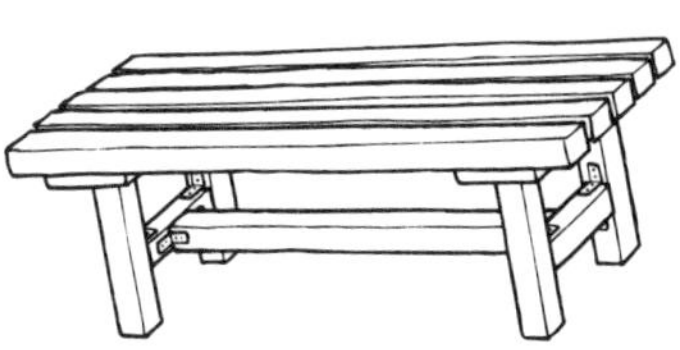

第7章 木工的基本知識

第1章

簡單的製作 生活中的小物件

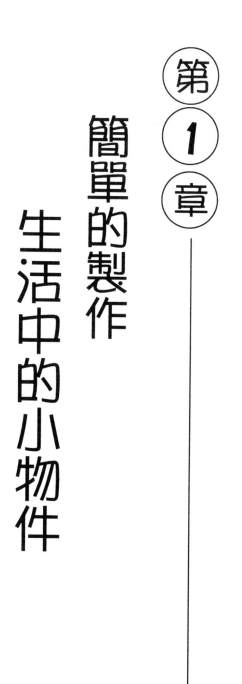

牆壁掛鉤！

掛帽子或是大衣等衣物的掛鉤！在形狀上下點工夫，配合室內裝潢，成為獨特的掛鉤。想要利用雕刻裝飾時，則可以使用沒有年輪的普通木板。

完成圖

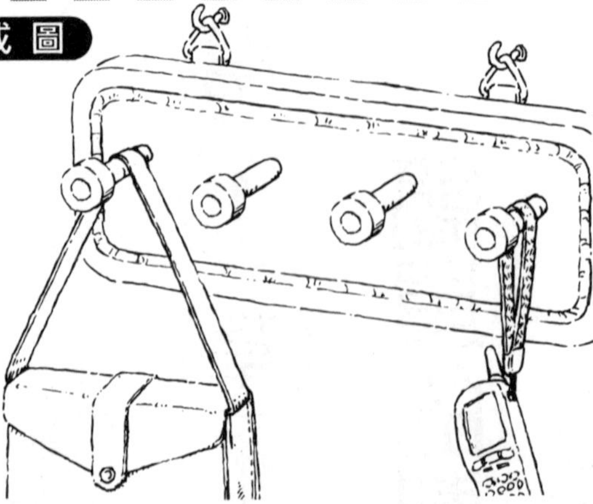

展開圖

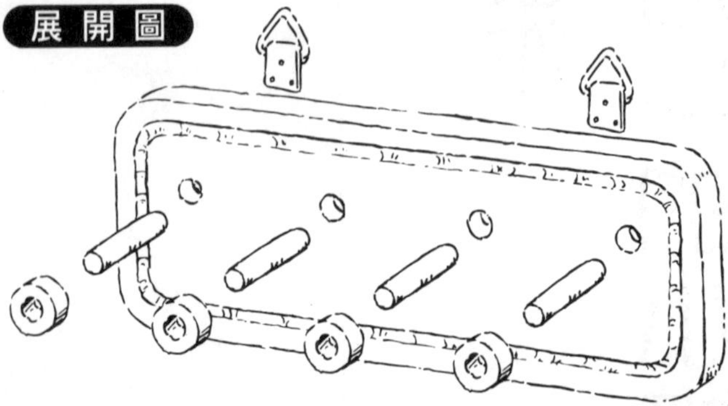

木材切割圖

600×300　木板厚18毫米

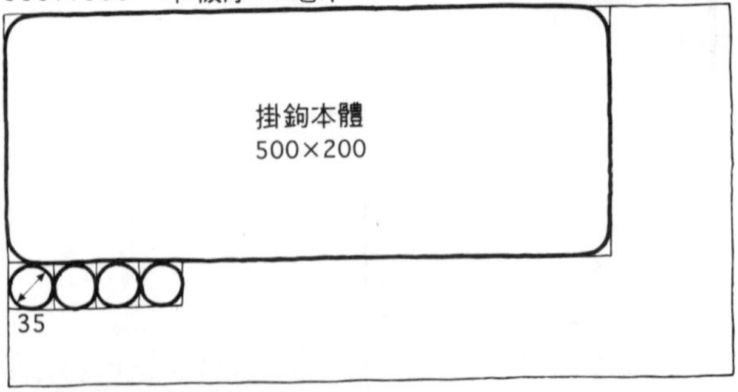

圓棒　直徑18毫米

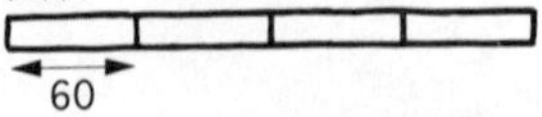

＊上面的數字是（長×寬）的尺寸，單位為毫米（以下相同）

●材料

木板（檜木、扁柏等）、圓棒、牆壁掛鉤用的三角鉤

●主要工具

螺絲起子、鋸子、線鋸、電鑽、銼刀、砂紙、木工用接著劑、雕刻刀

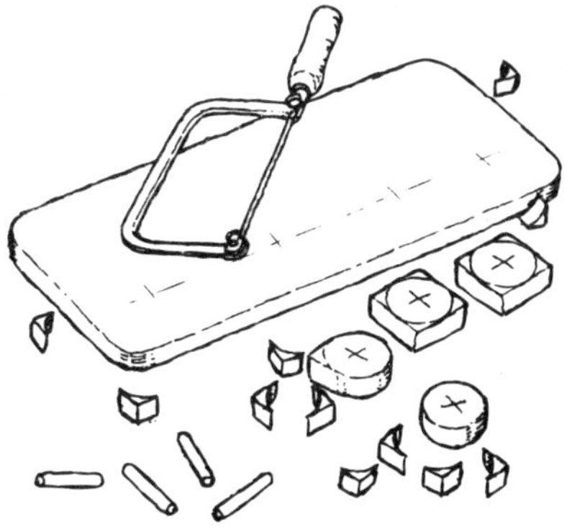

1 用鋸子鋸開掛鉤本體和要掛帽子等鉤子的部分，再用線鋸鋸圓。

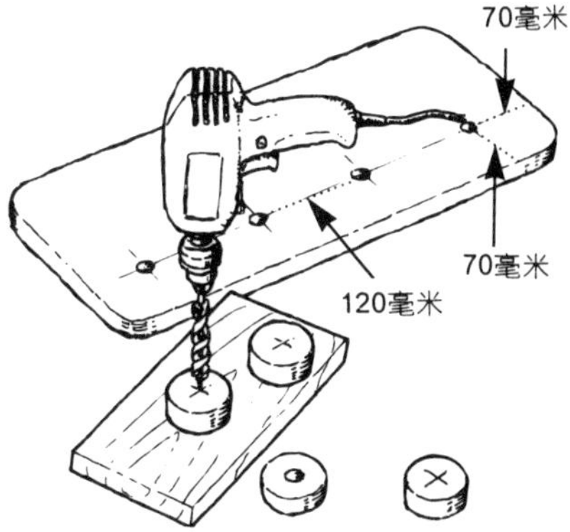
70毫米
70毫米
120毫米

2 用電鑽頭為 φ 18毫米的電鑽，在掛鉤本體和鉤子部分鑽出能夠插入圓棒的洞。

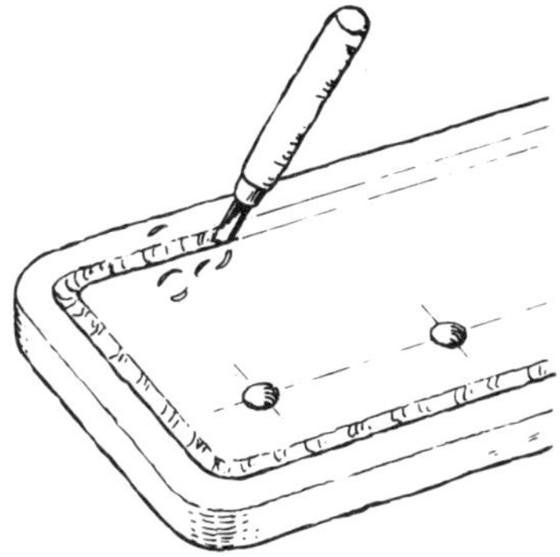

3 用雕刻刀在本體上雕刻出裝飾鉤。這個部分可自行設計，成為時髦的裝飾品。

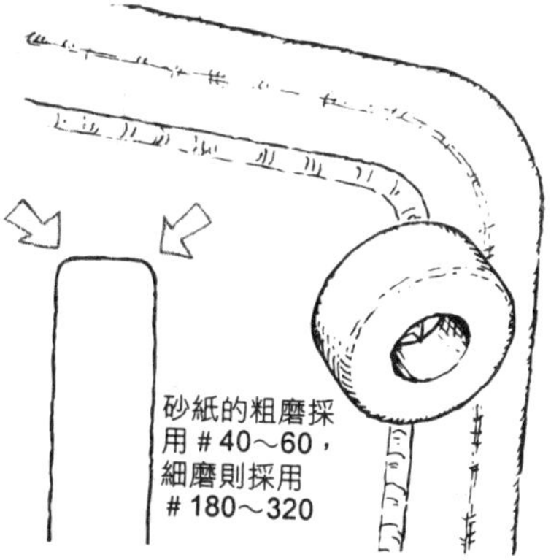
砂紙的粗磨採用＃40～60，細磨則採用＃180～320

4 用銼刀或砂紙等去除本體和鉤子的角，修飾成圓形。

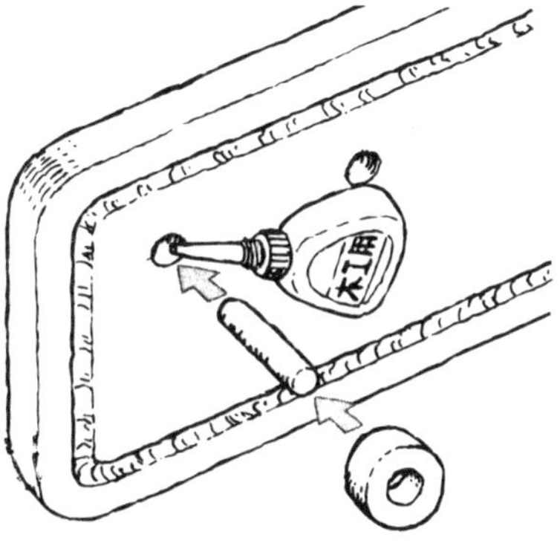
木工用

5 圓棒以及本體的洞沾上木工用接著劑，然後插入本體。同樣的，鉤子的部分也要插入圓棒。

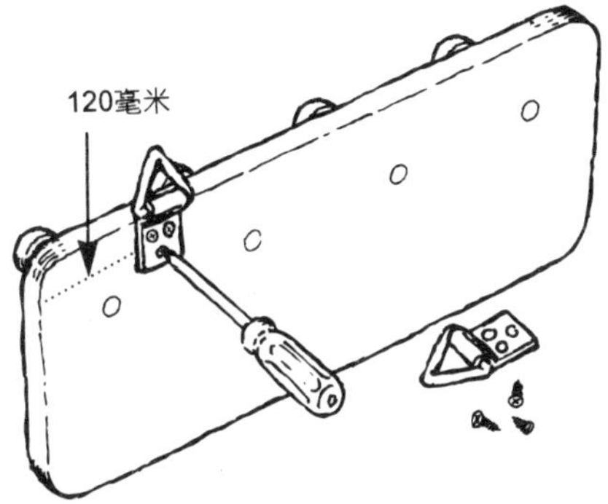
120毫米

6 背面釘 2 個鉤子，讓本體掛在牆壁上就算完成了。

CD架

隔板可以滑動的CD架，這個作品長四〇〇毫米，不過可以配合擺飾的位置調整長度。做二個疊在一起使用，就可以收藏更多的CD。

完成圖

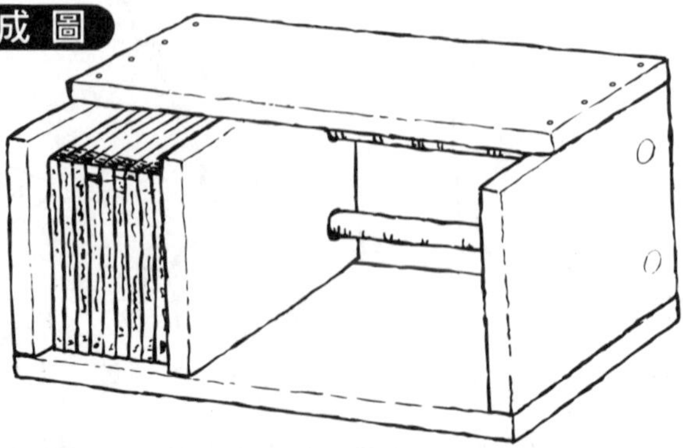

展開圖

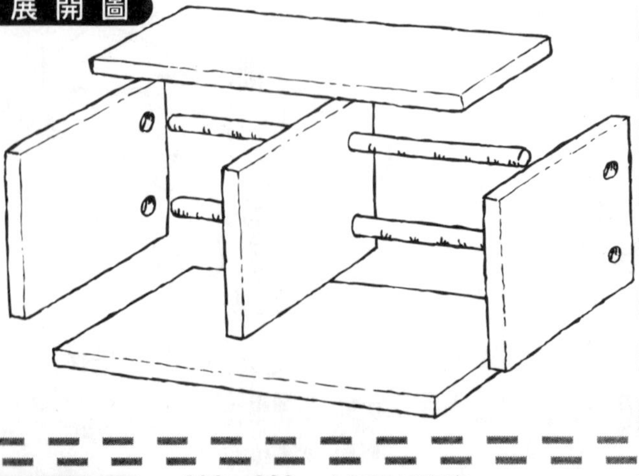

木材切割圖

600×600　木板厚18毫米

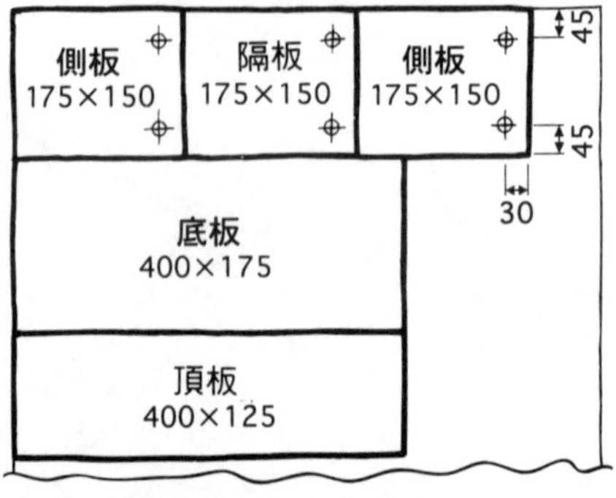

側板
175×150
隔板
175×150
側板
175×150
45
45
30
底板
400×175
頂板
400×125

圓棒　直徑15毫米　長400毫米

×2根

●材料

板子（柳安膠合板、級木膠合板等）、圓棒、螺絲

●主要工具

螺絲起子、鋸子、電鑽、銼刀、木工用接著劑

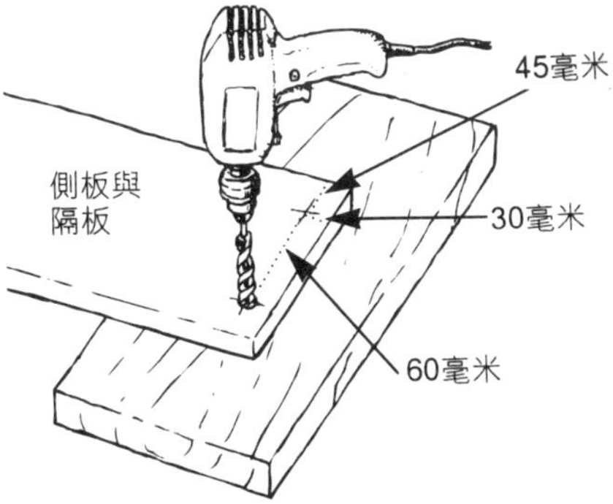
45毫米
側板與
隔板
30毫米
60毫米

1 用電鑽將ＣＤ架的側板和隔板各鑽二個 ϕ15毫米的洞。打洞時，下面一定要使用墊木。

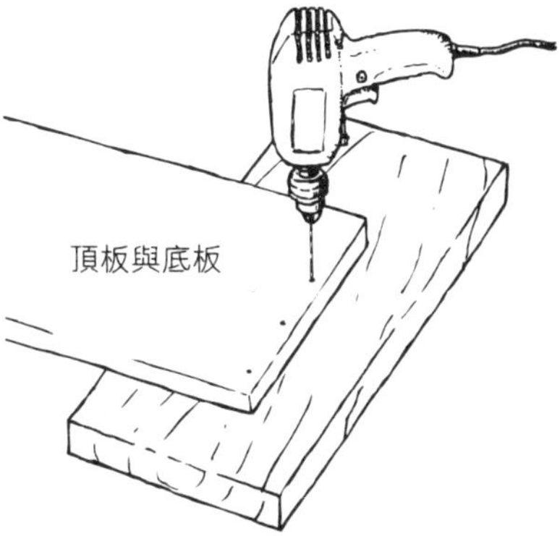
頂板與底板

2 用電鑽將頂板和底板各打四個洞，用來鎖螺絲釘。最好打出比螺絲釘更小的 ϕ2毫米左右的洞。

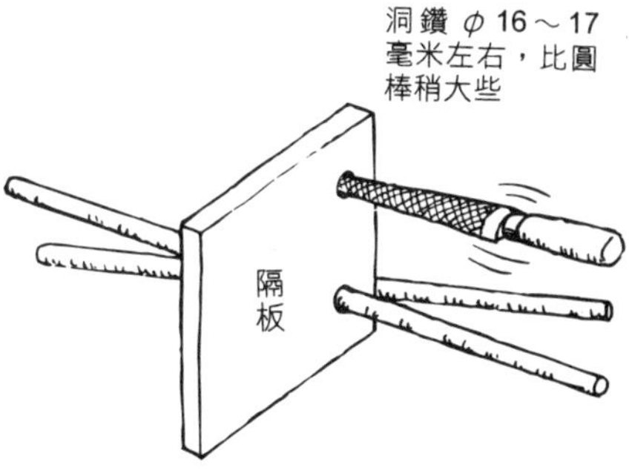
洞鑽 φ16～17
毫米左右，比圓
棒稍大些
隔
板

3 讓圓棒通過隔板，太緊時就用圓形銼刀將洞銼寬一些。隔板可以滑動，所以不要使用接著劑。

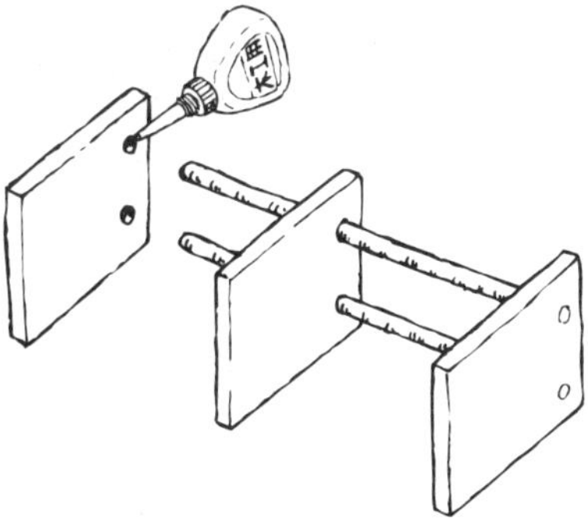

4 側板安裝圓棒的洞塗抹木工用接著劑，然後插入圓棒。

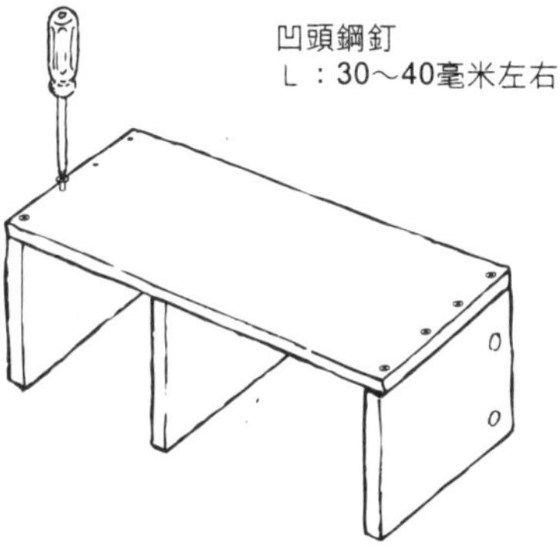
凹頭鋼釘
L：30～40毫米左右

5 用螺絲釘將側板固定在底板上。左右八個凹頭螺絲釘，用力鎖緊在板子上。

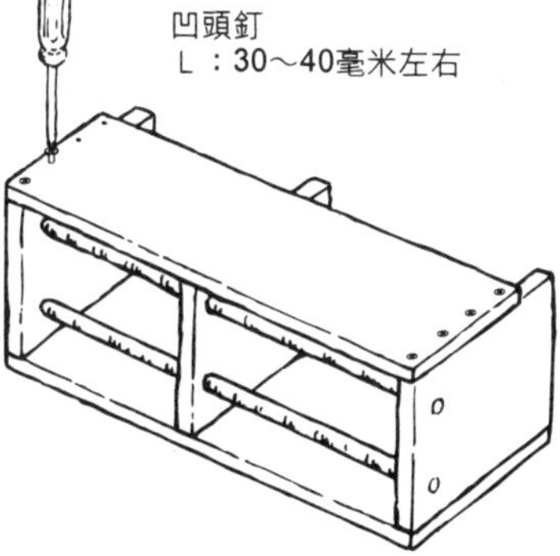
凹頭釘
L：30～40毫米左右

6 上板和側板同樣的用八個螺絲釘固定。

桌上型調味料架

擺在桌上的袖珍型調味料架，不光是可以擺調味料，也可以當成擺小物件的架子。此外，只要改變背板的形狀，就能夠湧現異國情調。

完成圖

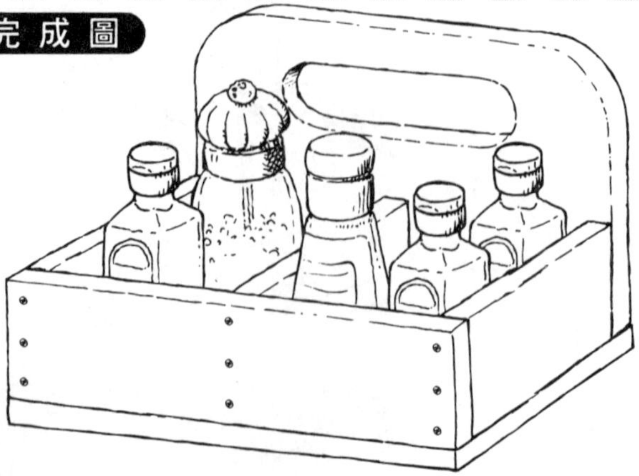

展開圖

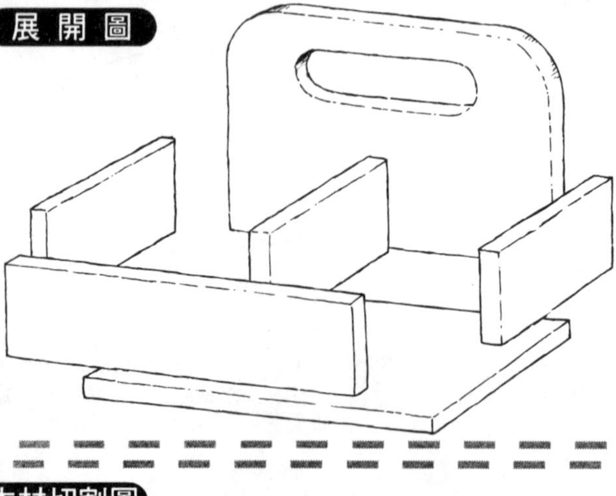

木材切割圖

300×450　木板厚12毫米

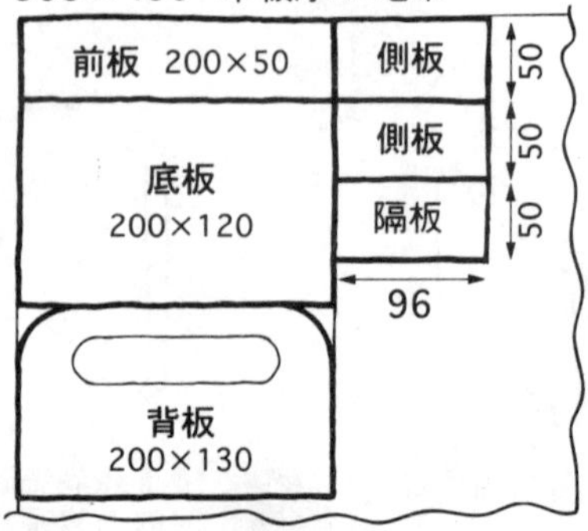
前板　200×50
側板
側板
隔板
底板
200×120
背板
200×130
50
50
50
96

●材料

板子（柳安膠合板、級木膠合板等）、螺絲釘

●主要工具

螺絲起子、鋸子、線鋸、電鑽、銼刀、砂紙、木工用接著劑

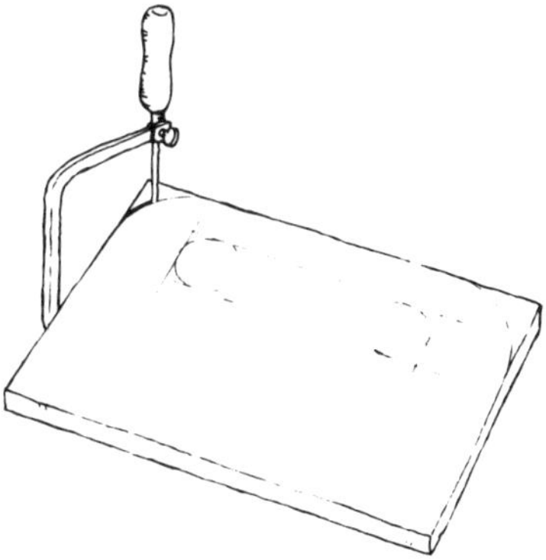

1 分配好各項材料之後，用線鋸將背板上方鋸成曲面。可以按照個人的喜愛來改變背板的設計。

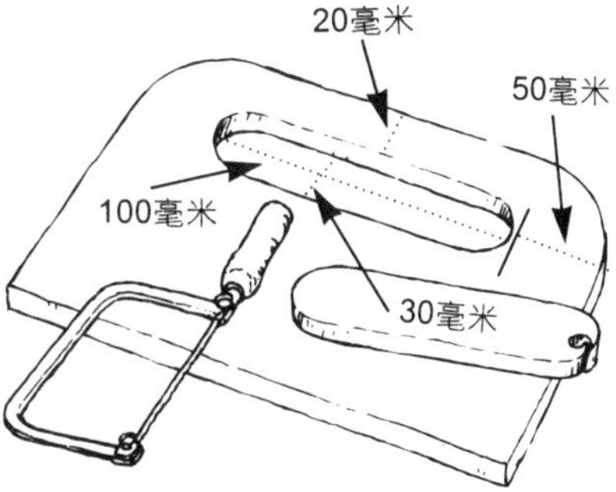
20毫米
50毫米
100毫米
30毫米

2 用線鋸挖空背板的把手部分，再用銼刀調整形狀。也可以用銼刀或砂紙（粗磨砂紙＃40～60、細磨砂紙＃180～240左右）修飾背板的曲面部。

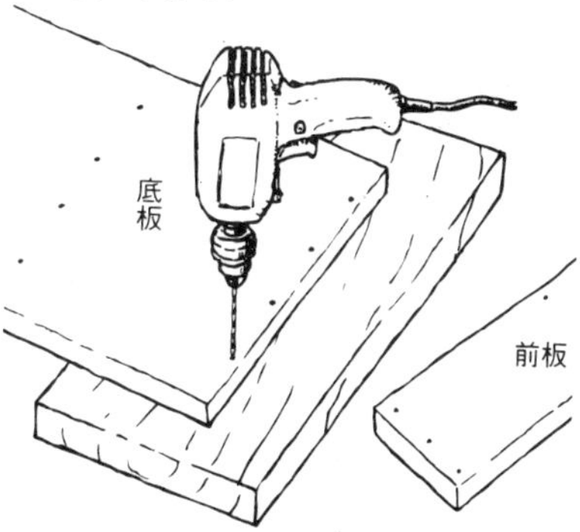
底板
前板

3 用電鑽在底板上鑽12個2～3毫米的洞，前板和背板各鑽9個。

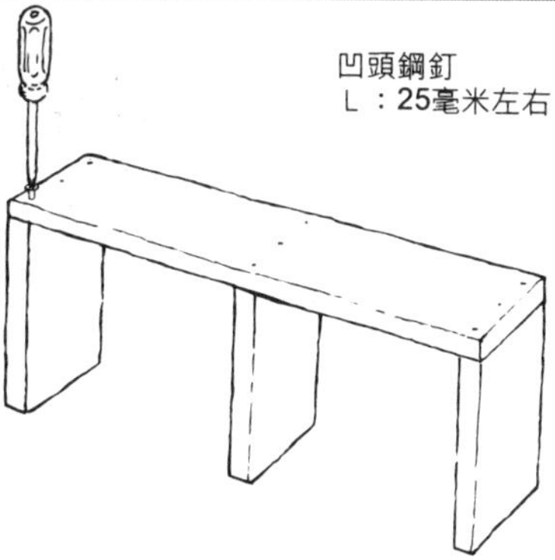
凹頭鋼釘
L：25毫米左右

4 接合面塗抹木工用接著劑之後，將側板和隔板豎立起來，用螺絲釘固定在前板上。使用凹頭螺絲釘用力鎖緊。

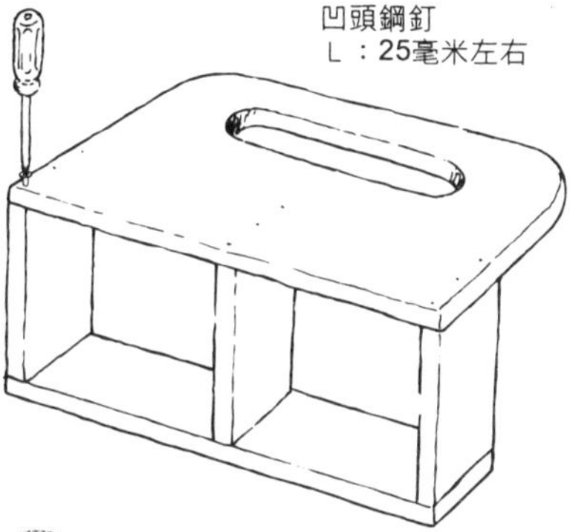
凹頭鋼釘
L：25毫米左右

5 按照與④同樣的要領，用螺絲釘固定背板。

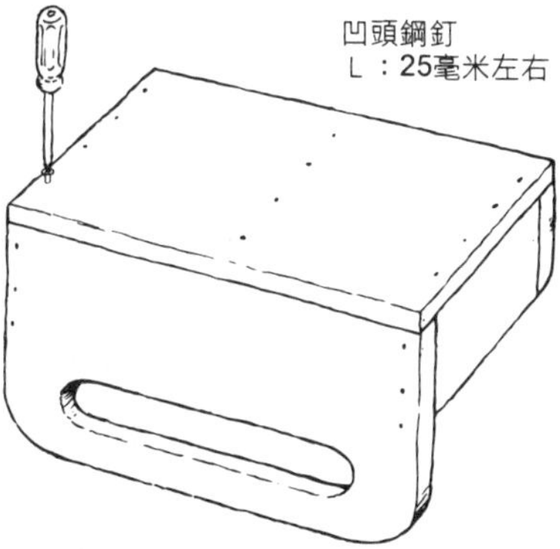
凹頭鋼釘
L：25毫米左右

6 接合面塗抹木工用接著劑，底板鎖上螺絲釘。為避免在桌上劃出傷痕，一定要牢牢鎖緊底板的螺絲釘。

烹飪道具盒

希望在廚房裡準備一個可以插筷子或湯瓢等的刀叉盒。只要變換尺寸，就可以用來插湯匙或叉子了。

完成圖

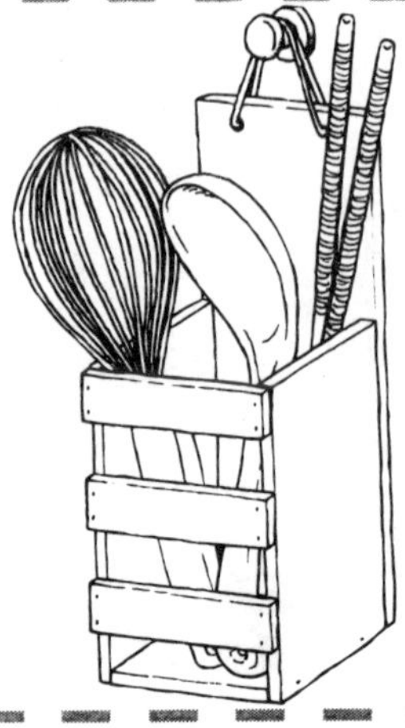

展開圖

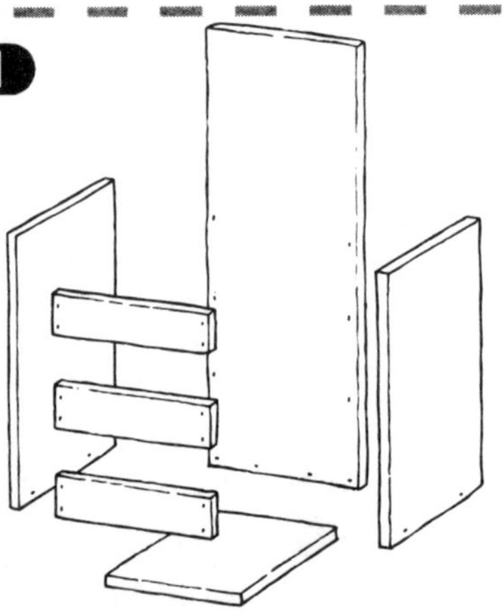

木材切割圖

450×300 木板厚9毫米

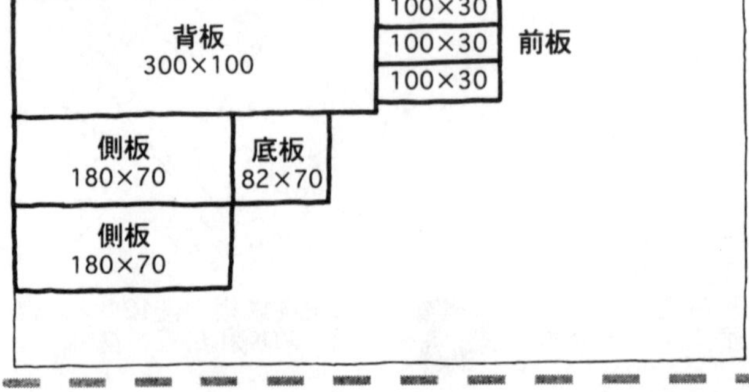

背板
300×100
100×30
100×30
100×30
前板
側板
180×70
底板
82×70
側板
180×70

●材料

板子（裝飾膠合板等）、螺絲釘、整形膠帶

●主要工具

螺絲起子、鋸子、電鑽

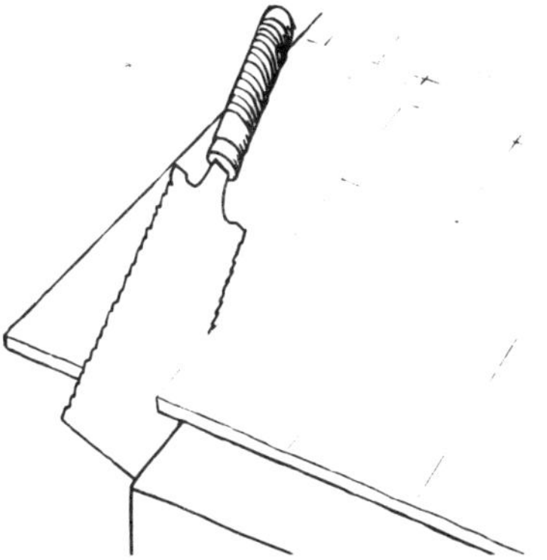

1 做記號時，在要鋸下的部分留下1～2毫米，線的外側按照木板切割圖用鋸子鋸開。

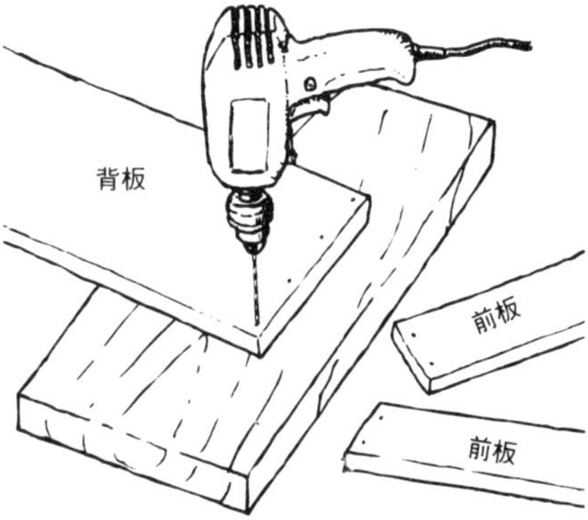
背板
前板
前板

2 用電鑽在背板與前板、側板上鑽φ2毫米的孔，再用螺絲釘固定。

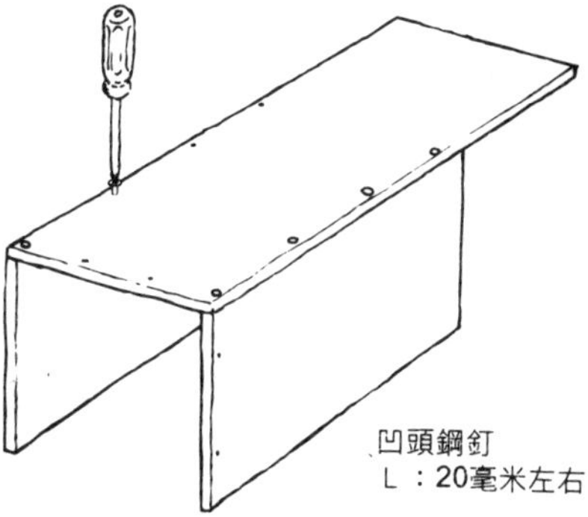
凹頭鋼釘
L：20毫米左右

3 用螺絲釘將左右側板固定在背板上。左右8個。併用木工用接著劑，更能增加強度。

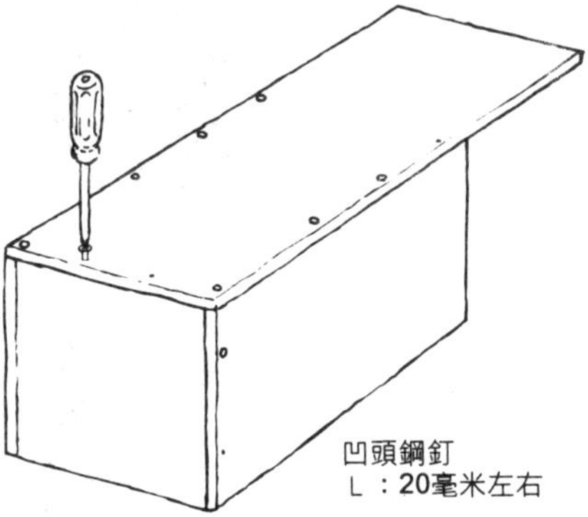
凹頭鋼釘
L：20毫米左右

4 嵌入底板，用6個螺絲釘固定。

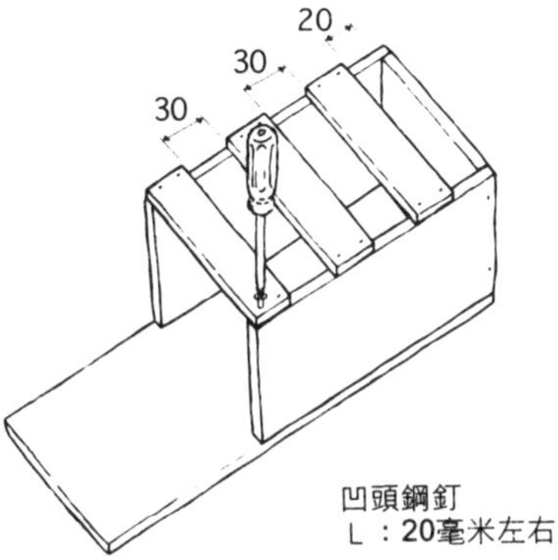
20
30
30
凹頭鋼釘
L：20毫米左右

5 前板以30毫米的間隔固定，最下面的縫隙為20毫米。

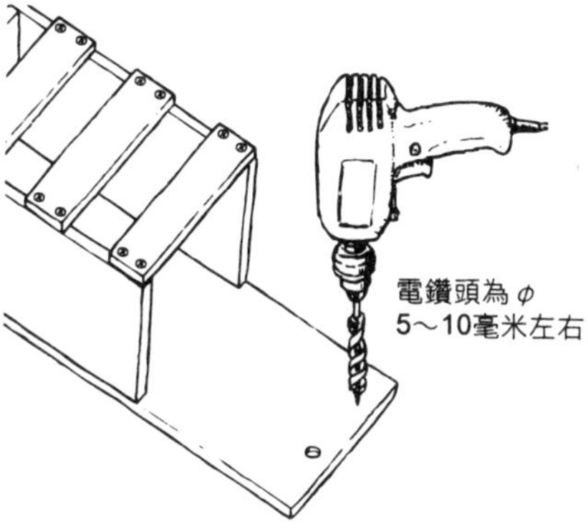
電鑽頭為φ
5～10毫米左右

6 最後鑽1～2個壁洞。下面要墊墊木。

小物件盒

簡單的小物件盒。不光是可以擺在廚房，也可以當成餐桌上的調味料盒來使用。重點在於可以從側面的縫隙看到裡面放了哪些東西。

完成圖

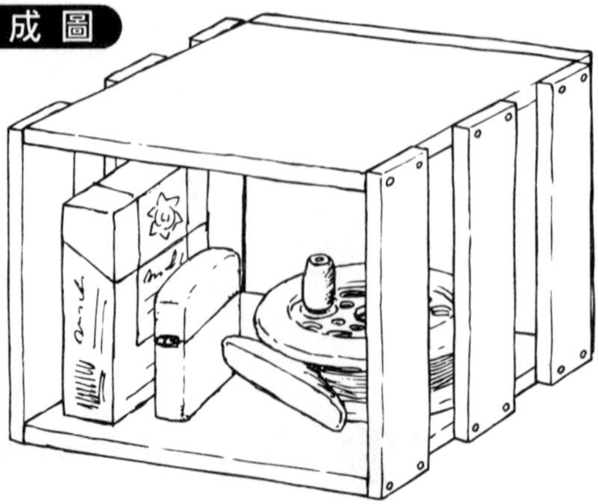

展開圖

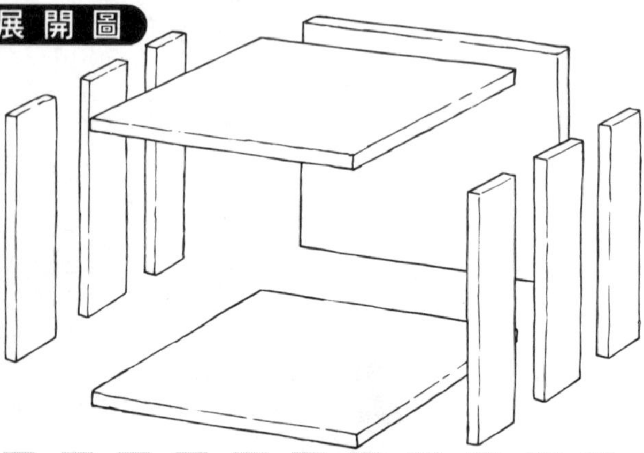

木材切割圖

600×300　木板厚12毫米

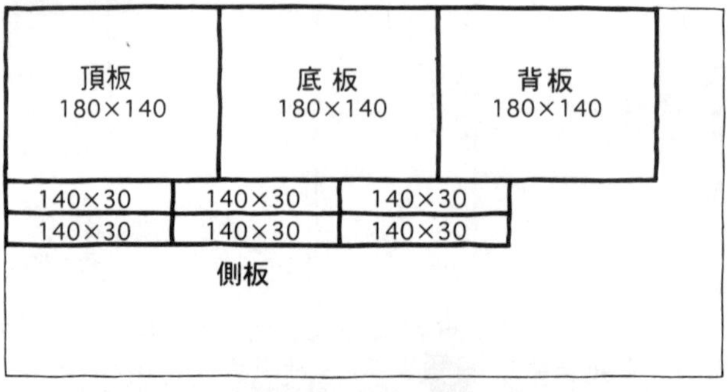

頂板 180×140
底板 180×140
背板 180×140
140×30
140×30
140×30
140×30
140×30
140×30
側板

●材料

木板（日本厚朴木、刺楸、檜木等）、釘子

●主要工具

榔頭、鋸子、電鑽、木工用接著劑

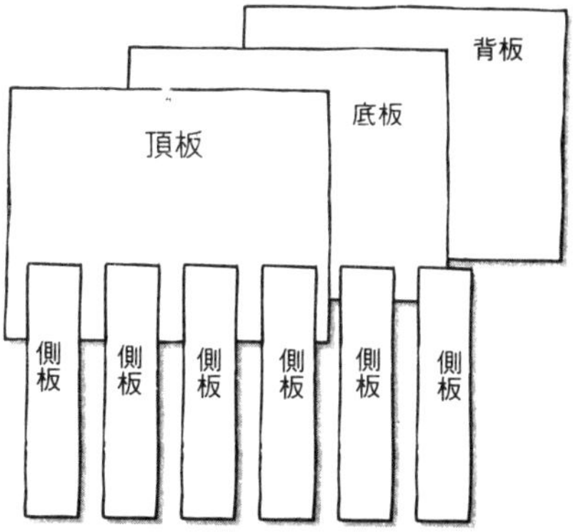
背板
底板
頂板
側板
側板
側板
側板
側板
側板

1 木材切割成3片180×40毫米的木板，以及6片140×30毫米的木板。

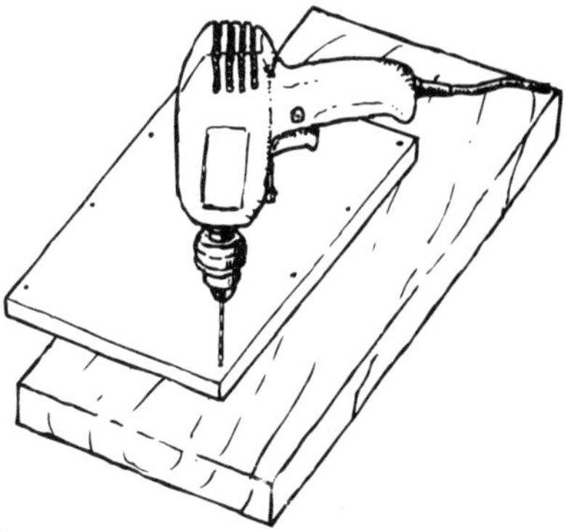

2 用電鑽頭 ϕ2毫米左右的電鑽在背板上鑽8個洞，用來釘釘子。

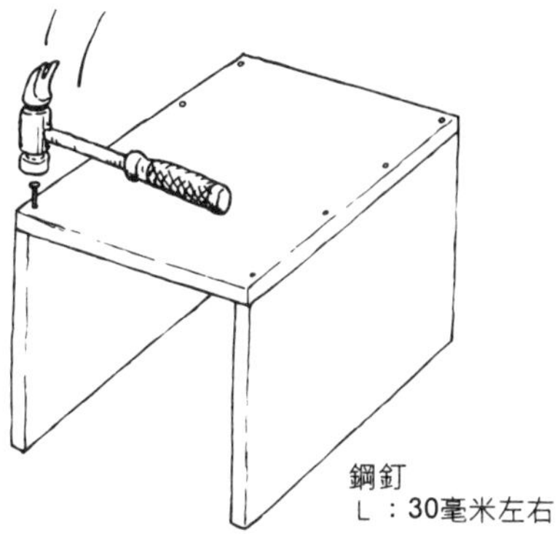
鋼釘
L：30毫米左右

3 頂板、底板、背板組合起來。事先塗抹木工用接著劑再組合，更堅固耐用。

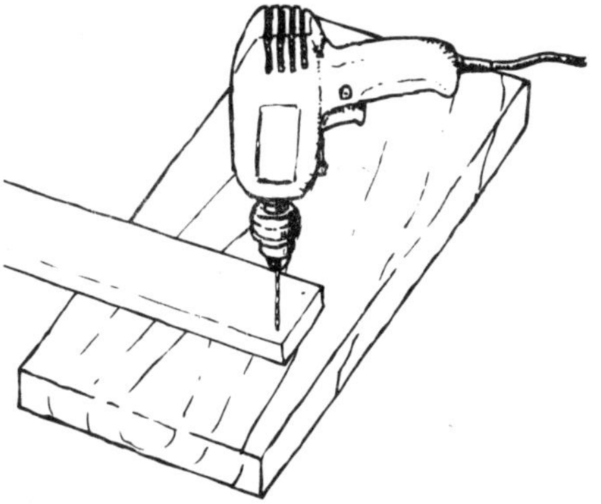

4 用電鑽頭 ϕ2毫米左右的電鑽在側板上下鑽4個洞。

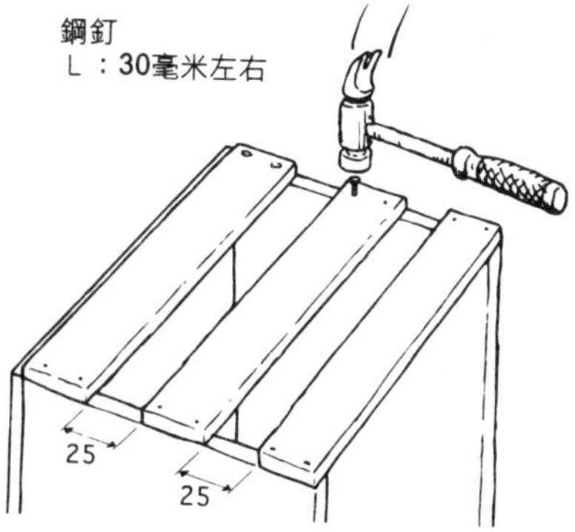
鋼釘
L：30毫米左右
25
25

5 側板每隔25毫米釘個釘子。

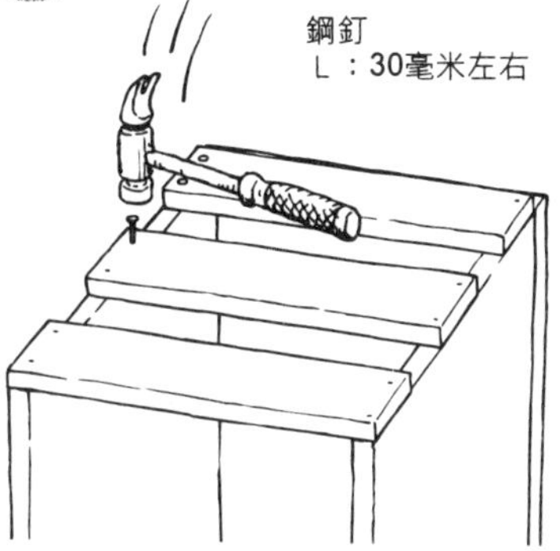
鋼釘
L：30毫米左右

6 相反側的側板也以同樣的方式釘釘子，釘完即告完成。釘釘子時要用食指和中指壓住釘子，輕敲一下暫時固定之後，再放開手指用力釘入釘子。

書報架

想要好好收拾報紙或週刊雜誌時，可以製作書報架來放置。每一本都可以豎立起來，就算是最裡面的書報，也能夠輕易的取出，非常方便。

完成圖

展開圖

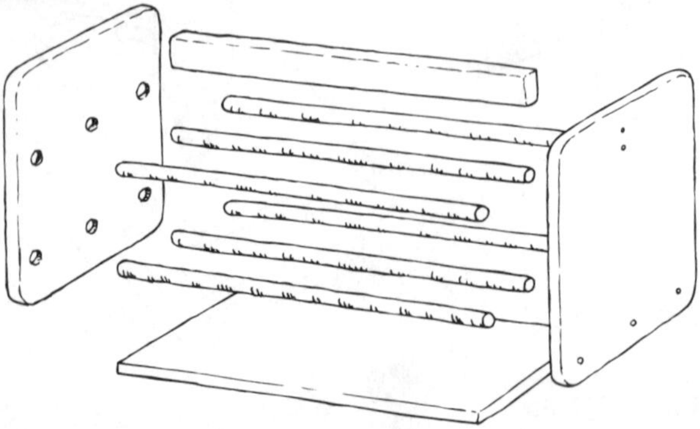

木材切割圖

900×600　木板厚15毫米

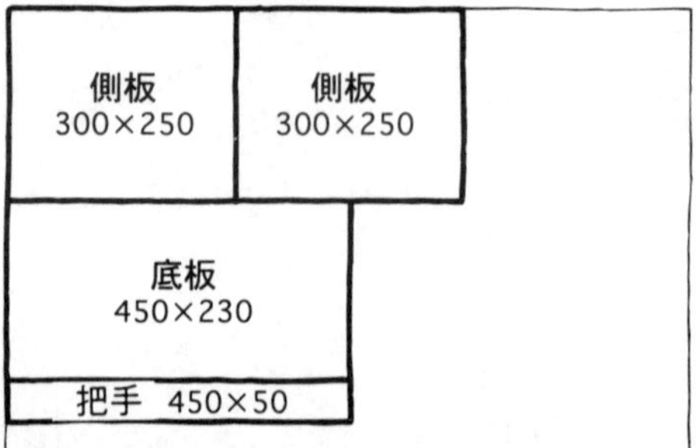

側板
300×250
側板
300×250
底板
450×230
把手　450×50

圓棒　直徑15毫米　長460毫米×6根

●材料

木板（柳安膠合板、級木膠合板等）、圓棒

●主要工具

鋸子、螺絲起子、電鑽、銼刀、線鋸、砂紙

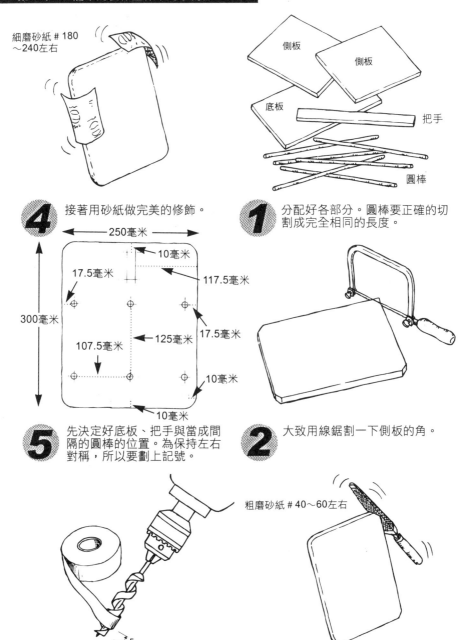

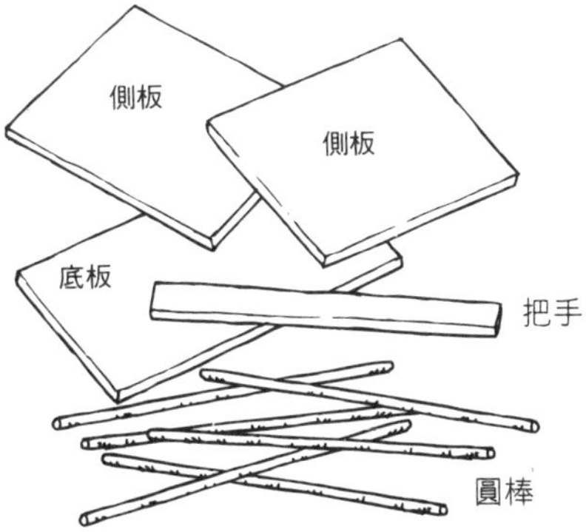
側板
側板
底板
把手
圓棒

1 分配好各部分。圓棒要正確的切割成完全相同的長度。

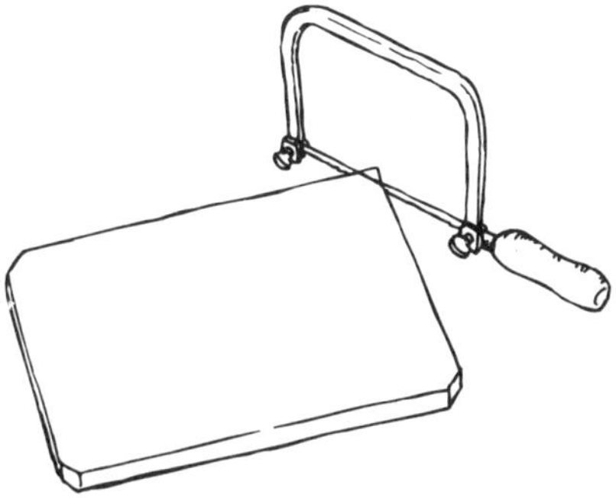

2 大致用線鋸割一下側板的角。

粗磨砂紙＃40～60左右

3 用銼刀或粗磨砂紙將角磨成圓形，而剛鋸下來的直線部分也要磨圓。所有的角都以同樣的方式磨圓。

細磨砂紙＃180
～240左右

4 接著用砂紙做完美的修飾。

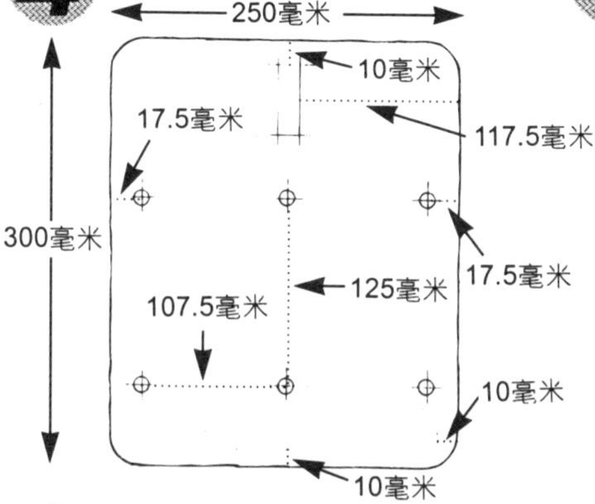
250毫米
10毫米
17.5毫米
117.5毫米
300毫米
17.5毫米
125毫米
107.5毫米
10毫米
10毫米

5 先決定好底板、把手與當成間隔的圓棒的位置。為保持左右對稱，所以要劃上記號。

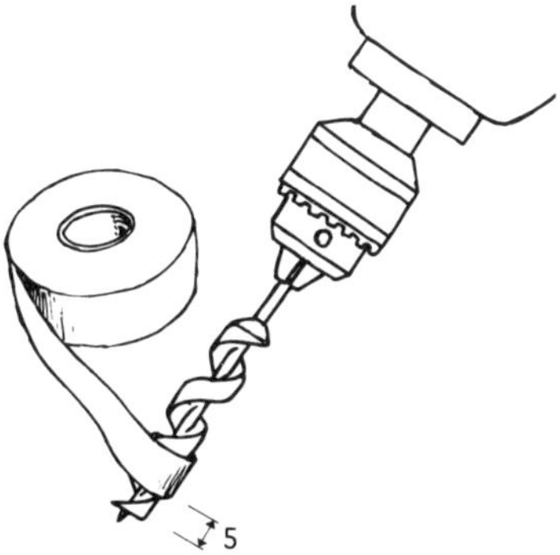
5

6 插入圓棒的洞，用電鑽頭為 φ 15毫米的電鑽鑽洞。深度為5毫米。為了穩定深度，可以先用膠帶等裹住電鑽來鑽洞。

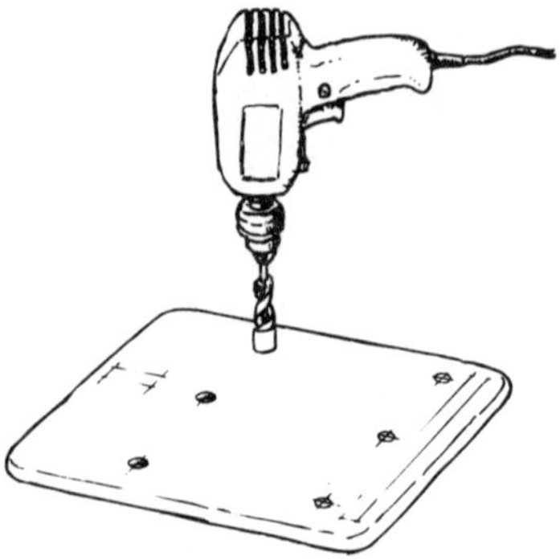

7 用電鑽在2片側板上各鑽6個插入圓棒的洞。用電鑽頭為 ϕ15毫米的電鑽鑽出深度5毫米的洞。

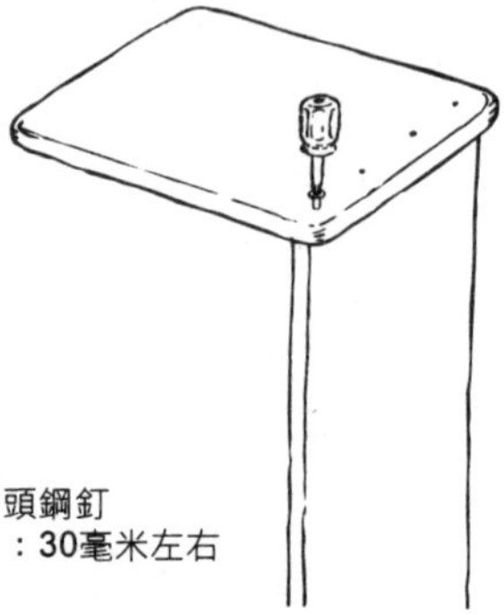

凹頭鋼釘
L：30毫米左右

8 用4個螺絲釘固定底板和一邊的側板。併用木工用接著劑，更能增加強度。

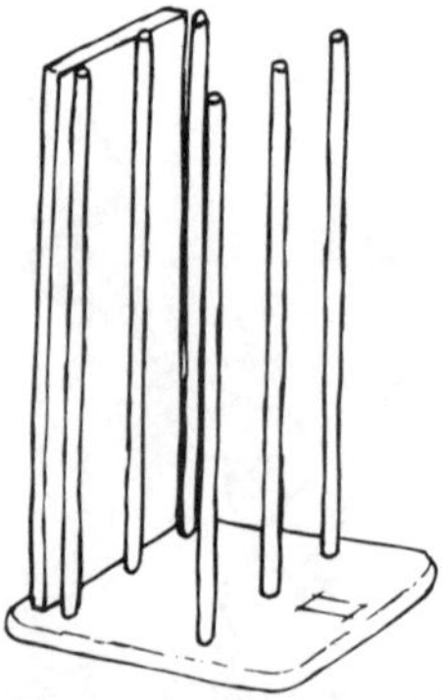

9 6根圓棒都插入一邊側板上的洞中。

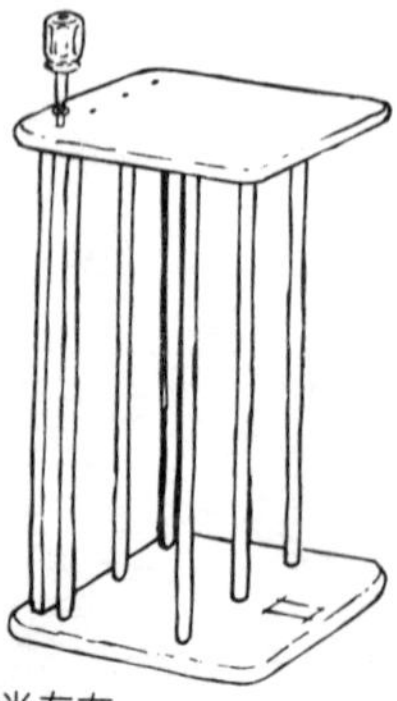

凹頭鋼釘
L：30毫米左右

10 圓棒也插入另一邊的側板洞中，再用四個螺絲釘固定底板和側板。

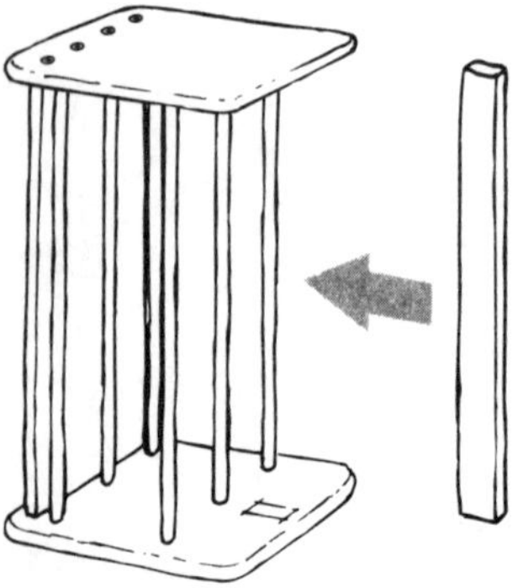

11 側板之間裝入把手。

凹頭鋼釘
L：30毫米左右

12 用4個螺絲釘固定兩側的把手即告完成。

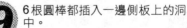

事物盤

可以放入很多辦公用品的盤子。在緊急時刻，輕易的就可以找到想要的東西。可以在挖空的部分下點工夫或是改變大小。

完成圖

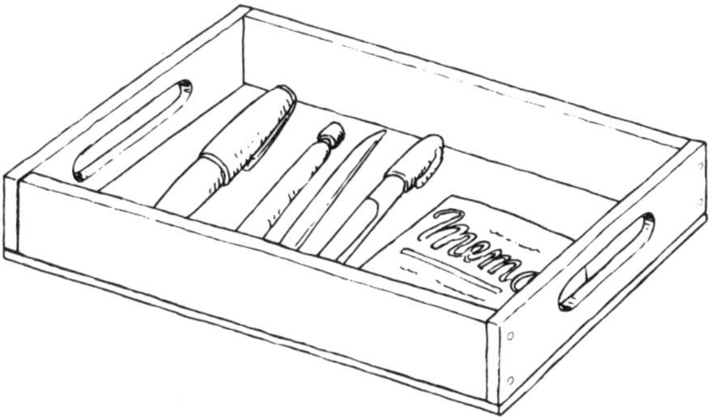
memo

展開圖

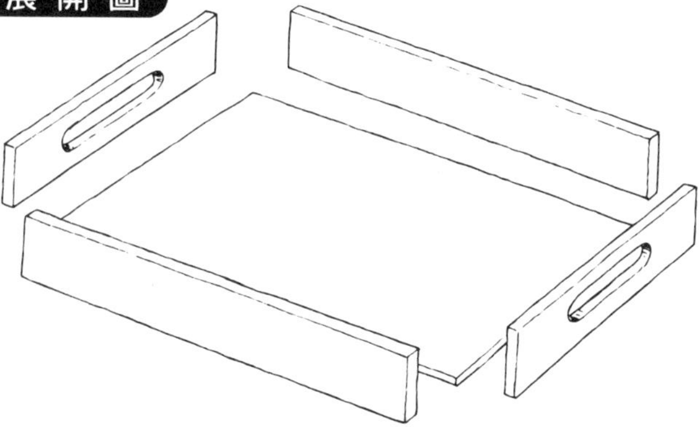

木材切割圖

300×300 木板厚10毫米　　木板厚4毫米

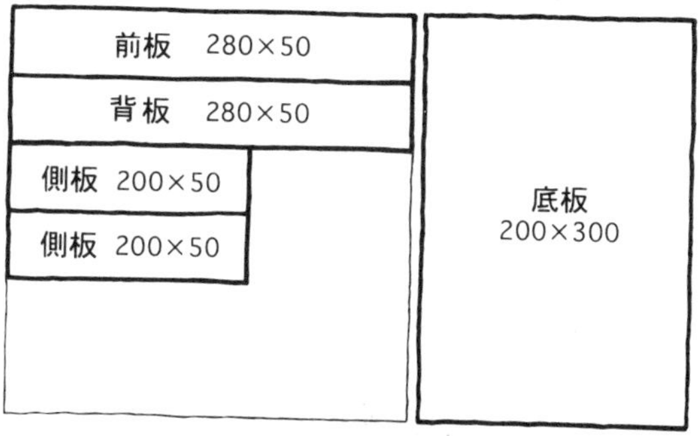
前板 280×50
背板 280×50
側板 200×50
側板 200×50
底板
200×300

●材料

木板（檜木、杉木等）、釘子

●主要工具

榔頭、鋸子、砂紙

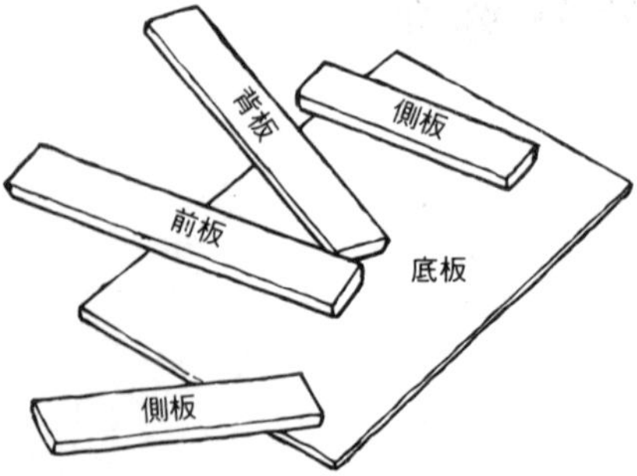

1 切割好材料。底板比較薄，所以要小心切割。

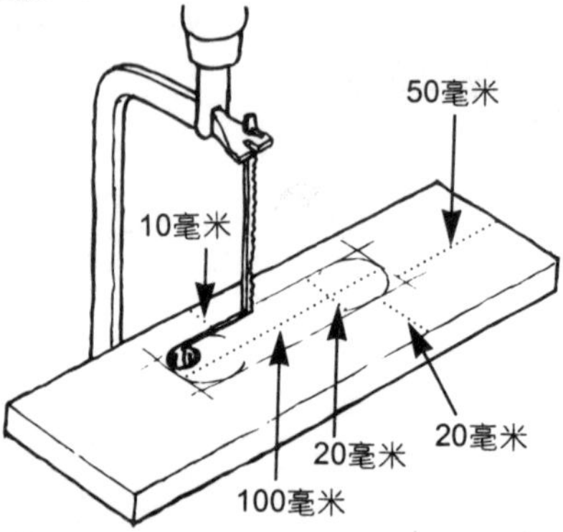

2 先用電鑽在把手上鑽洞，再用線鋸挖空。

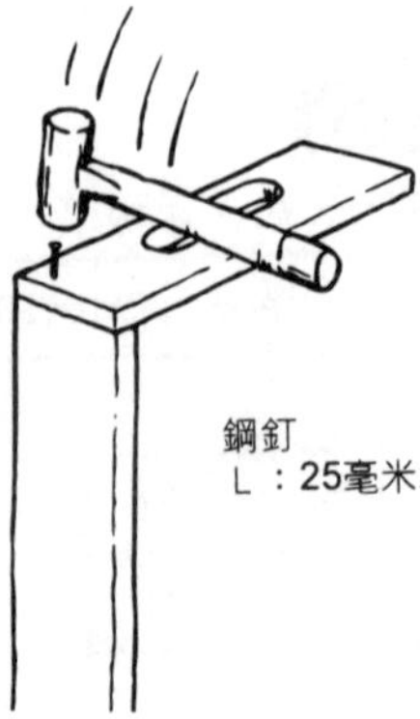

鋼釘
L：25毫米左右

3 將側板釘在前板上。想要使其更堅固時，可以事先塗抹木工用接著劑。使用黃銅釘更好看。

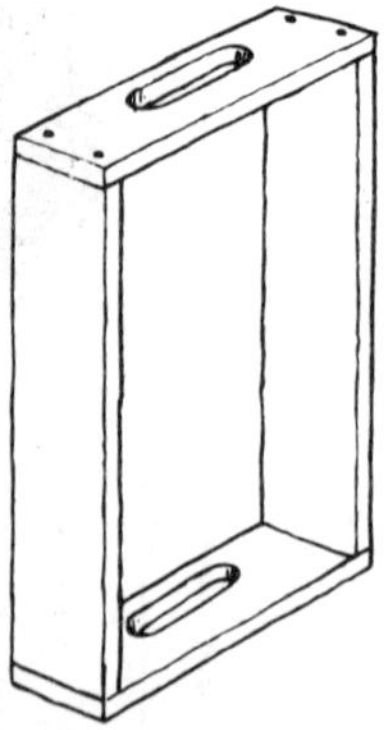

4 組合前板、側板、背板，完成整個外框的部分。

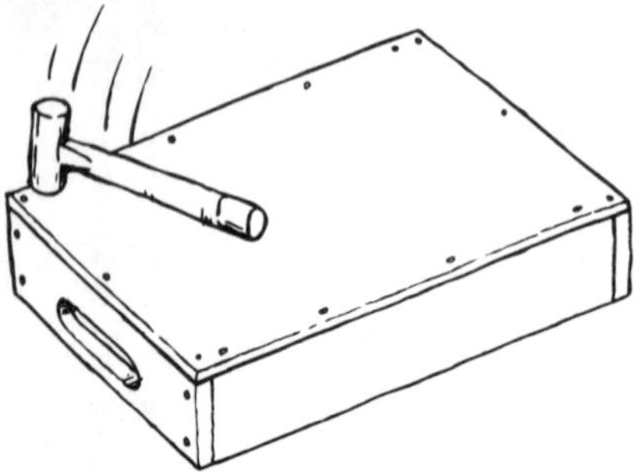

鋼釘　L：19毫米左右

5 釘入底板。前板和背板釘4個釘子，側板釘3個釘子。

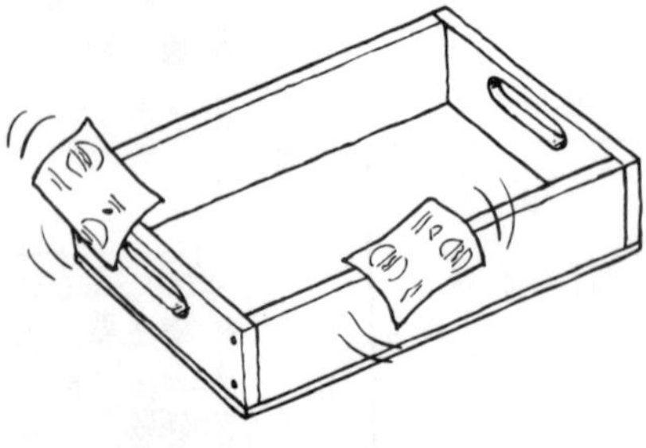

細磨砂紙＃180～320左右

6 全部用砂紙磨過一遍，看起來更美觀。

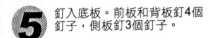

活動式書架

擺在桌上相當方便，是令人懷念的書架。在正中央的左右可以安裝滑動的另一組隔板，這樣書就不會倒下來。縮小弧度，作業就更輕鬆了。

●材料

木板（柳安膠合板、級木膠合板等）、凹頭螺絲釘

●主要工具

螺絲起子、鋸子或線鋸、砂紙

完成圖

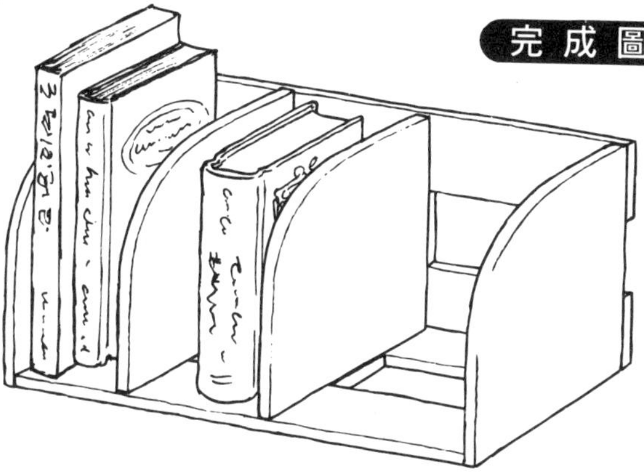

展開圖

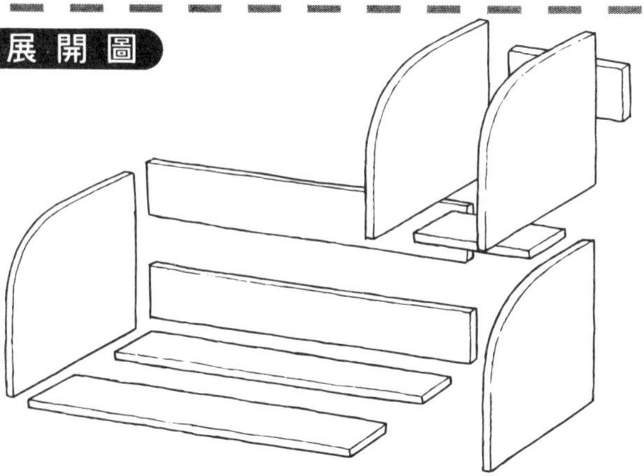

木材切割圖

900×600　木板厚15毫米

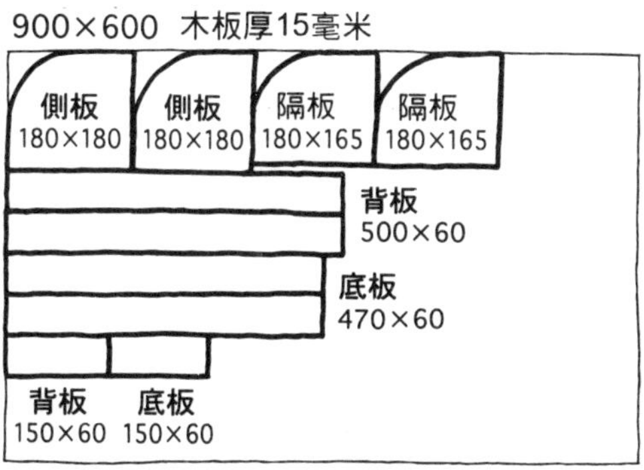
側板
180×180
側板
180×180
隔板
180×165
隔板
180×165
背板
500×60
底板
470×60
背板
150×60
底板
150×60

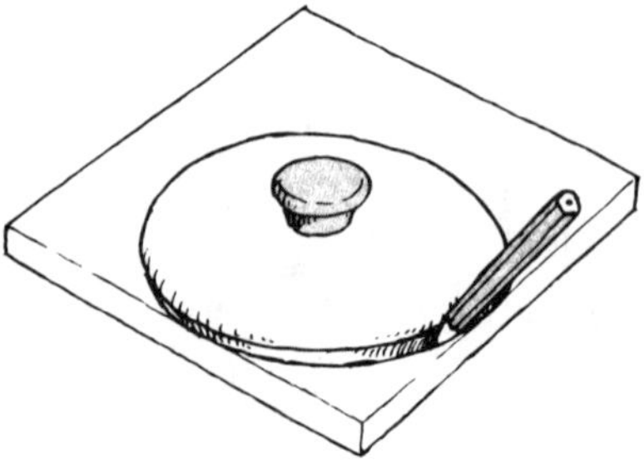

1 切割好側板和隔板，用鍋蓋等畫出弧形。改變側板和隔板的弧形，更能增添情趣。

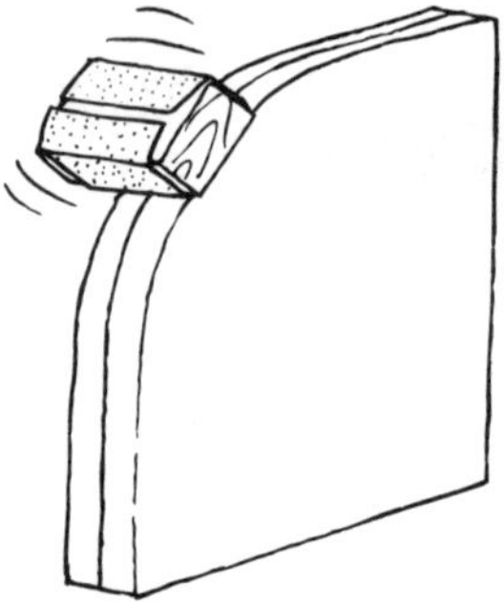
粗磨砂紙＃40～60
中磨砂紙＃100～150
細磨砂紙＃180～240
依序打磨即可

2 用線鋸鋸斷側板和隔板。為了維持相同的曲線，最好每二片重疊起來用砂紙一起磨。

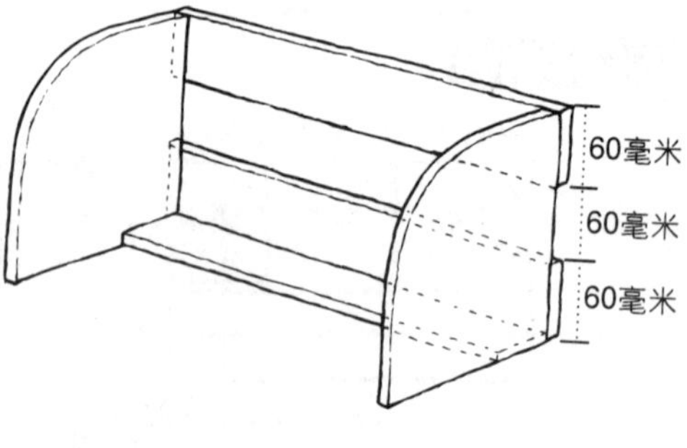
60毫米
60毫米
60毫米

3 留下面前的底板，組合書架本體。背板在側板的外側，而底板則在側板的內側，用螺絲釘固定。L：30毫米左右。

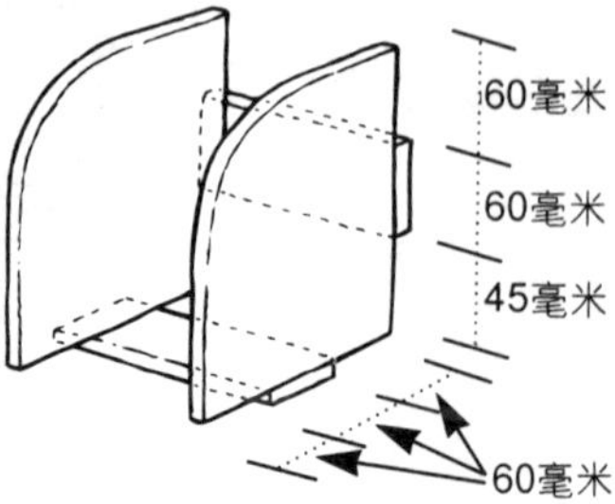
60毫米
60毫米
45毫米
60毫米

4 組合好擺在裡面的隔板。先配合本體找出背板和底板的位置，再用凹頭螺絲釘固定。

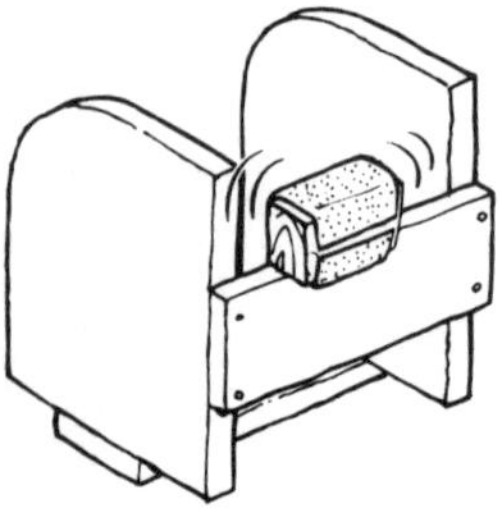

細磨砂紙＃180～240左右

5 無法順利組合或滑動不順暢時，要使用砂紙打磨調節。

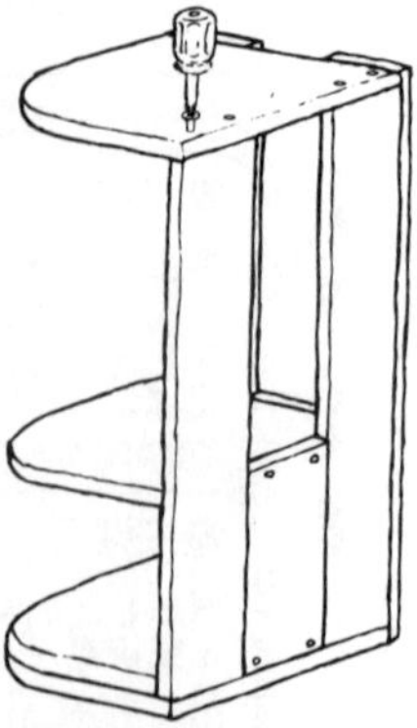
凹頭鋼釘
L：30毫米左右

6 嵌入隔板，最後用4個螺絲釘固定本體面前底板的左右。

附帶書架的書櫃

雖然簡單，然而下面可以放B4大小的文件，也可收藏A4大小的書。非常好用的書櫃，用來整理文件相當方便。

完成圖

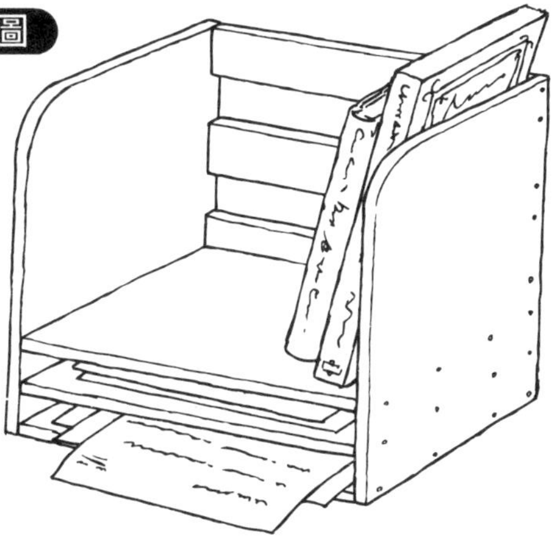

展開圖

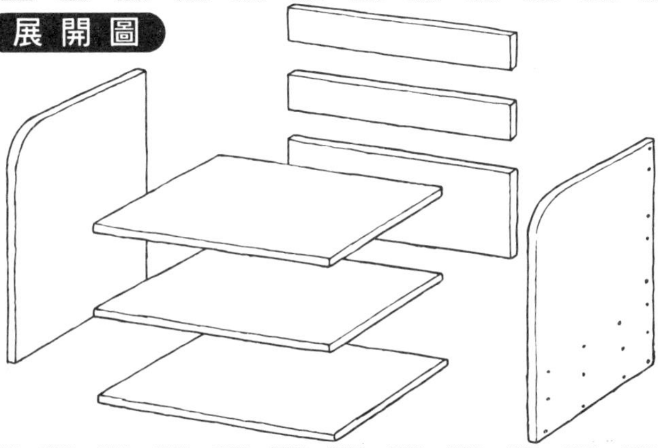

木材切割圖

900×900　木板厚15毫米

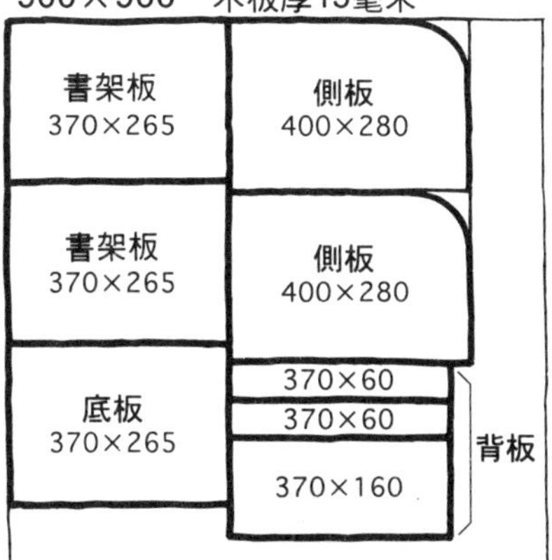
書架板
370×265
側板
400×280
書架板
370×265
側板
400×280
底板
370×265
370×60
370×60
370×160
背板

●材料

木板（柳安膠合板、級木膠合板等）、凹頭螺絲釘

●主要工具

鋸子、線鋸、螺絲起子、電鑽、砂紙、木工用接著劑

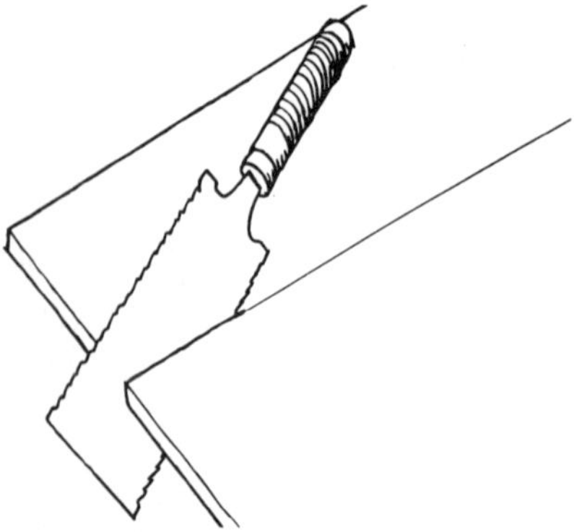

1 參考木材切割圖，在木板上畫出木材的尺寸，切割下來。

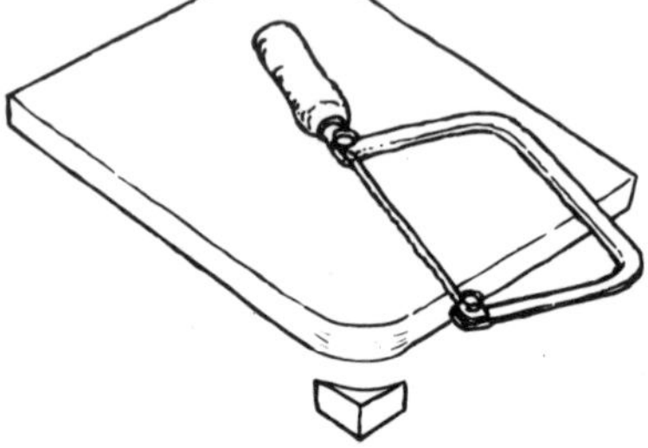

2 用線鋸大致切割出側板的角。

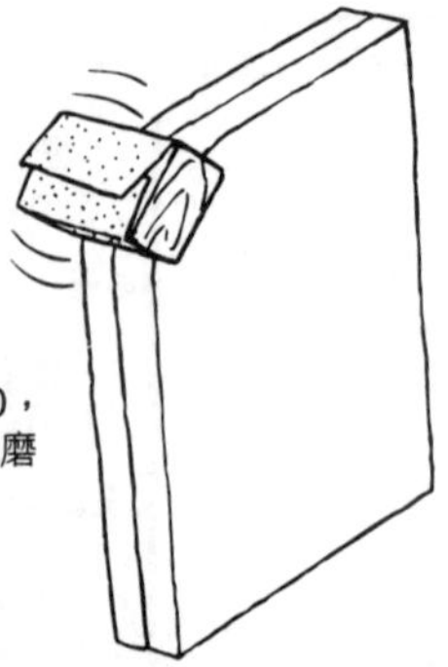

粗磨砂紙＃40～60，最後的修飾使用細磨砂紙＃180～320

3 二片側板重疊用砂紙打磨，如此就能磨成相同的圓形。若是膠合板，則截斷面全部用砂紙打磨。

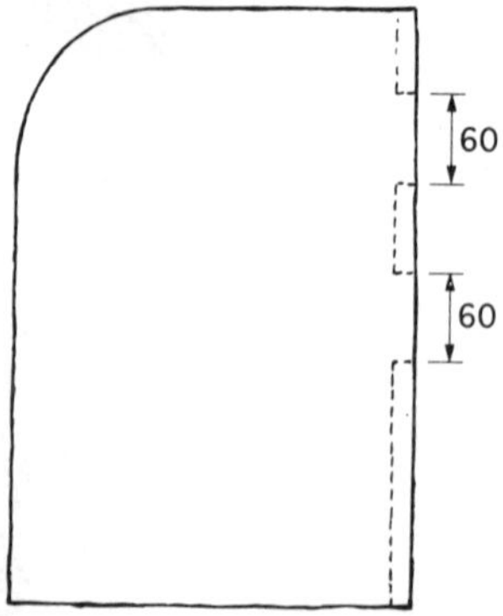

4 側板要釘在背板的位置做上記號。板子與板子之間間隔60毫米。

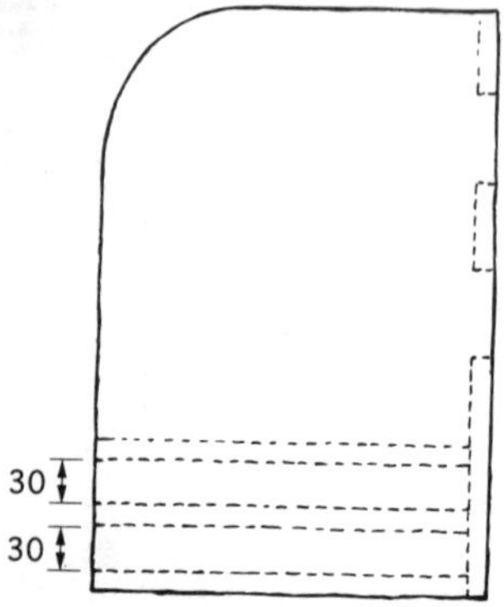

5 同樣的，側板上要擺書架板的位置也要做上記號。書架與書架之間間隔30毫米。

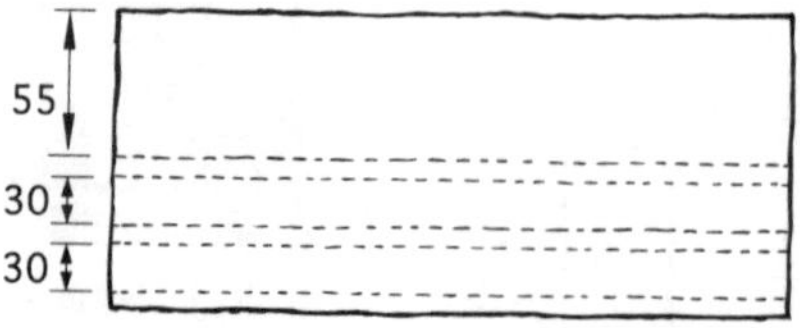

6 在大的背板最上方書架板的位置畫上記號。上面要間隔55毫米。

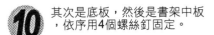

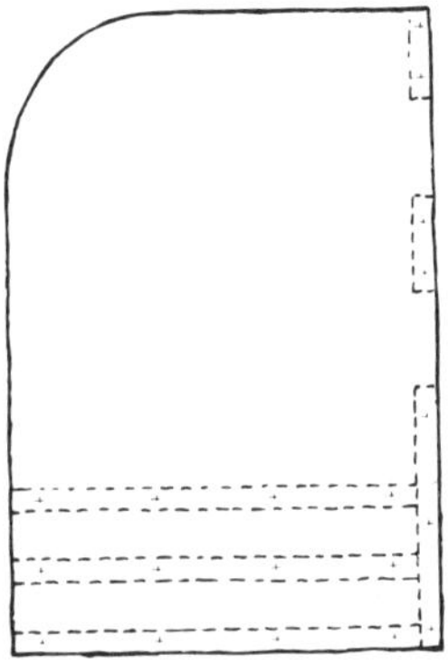

7 找出所有螺絲釘的位置，做上記號。

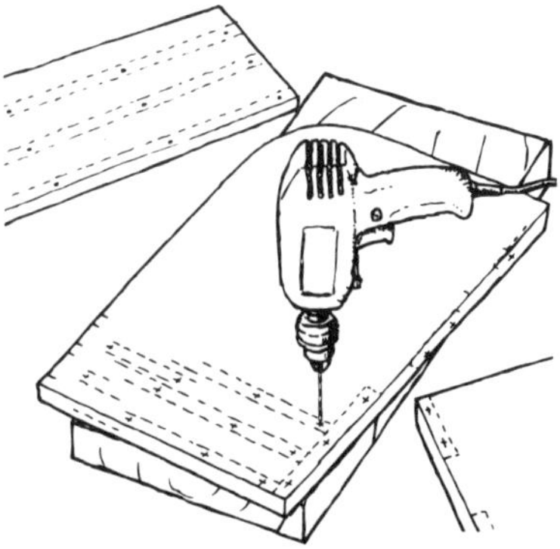

8 用電鑽在釘螺絲釘的地方鑽洞。使用電鑽頭 φ2毫米的電鑽。

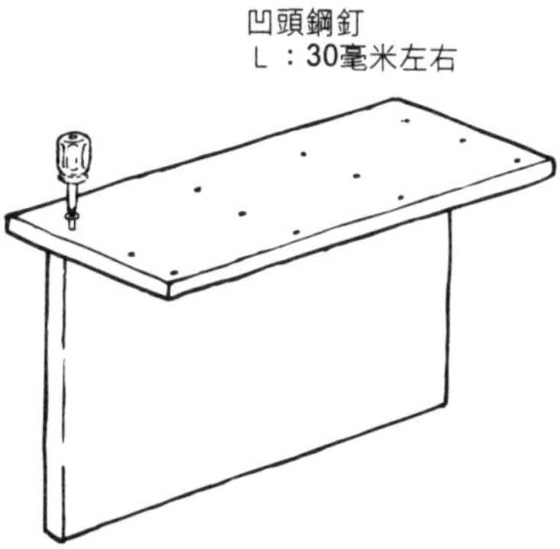
凹頭鋼釘
L：30毫米左右

9 用4根螺絲釘固定大的背板和最上方的書架版。事先塗抹木工用接著劑，可增加強度。

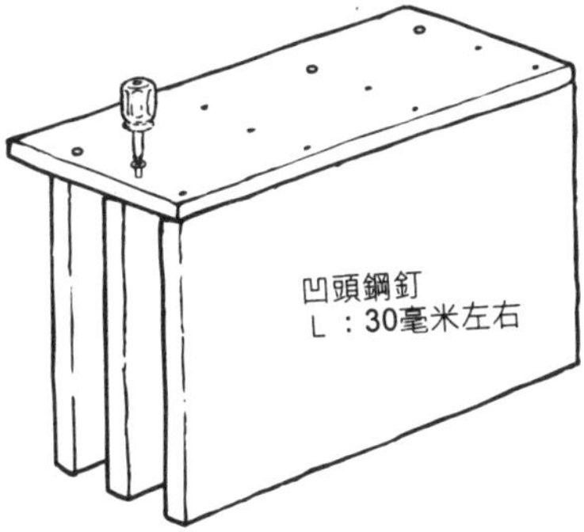
凹頭鋼釘
L：30毫米左右

10 其次是底板，然後是書架中板，依序用4個螺絲釘固定。

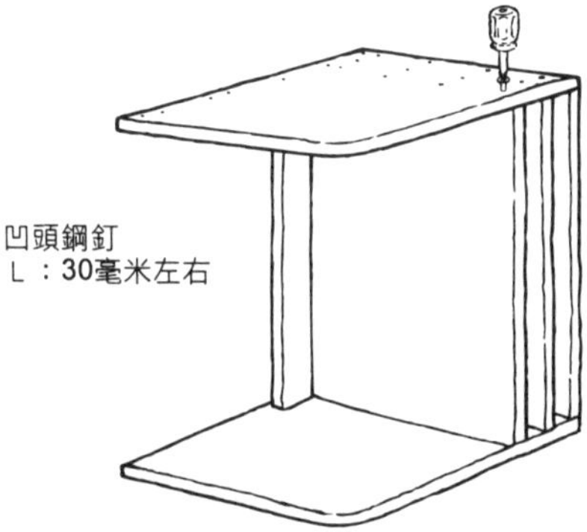
凹頭鋼釘
L：30毫米左右

11 用螺絲釘將兩側的側板固定在書架板上。

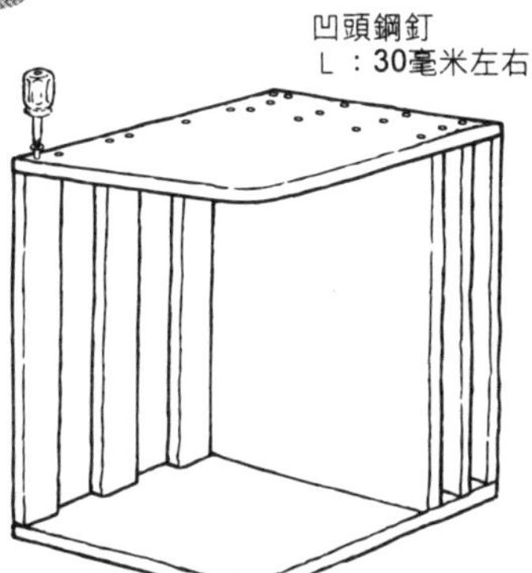
凹頭鋼釘
L：30毫米左右

12 將剩下的2片背板插入側板之間，由側板的外側用螺絲釘固定。

壁掛式調味料架

可以掛在廚房牆壁上的薄型調味料架。能夠收納不斷增加、難以整理的調味料，深受家庭主婦們的喜愛。利用前板的設計產生變化。

完成圖

展開圖

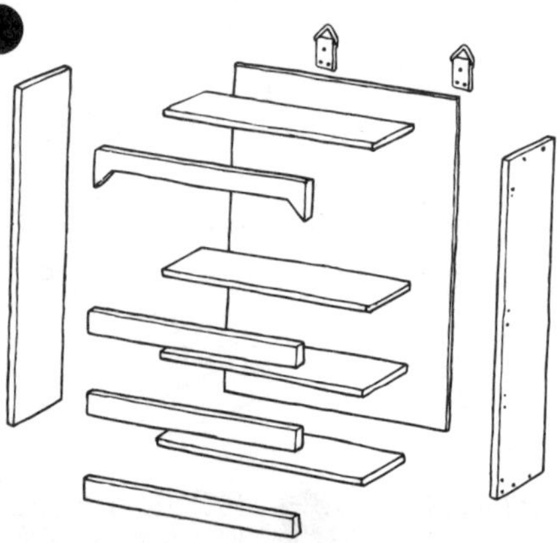

木材切割圖

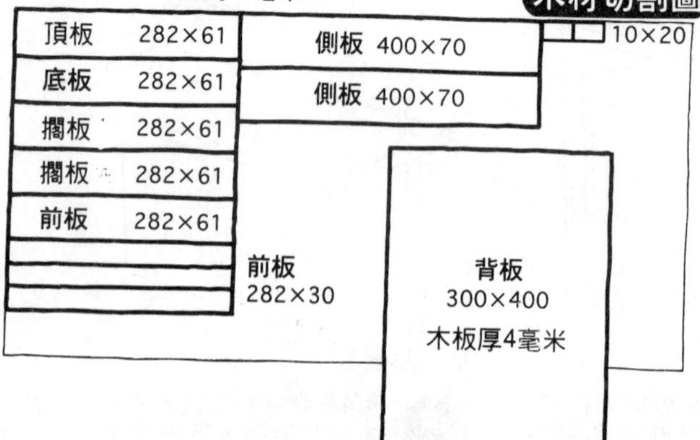

900×450 木板厚9毫米
頂板 282×61
底板 282×61
擱板 282×61
擱板 282×61
前板 282×61
側板 400×70
側板 400×70
10×20
前板 282×30
背板 300×400 木板厚4毫米

●材料

木板（柳安膠合板、級木膠合板等）、釘子、壁掛式用三角鉤

●主要工具

鋸子、榔頭、螺絲起子、電鑽、砂紙、木工用接著劑

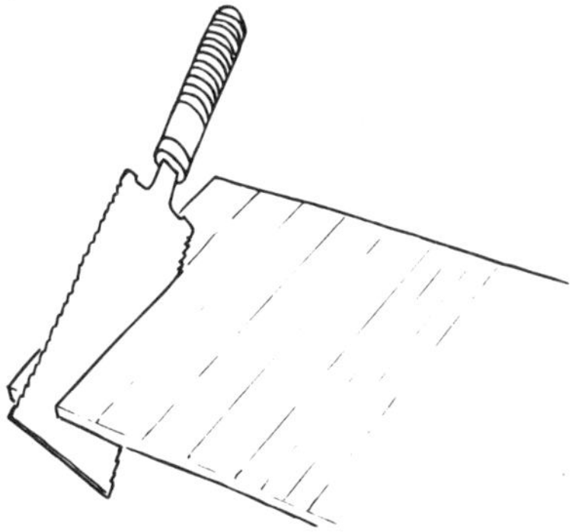

1 按照尺寸鋸下木板。畫線時，要將鋸子的寬度計算在內。鋸子的寬度為1～2毫米。

2 282×61毫米的一個木板是最上面的前板，在此處可以設計自己最喜歡的圖案。

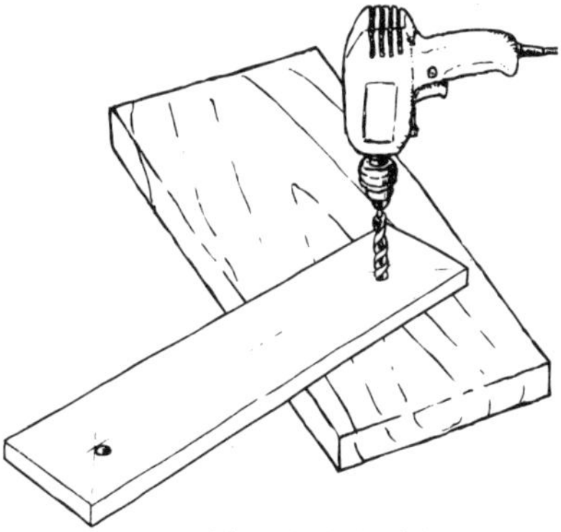

3 這個設計是先在角的部分用電鑽頭 φ5～10毫米的電鑽鑽洞。

4 面對著洞，用鋸子割木板。

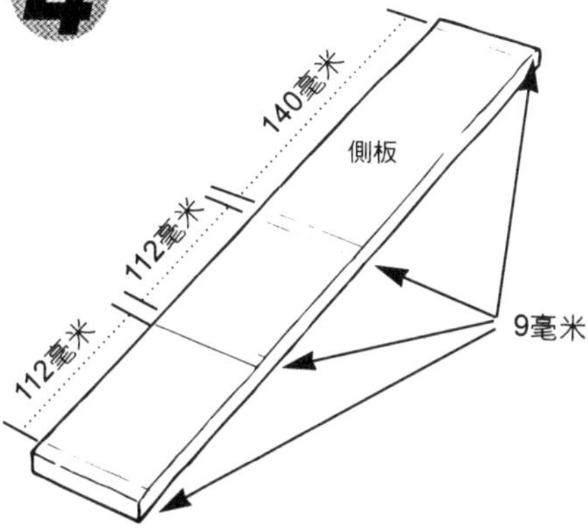

5 在側板上畫上擱板位置的記號。上段稍寬，為140毫米，而下段、中段各為112毫米。

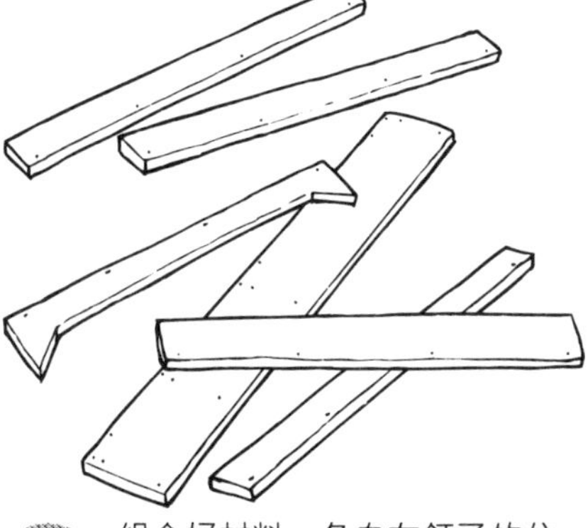

6 組合好材料，各自在釘子的位置上做記號，最好先用電鑽鑽洞。使用電鑽頭 φ2毫米的電鑽即可。

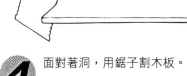

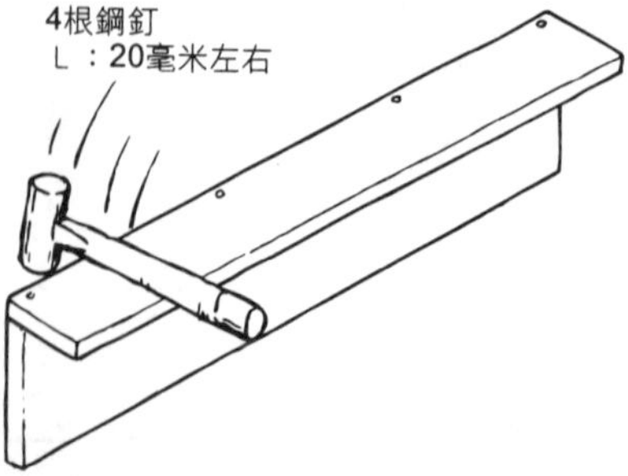
4根鋼釘
L：20毫米左右

7 用釘子將中前板釘在擱板上。釘釘子時塗上一層薄薄的木工用接著劑，能增加強度。

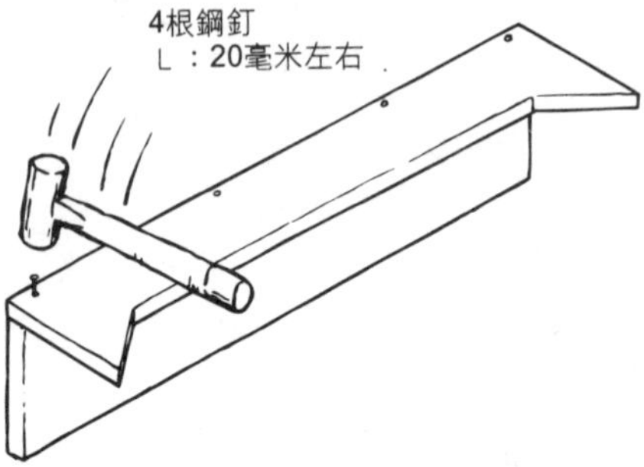
4根鋼釘
L：20毫米左右

8 設計好的前板也要用釘子釘在頂板上。

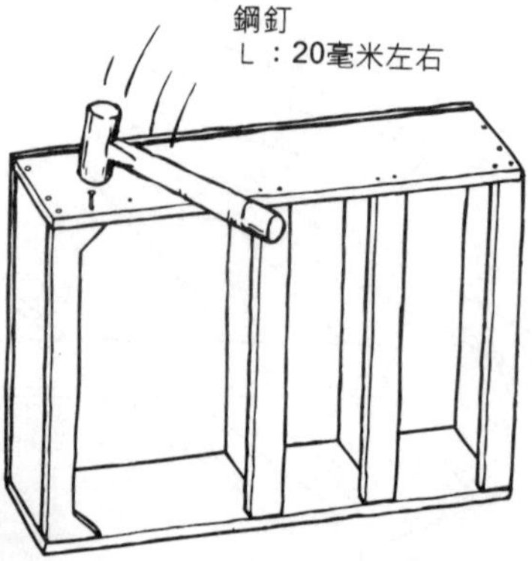
鋼釘
L：20毫米左右

9 用釘子將底板、擱板、頂板釘在兩側的側板上。

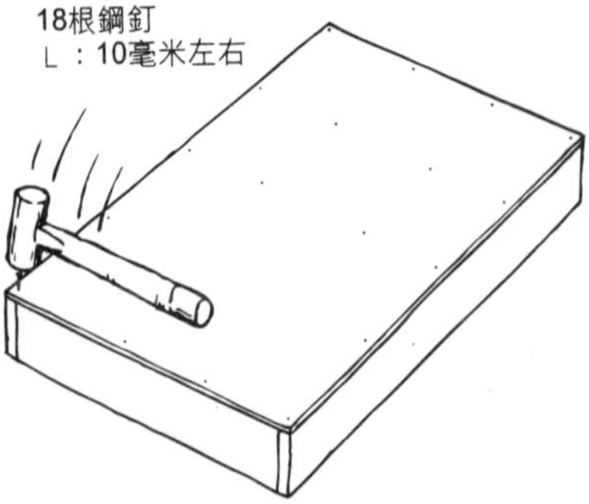
18根鋼釘
L：10毫米左右

10 將調味料架翻面，釘背板。

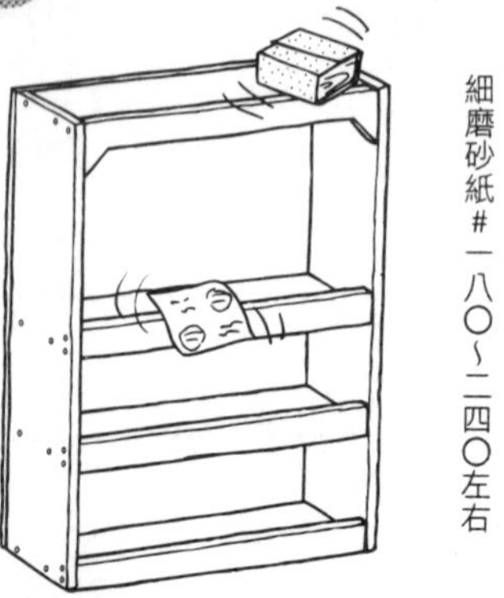
細磨砂紙#一八〇~二四〇左右

11 因為手容易碰到前板，所以此部分要用砂紙略微打磨。

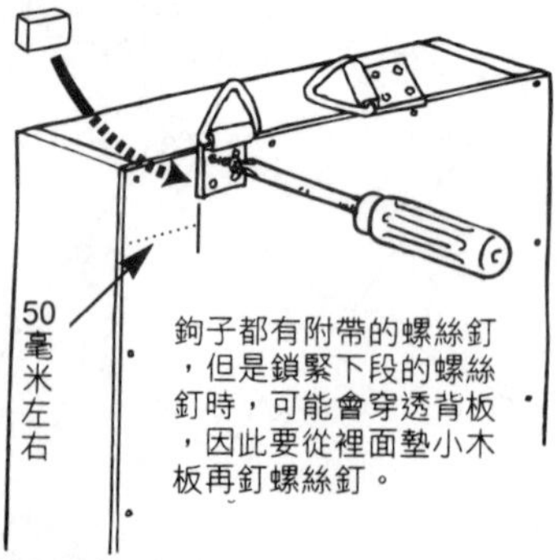
50毫米左右
鉤子都有附帶的螺絲釘，但是鎖緊下段的螺絲釘時，可能會穿透背板，因此要從裡面墊小木板再釘螺絲釘。

12 用螺絲釘固定壁掛用三角鉤即告完成。

盥洗室的毛巾架

容易有小物件散落一地的盥洗室，可以利用毛巾架來收拾。如果尺寸夠大，則可以掛全家人的毛巾。在側板的設計上下點工夫，印象截然不同。

完成圖

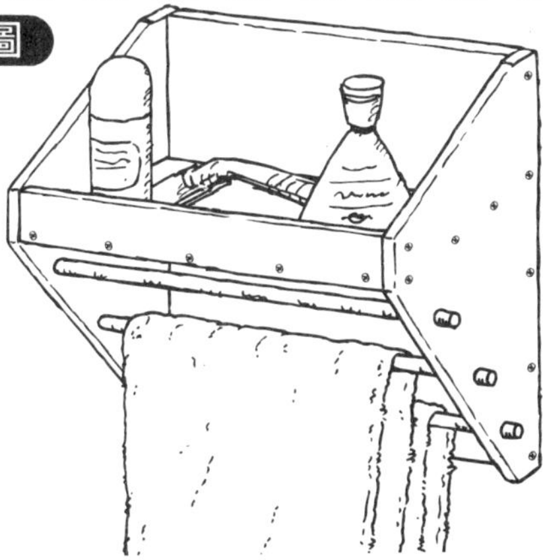

展開圖

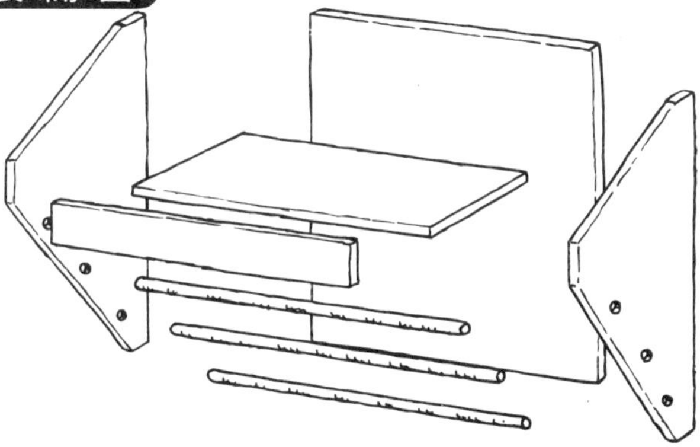

木材切割圖

900×600　木板厚15毫米

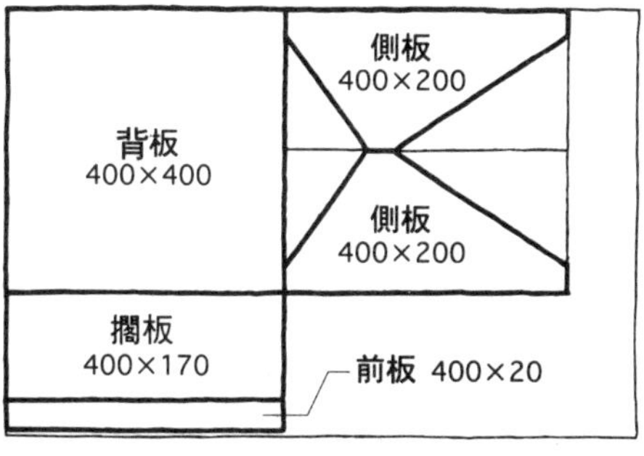
側板
400×200
背板
400×400
側板
400×200
擱板
400×170
前板 400×20

圓棒　直徑10毫米　長450毫米
×3根

●材料

木板（柳安膠合板、級木膠合板等）、凹頭螺絲釘

●主要工具

鋸子、螺絲起子、電鑽、木工用接著劑

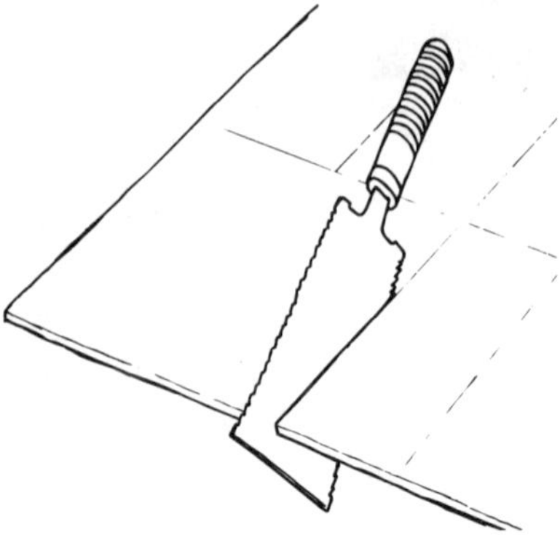

1 在木板上做記號。鋸子的寬度容易造成誤差，因此要確認尺寸之後再鋸。

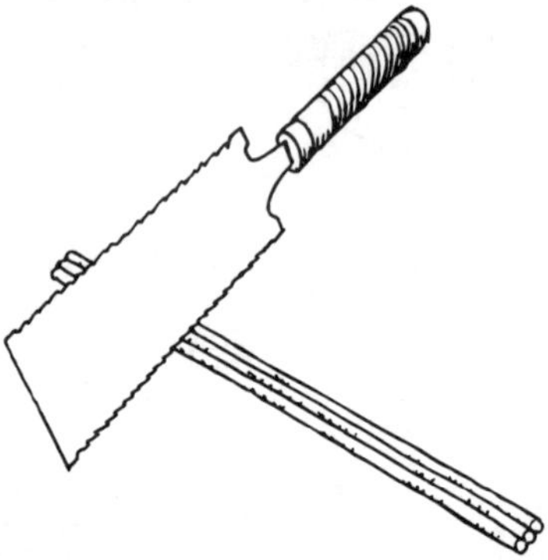

2 三根圓棒一起鋸，長度上就不會產生差距。

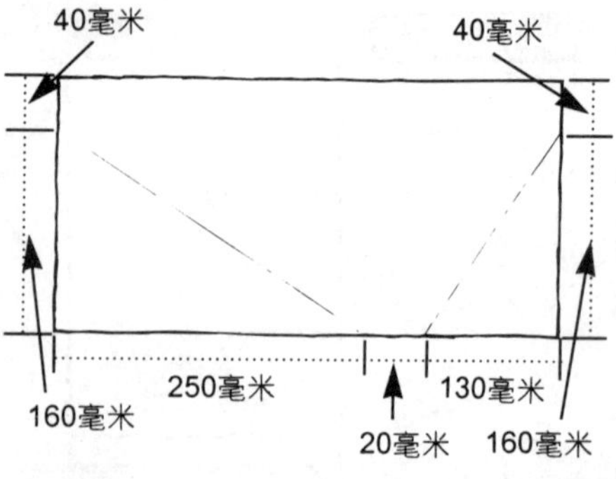
40毫米
40毫米
160毫米
250毫米
20毫米
130毫米
160毫米

3 二片側板要做上如插圖所示的記號。

4 鋸側板。二片重疊一起鋸比較快速。若是很難鋸，就只好一片一片鋸了。

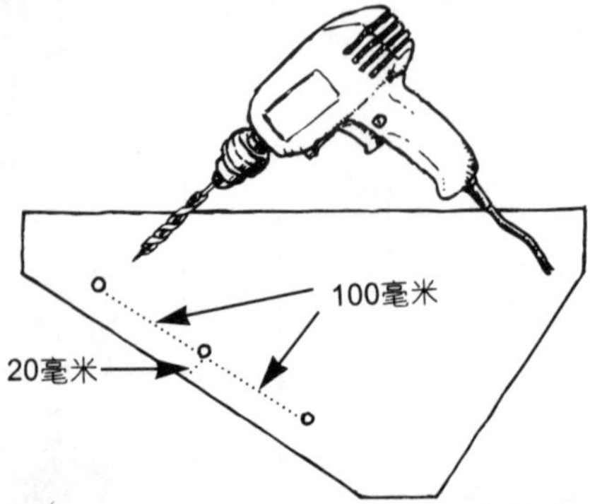
100毫米
20毫米

5 如插圖所示，用電鑽在側板上鑽讓圓棒通過的洞。使用電鑽頭為 ϕ10毫米的電鑽。位置則是在距離木板邊緣20毫米處的內側。

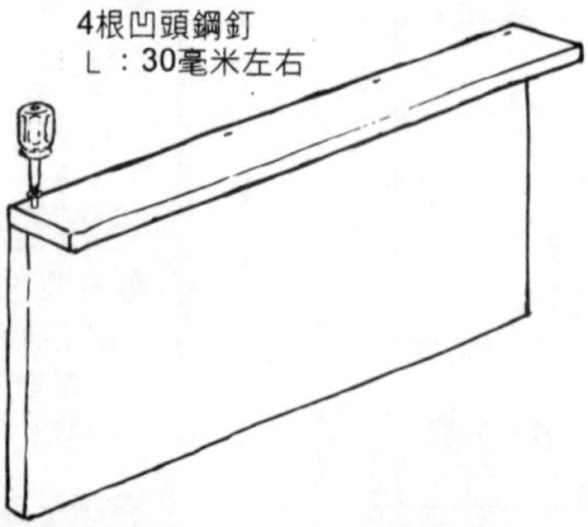
4根凹頭鋼釘
L：30毫米左右

6 用螺絲釘將前板固定在擱板上。併用木工用接著劑，就更堅固耐用了。

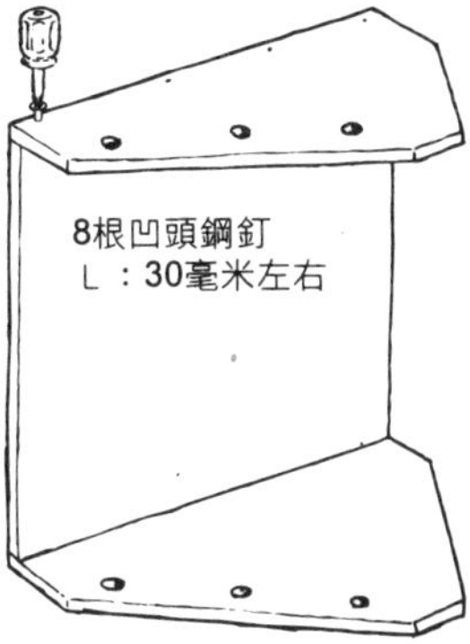
8根凹頭鋼釘
L ：30毫米左右

7 用螺絲釘將左右的側板固定在背板上。

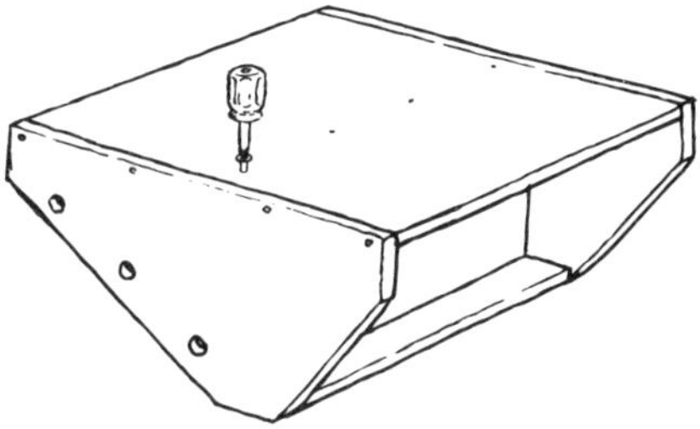
4根凹頭鋼釘
L ：30毫米左右

8 將擱板安裝在背板與側板上。

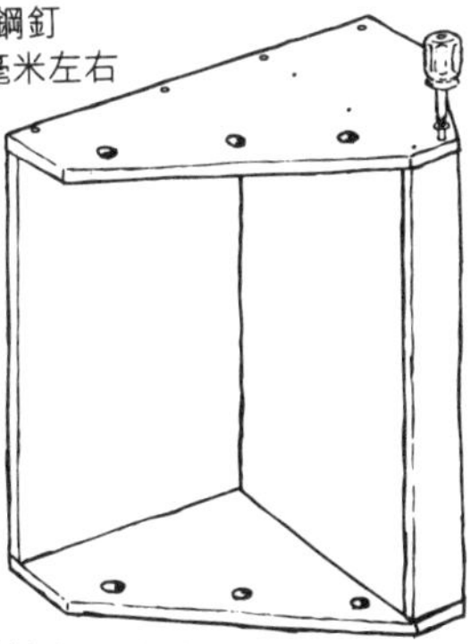
8根凹頭鋼釘
L ：30毫米左右

9 用螺絲釘將擱板與側板固定在左右的側板上。

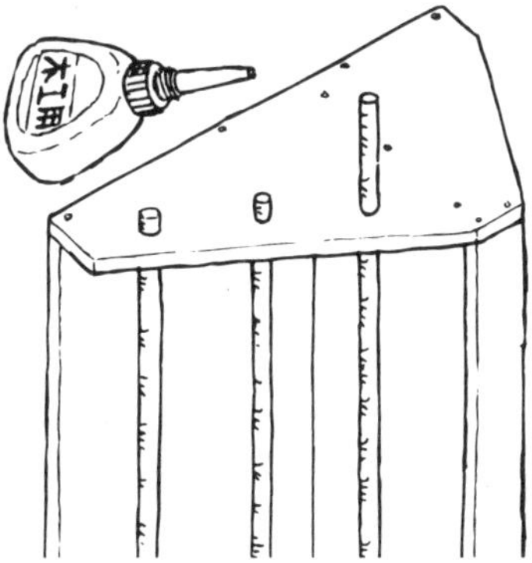
木工用

10 圓棒穿過圓棒洞，塗抹木工用接著劑。

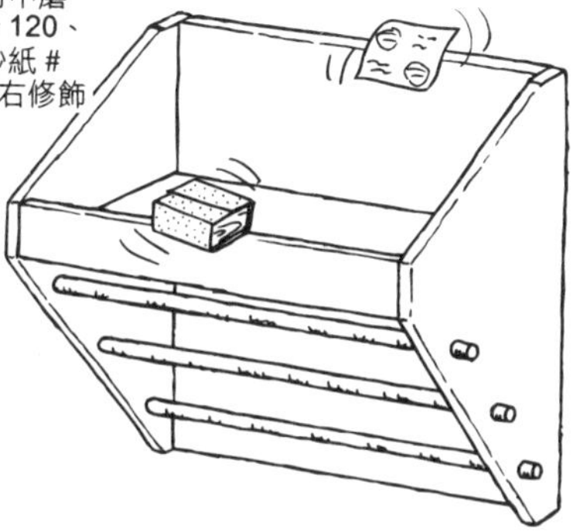
最後用中磨
砂紙＃120、
細磨砂紙＃
240左右修飾

11 因為是掛在盥洗室的東西，所以整個要用砂紙打磨，使尖角變圓。

12 鑽洞將架子掛在牆壁上，或釘鉤子再掛上架子。鑽洞時使用電鑽頭為 ϕ5～10毫米的電鑽。

梯凳

家中準備一個梯凳，非常方便。在此介紹不需要特別加工、不論是誰都能夠製作的簡單梯凳。因為人要站上去，所以必須堅固耐用。

完成圖

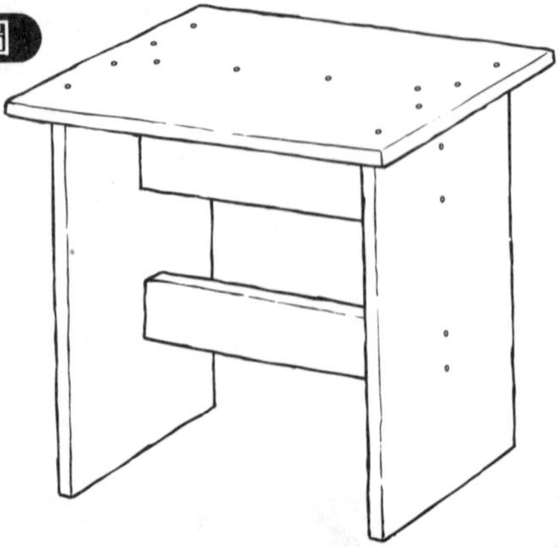

展開圖

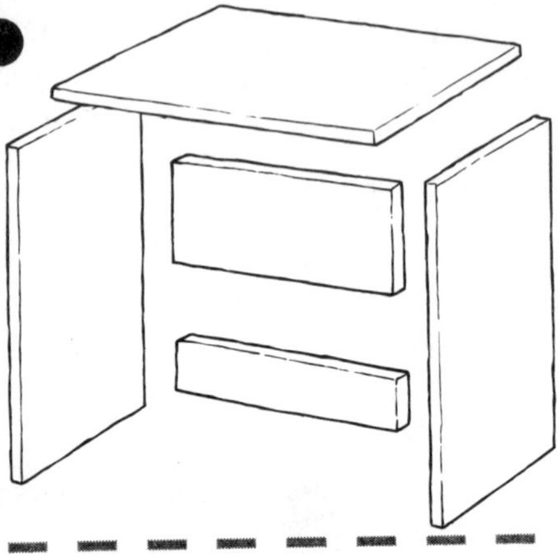

木材切割圖

900×450　木板厚21毫米

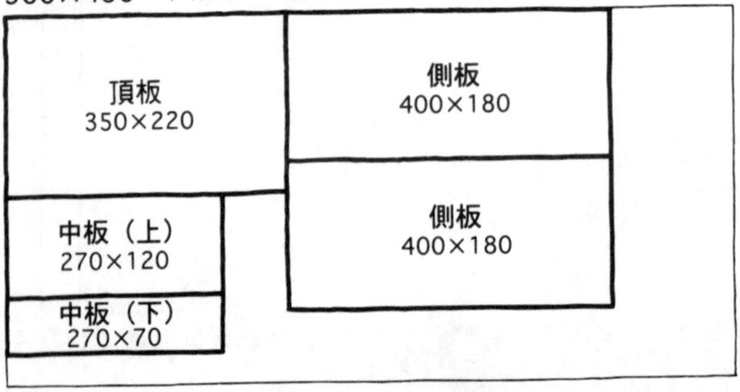

頂板
350×220
側板
400×180
側板
400×180
中板（上）
270×120
中板（下）
270×70

●材料

木板（柳安膠合板等）、螺絲釘

●主要工具

鋸子或圓鋸、榔頭、電鑽、木工用接著劑、砂紙

1 木材較厚，因此使用圓鋸比普通的鋸子更容易鋸木頭。按照尺寸鋸好之後，截斷面要用砂紙打磨一下。

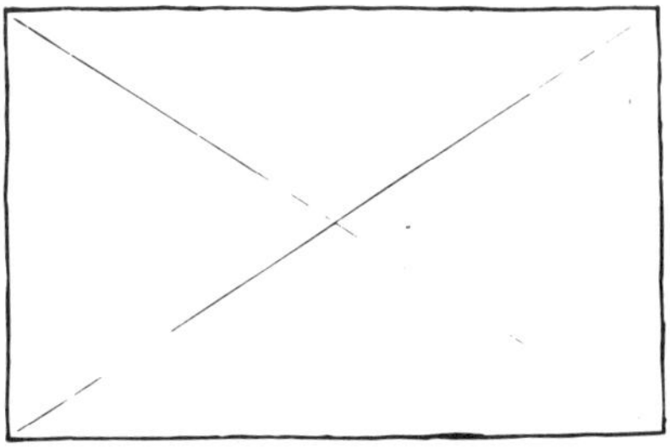

2 將頂板翻面，找出前後左右的中心。

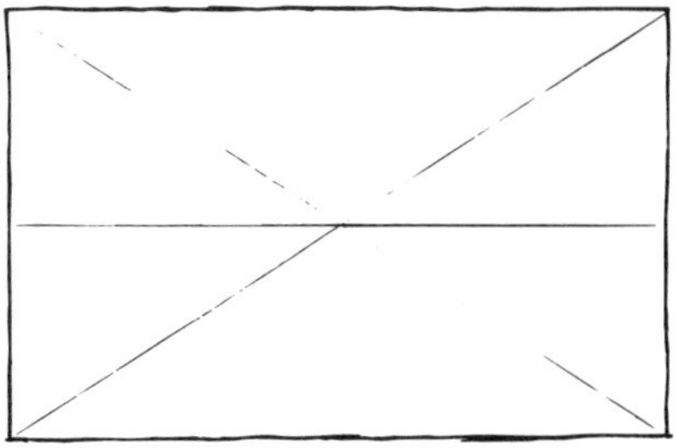

3 在中心畫一條線。

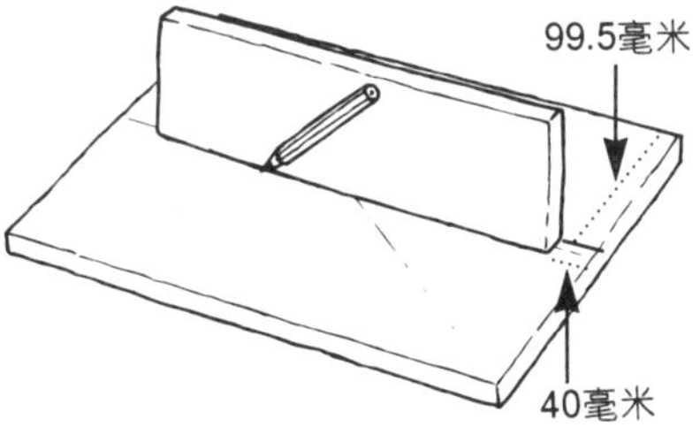

4 在線上頂板的正下方豎立中板，沿著木板畫線。

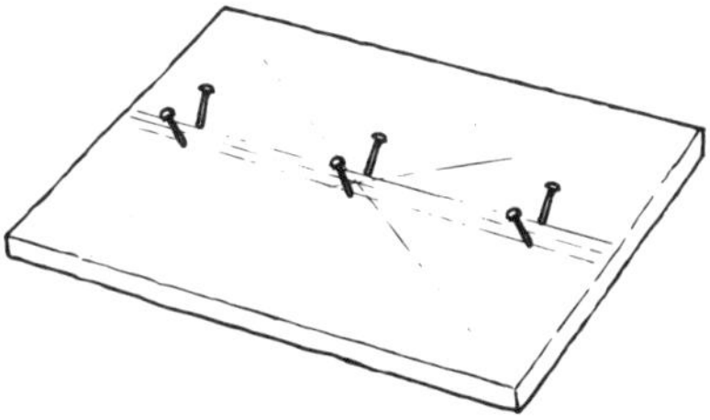

5 沿著線，釘上用來臨時固定木板的導釘。

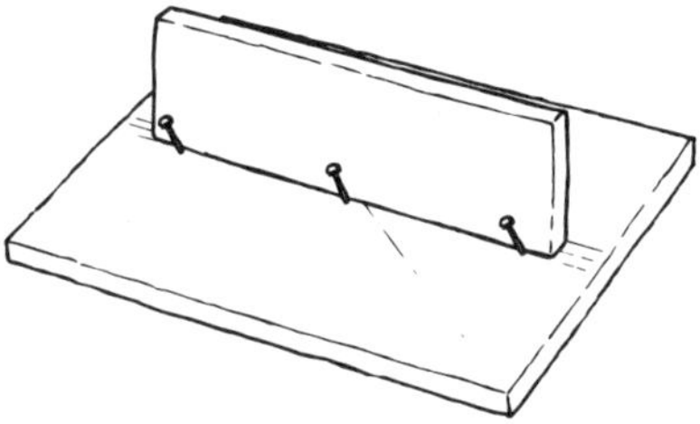

6 塗抹木工用接著劑，將木板插入導釘之間。

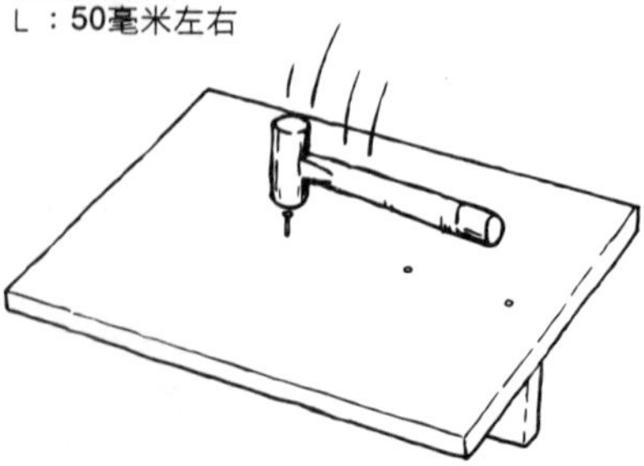
4根螺絲鋼釘
L：50毫米左右

7 謹慎的翻面，釘釘子。在釘上釘子之前，最好先用電鑽頭 φ2毫米的電鑽鑽洞。

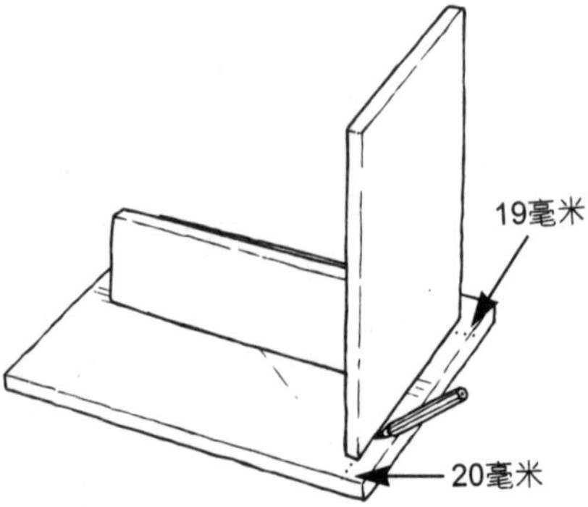
19毫米
20毫米

8 再度翻面，拔掉導釘，接著貼合側板，畫線。

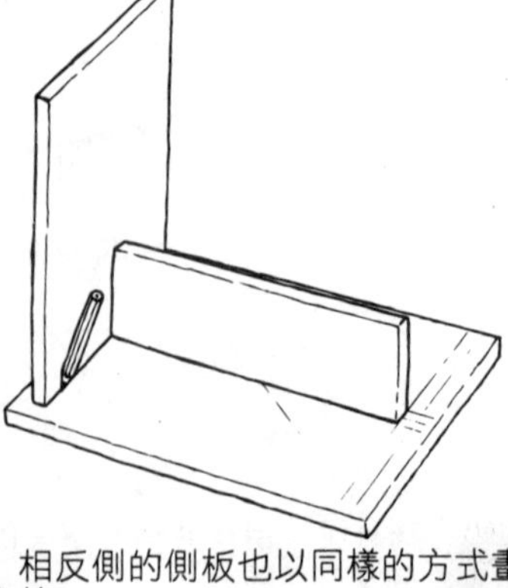

9 相反側的側板也以同樣的方式畫線。

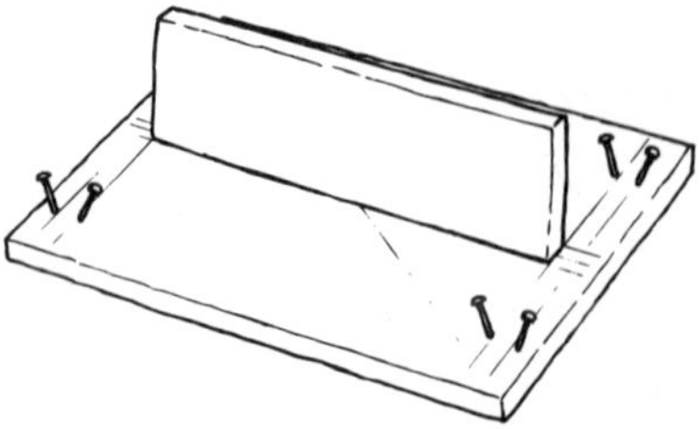

10 釘導釘時，左右位置相同。

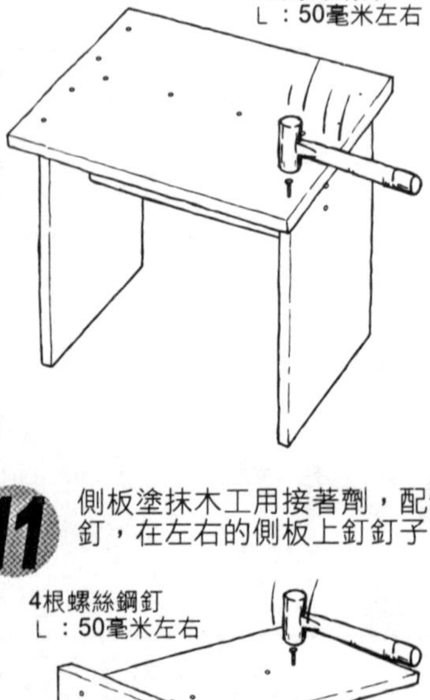
8根螺絲鋼釘
L：50毫米左右

11 側板塗抹木工用接著劑，配合導釘，在左右的側板上釘釘子。

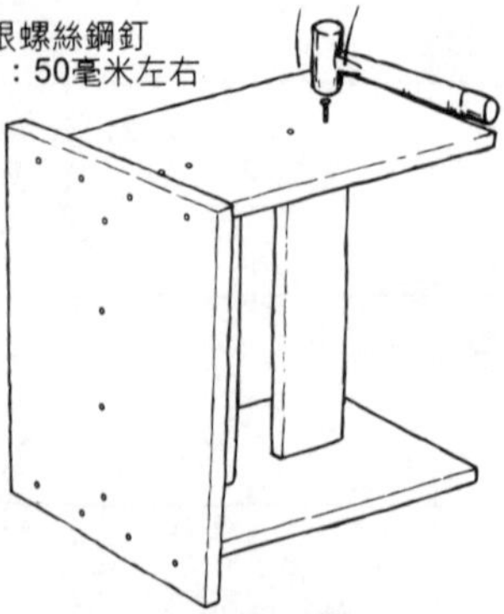
4根螺絲鋼釘
L：50毫米左右

12 下面的中板也塗抹木工用接著劑，之後再釘釘子即告完成。

第2章

我家的方便小物件

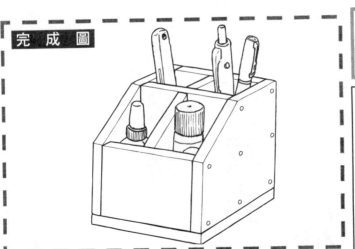

間隔式筆筒

內部隔成四個部分的筆筒。可以分別放鉛筆或原子筆、剪刀等，而面前則可以擺較短的東西，非常方便。

●材料

木板（杉木、雲杉等）、螺絲釘

●主要工具

鋸子、電鑽、砂紙、木工用接著劑、螺絲起子

完成圖

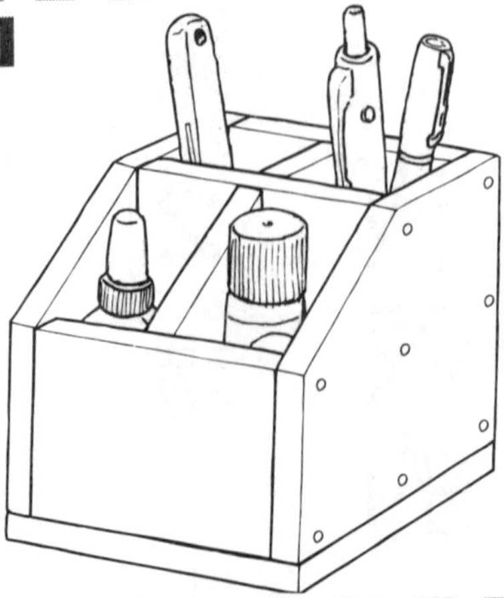

展開圖

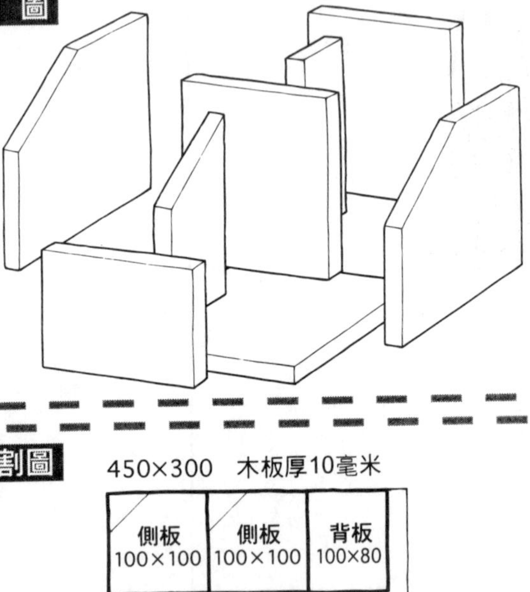

木材切割圖

450×300　木板厚10毫米

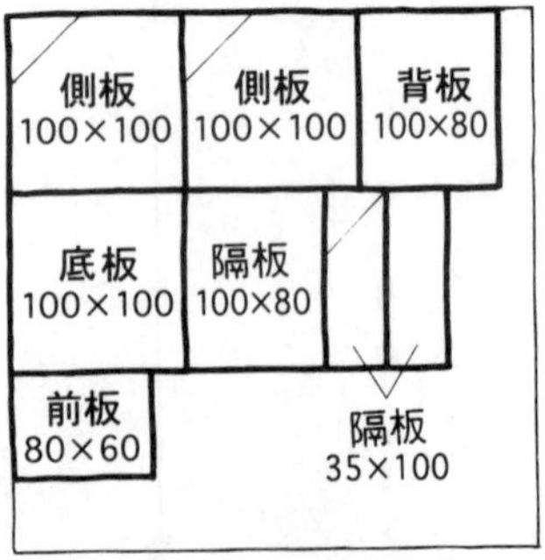

側板 100×100
側板 100×100
背板 100×80
底板 100×100
隔板 100×80
前板 80×60
隔板 35×100

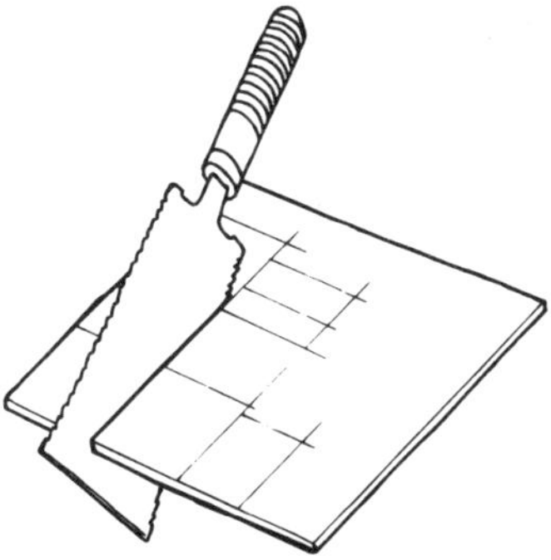

1 參考木材切割圖鋸木板。這時鋸子的寬度預留2毫米左右。

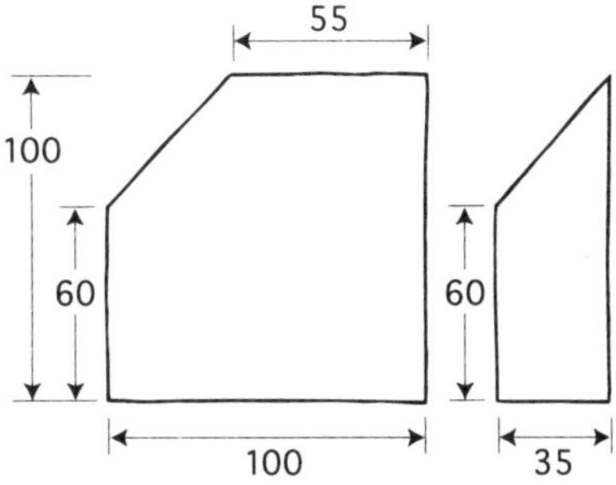
55
100
60
60
100
35

2 按照圖的尺寸鋸側板和隔板（一片100×35），用砂紙（中磨砂紙＃120）打磨截斷面。側板則可以二片疊在一起鋸。

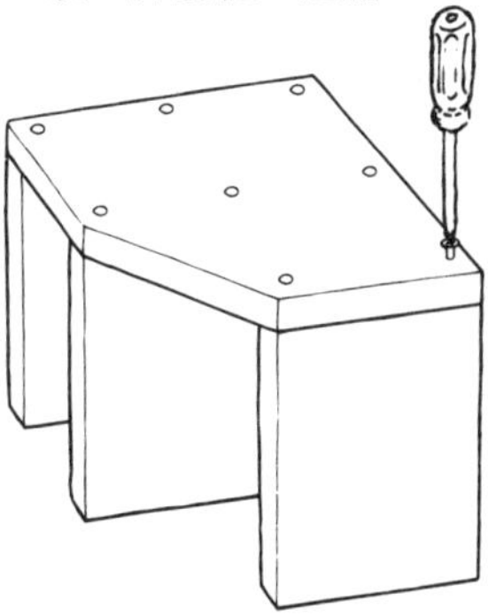
8根凹頭鋼釘
L：20毫米左右

3 用螺絲釘將前板、隔板（100×80）及背板固定在一片側板上。這時最好事先用電鑽頭 ϕ2毫米的電鑽鑽洞。

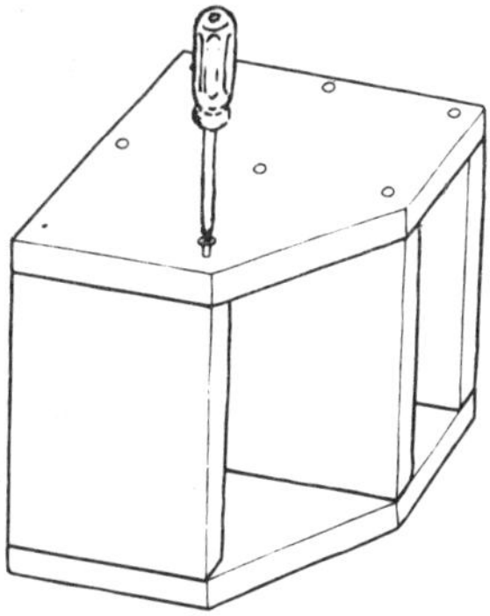
8根凹頭鋼釘
L：20毫米左右

4 相反側的側板也以同樣的方式固定。

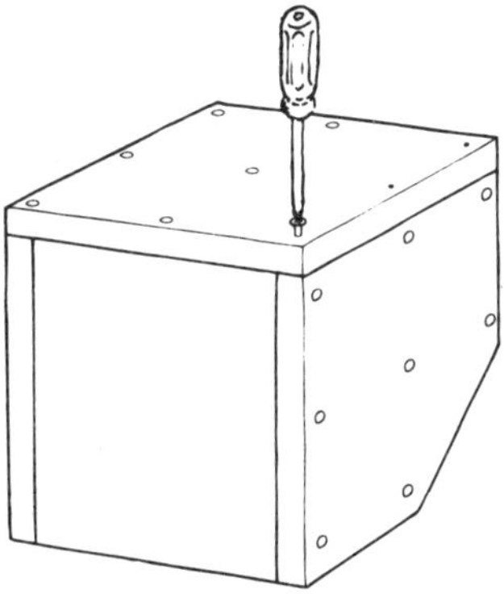
9根凹頭鋼釘
L：20毫米左右

5 用螺絲釘固定底板。

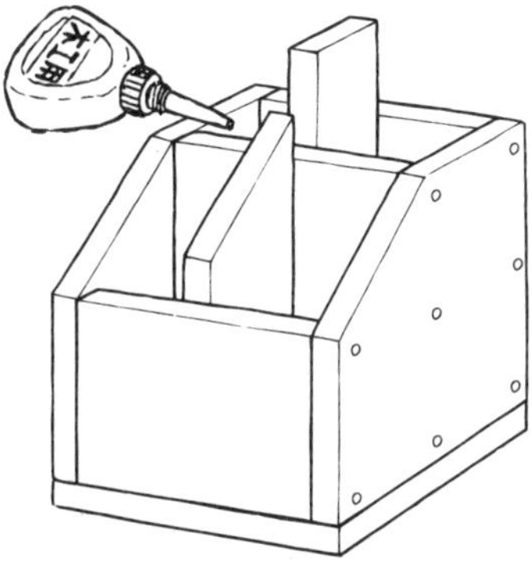
木工用

6 用木工用接著劑固定隔板，然後全部用砂紙（細磨砂紙＃240左右）打磨即告完成。

壁掛式遙控器架

電視、錄影機、冷氣等的遙控器不斷增加，不知該擺在哪兒，非常困擾。在壁掛式遙控器架上貼上標籤，用起來就更方便了。

●材料

木板（杉木、雲杉等）、螺絲釘

●主要工具

鋸子、線鋸、電鑽、砂紙、木工用接著劑、螺絲起子

完成圖

展開圖

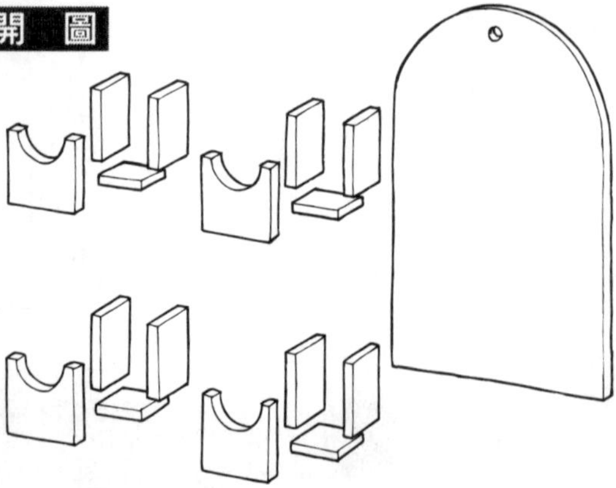

木材切割圖

600×450 木板厚20毫米

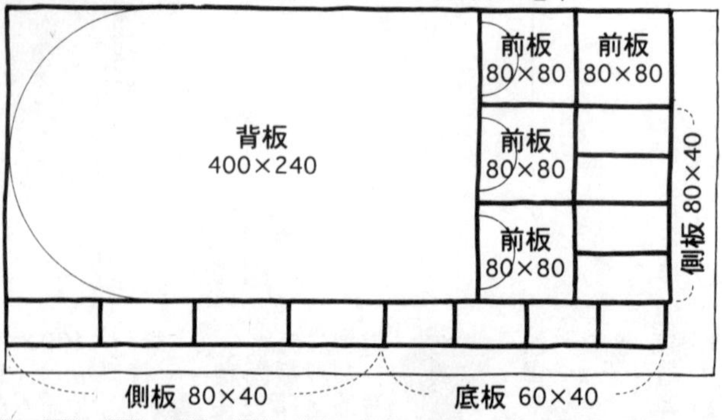

前板
80×80
前板
80×80
背板
400×240
前板
80×80
前板
80×80
側板 80×40
側板 80×40
底板 60×40

1 參考木材切割圖鋸木板。這時鋸子的寬度要預留3毫米左右。

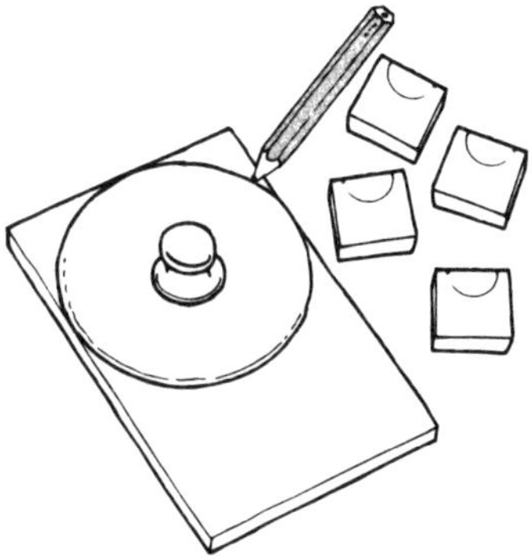

2 用鍋蓋等畫出背板和前板的弧度。

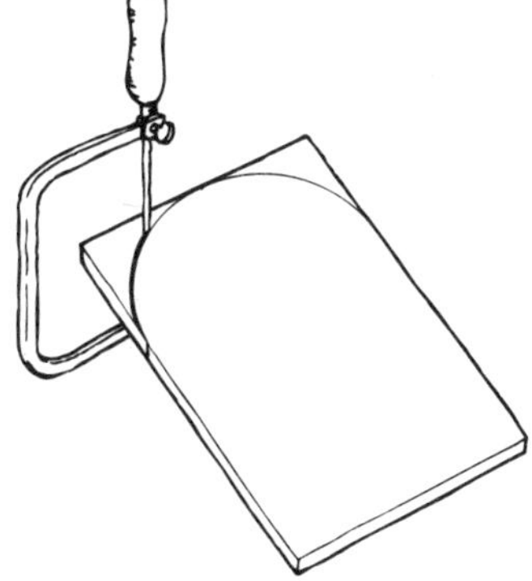

3 用線鋸鋸開弧度的部分。

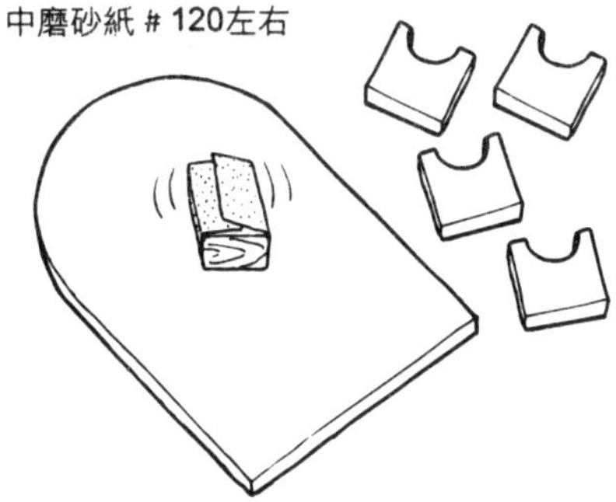
中磨砂紙＃120左右

4 截斷面用砂紙打磨。

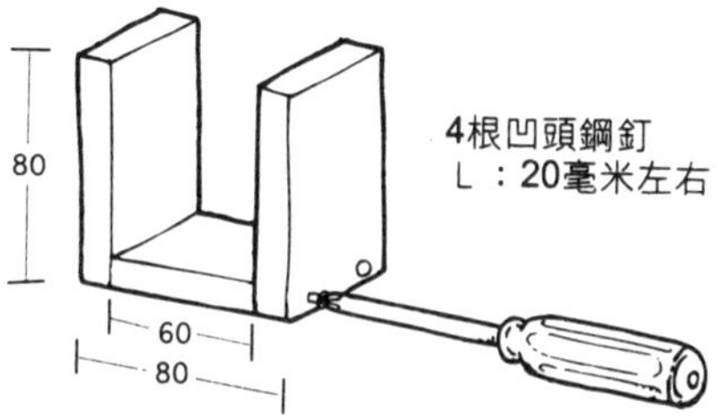
80
4根凹頭鋼釘
L：20毫米左右
60
80

5 用螺絲釘固定側板和底板，最好併用木工用接著劑。

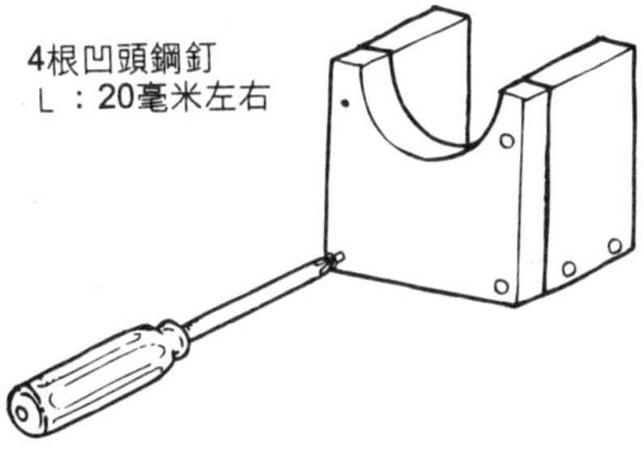
4根凹頭鋼釘
L：20毫米左右

6 用螺絲釘固定前板。

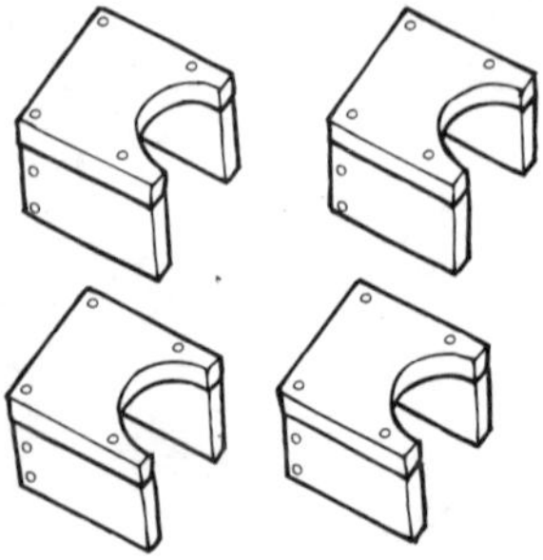

7 再做三個同樣的小架子。

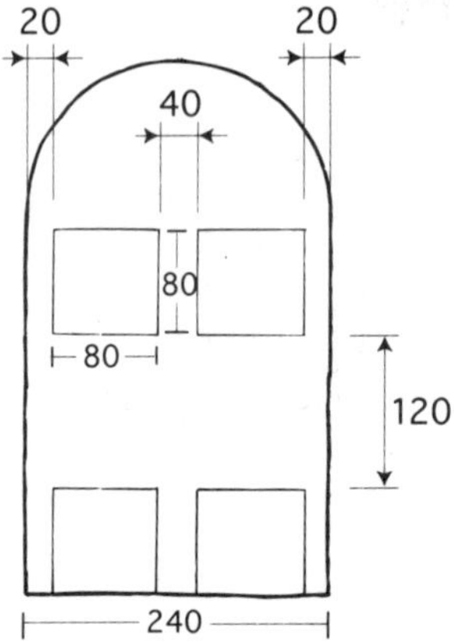
20
20
40
80
80
120
240

8 如圖所示，決定好小架子的位置，在背板上做記號。

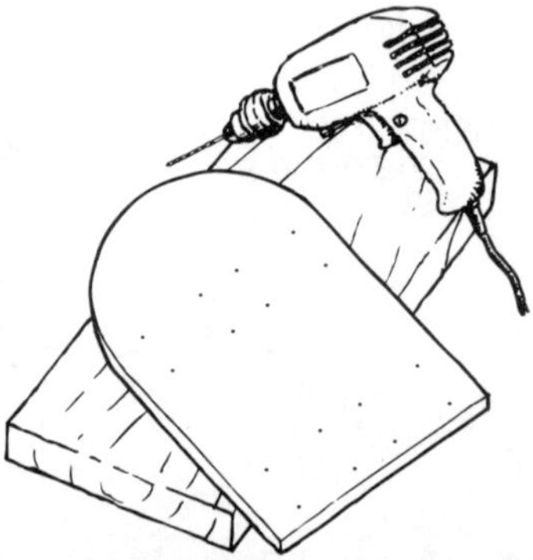

9 用電鑽頭 φ2毫米的電鑽在背板上鑽螺絲釘的洞。作業時，下面要墊著不要用的木板當成墊木。

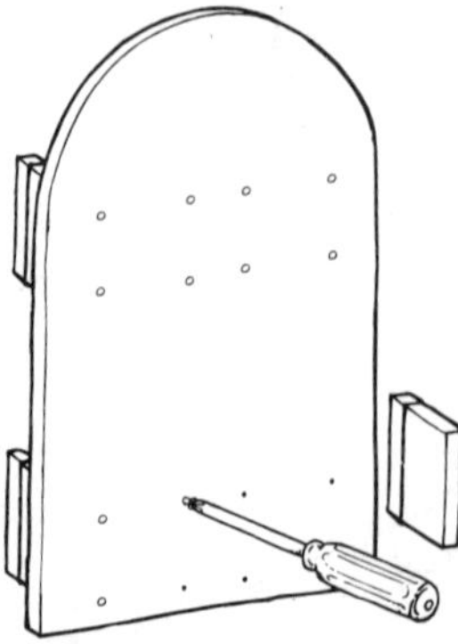
16根凹頭鋼釘
L：20毫米左右

10 用螺絲釘從背板的背面固定小架子。

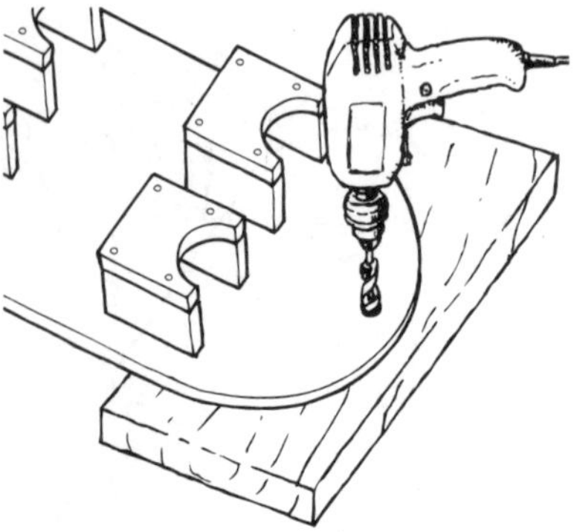

11 用電鑽頭為 φ5～10毫米的電鑽在背板上鑽掛在牆壁上使用的洞。下面要墊不要用的木板來進行作業。

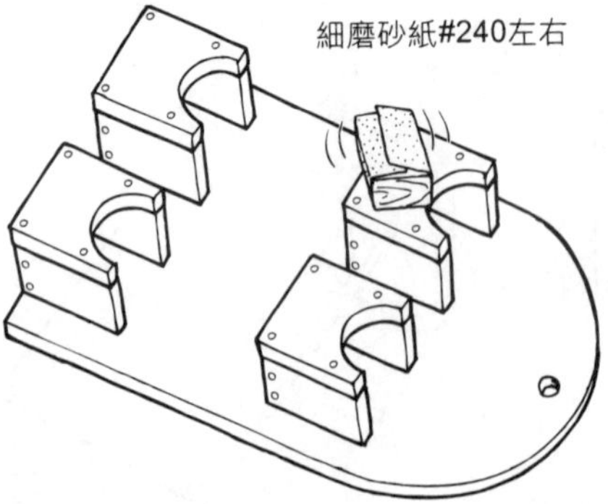
細磨砂紙#240左右

12 全部用砂紙打磨即可。

星月信件架

能夠輕易放置信件等的信件架。除了採用月亮、星星的造型之外，也可以用鳥或樹葉等其他的設計。

完成圖

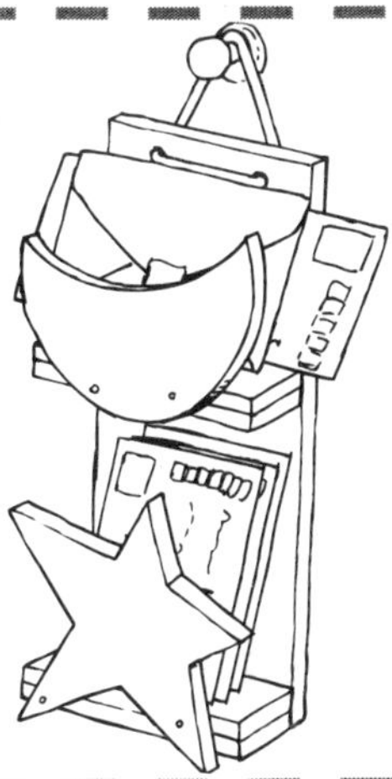

展開圖

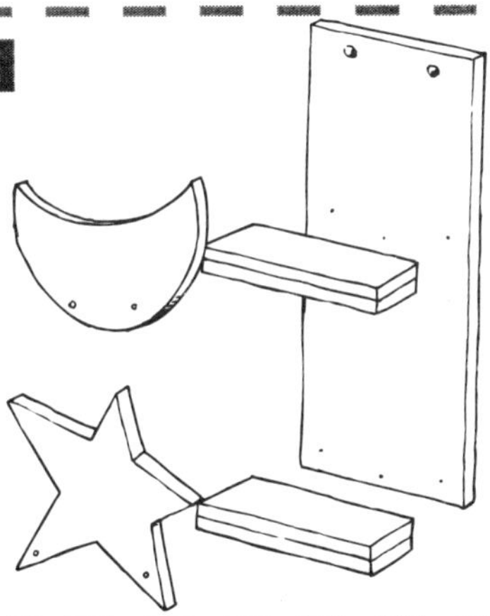

木材切割圖

600×450 木板厚9毫米

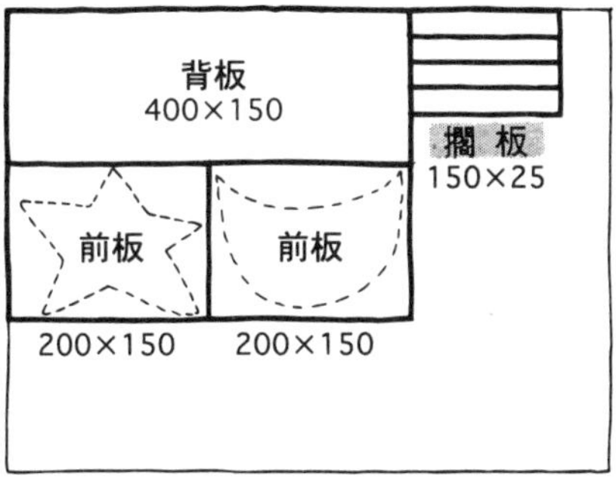
背板
400×150
擱板
150×25
前板
前板
200×150
200×150

●材料

木板（級木膠合板等）、釘子

●主要工具

鋸子、線鋸、榔頭、木工用接著劑、砂紙

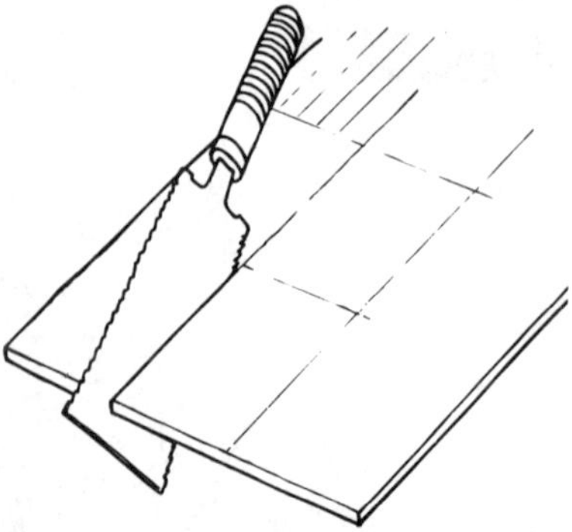

1 按照木材切割圖鋸木板。做記號時，鋸子的寬度預留1～2毫米。

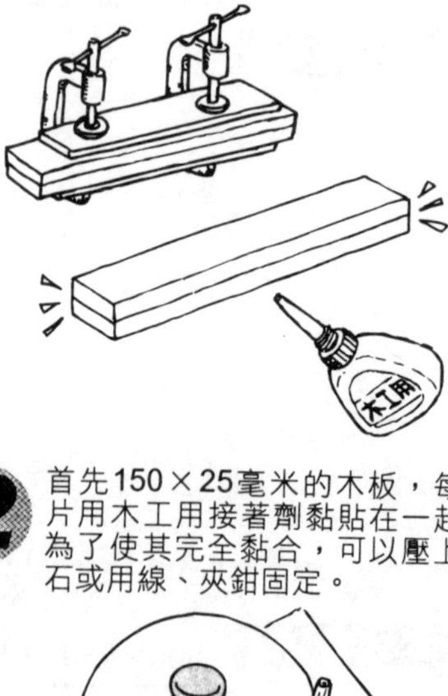

2 首先150×25毫米的木板，每二片用木工用接著劑黏貼在一起，為了使其完全黏合，可以壓上鎮石或用線、夾鉗固定。

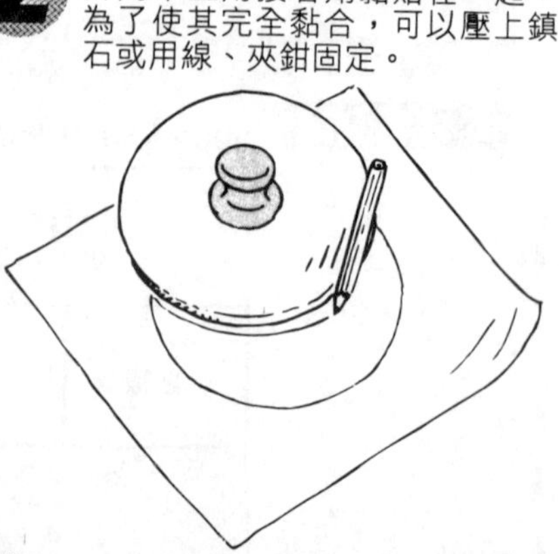

3 先畫出月亮的形狀。利用大盤子或鍋蓋等直徑不同的二個圓形，就可以畫出漂亮的弧度。

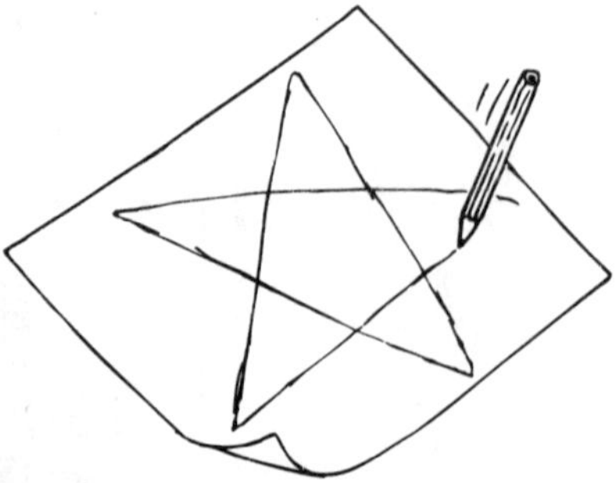

4 接著畫星形。用尺正確的畫，或隨意的畫出星星的線條也很有趣。

5 畫好的圖案，背面用鉛筆塗滿，然後將畫印在木板上。

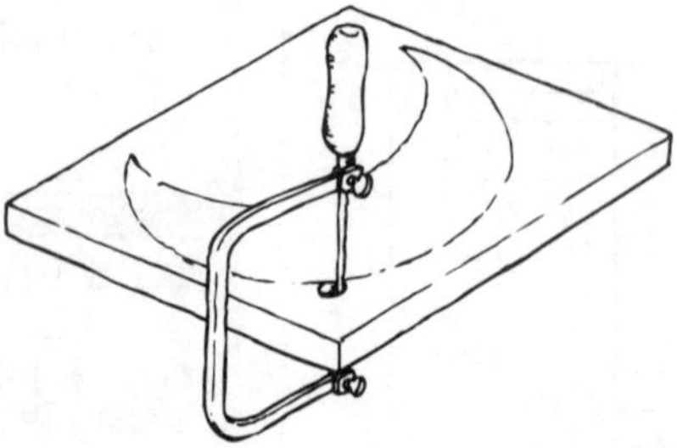

6 使用線鋸鋸開月亮。

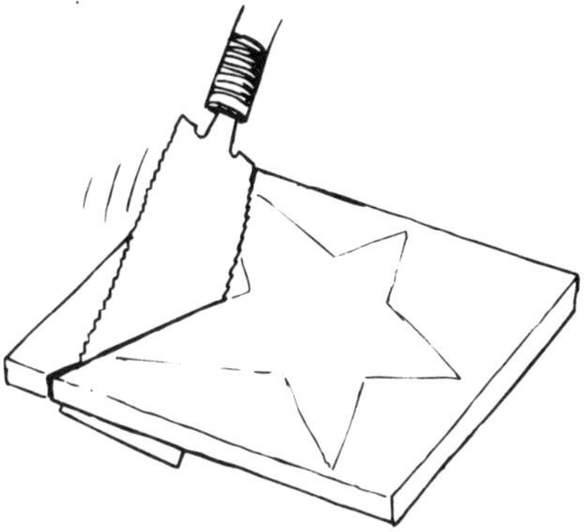

7 也用線鋸鋸開星星。

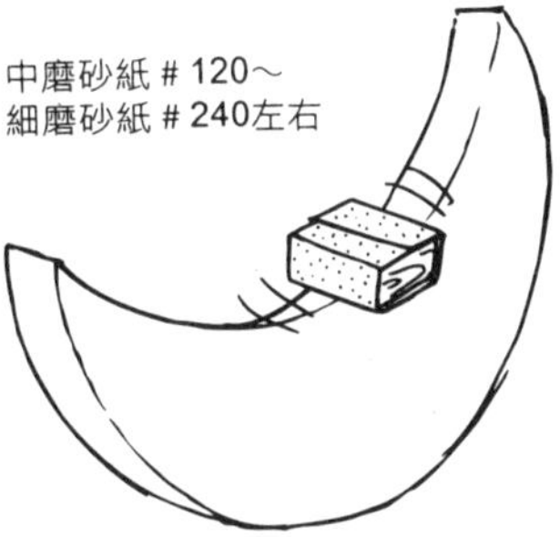
中磨砂紙＃120～
細磨砂紙＃240左右

8 所有的材料都要用砂紙略微打磨，去除木屑。

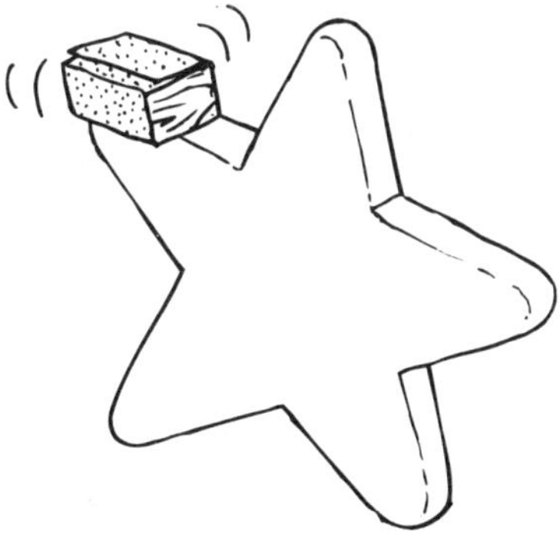

9 磨圓月亮和星星的角，感覺比較柔和。

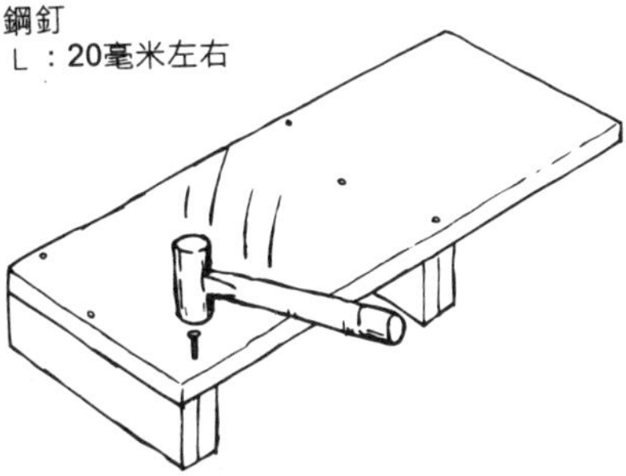
鋼釘
L：20毫米左右

10 用釘子將擱板釘在背板上。兩端的二根釘子釘在二片重疊的擱板板子上，而正中央的釘子則釘在下面的板子上。

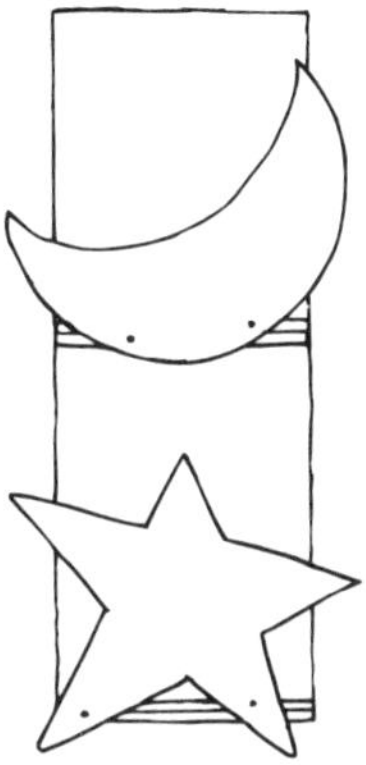
銅釘
L：20毫米左右

11 塗抹木工用接著劑之後，將月亮和星星釘在擱板上。一根釘子釘在上面的板子上，而另外一根則釘在下面的木板上。

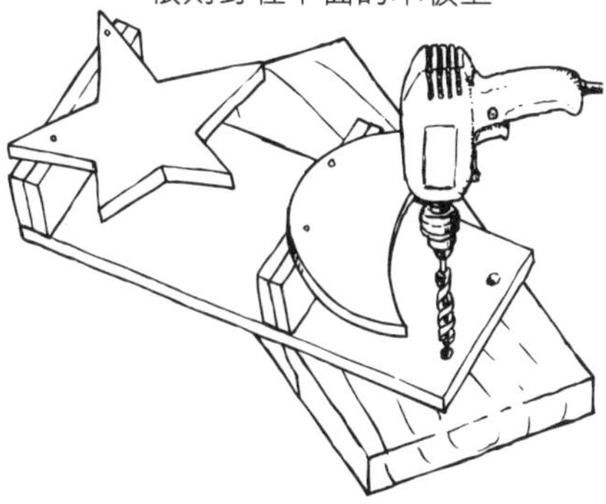

12 用電鑽頭 ϕ5～10毫米的電鑽鑽掛在牆壁上用的洞即完成。

簡單木框

每個人都能夠製作的木框。學會這個作法之後，變換設計或更換木板材料，就可以做成不同形態的木框。選擇高級的木板材料，就可做出高級品。

完成圖

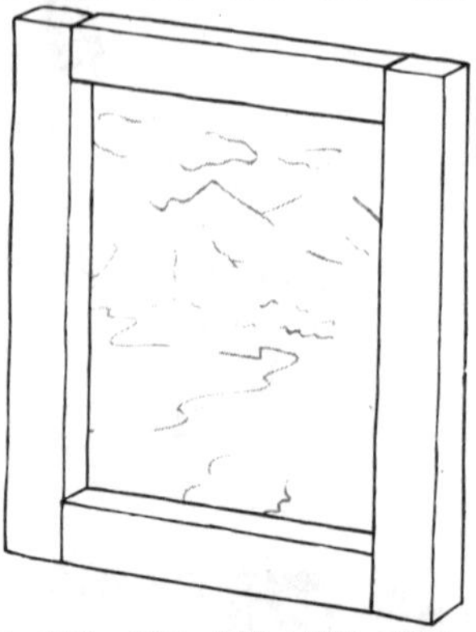

展開圖

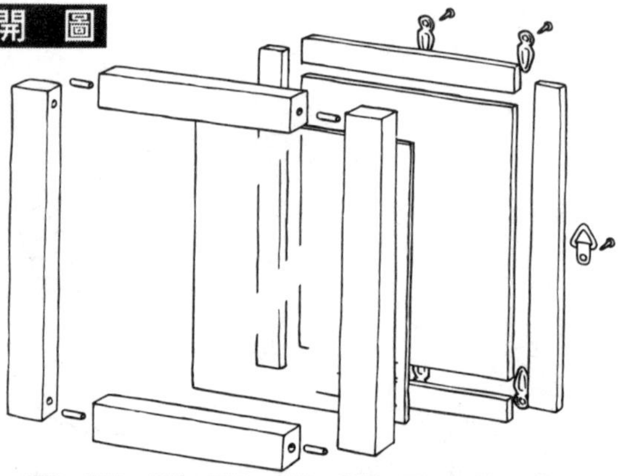

木材切割圖

300×300　木板厚15毫米　300×450　木板厚3毫米

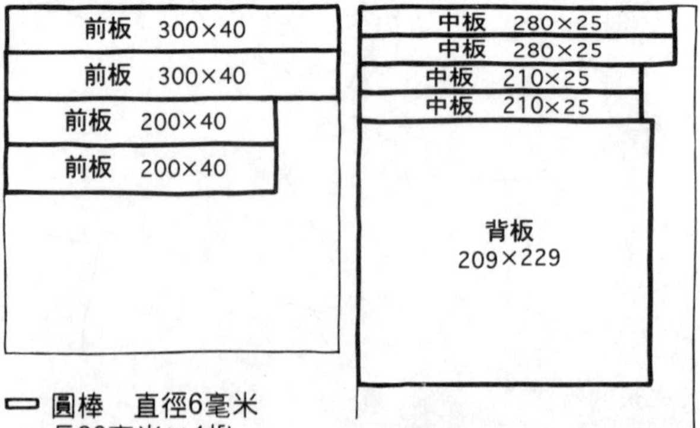

前板　300×40
前板　300×40
前板　200×40
前板　200×40
中板　280×25
中板　280×25
中板　210×25
中板　210×25
背板
209×229

▭ 圓棒　直徑6毫米
長20毫米×4根

●材料

木板（刺楸、日本厚朴等）、葉形金屬零件、吊掛金屬零件、釘子、壓克力板

●主要工具

鋸子、電鑽、木工用接著劑、砂紙、榔頭

1 按照木材切割圖鋸木板。鋸子的寬度預留1～2毫米。

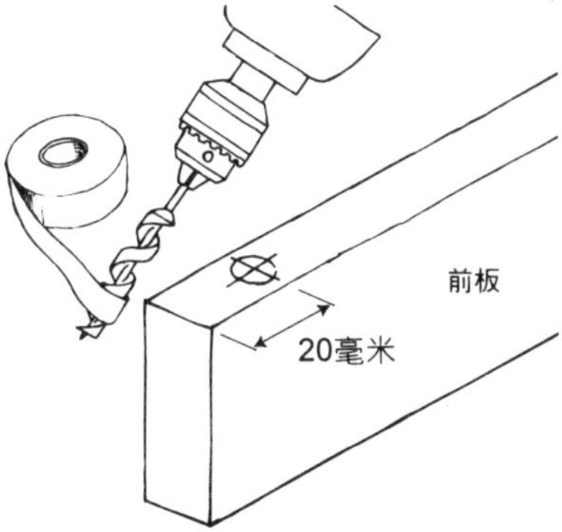

2 長300毫米的前板，以上方和下方的20毫米處為中心，用電鑽頭為 φ6毫米的電鑽鑽二個深10毫米的洞。

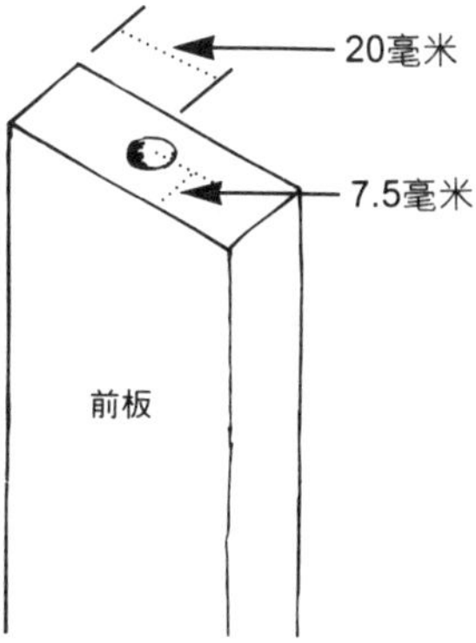

3 長250毫米前板截斷面的正中央也鑽相同的洞。上下共鑽二個。另外一個前板也要進行同樣的作業。

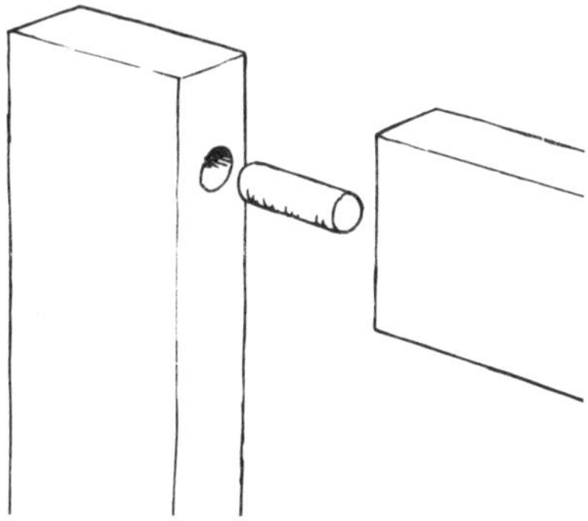

4 在鑽洞後的洞口以及圓棒上塗抹木工用接著劑，將圓棒插入兩邊的洞，完成木框。

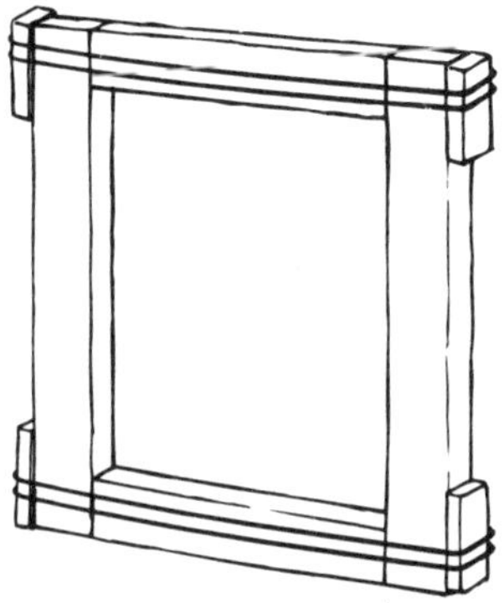

5 用繩子等綁住，擱置二小時，直到接著劑乾了為止。

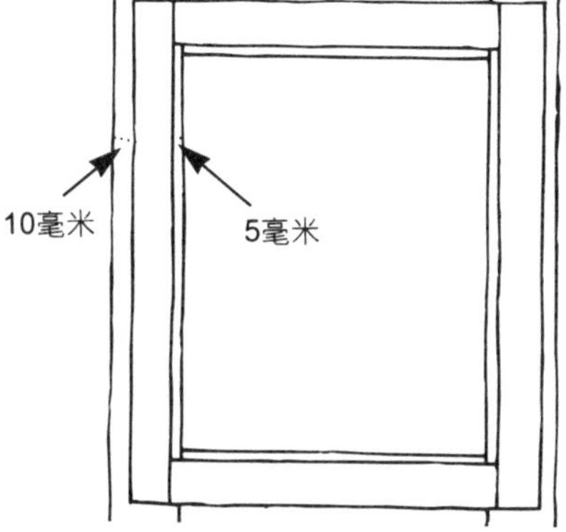

6 用木工用接著劑將280毫米和210毫米的中板貼在本體的背面。內側的間隔為5毫米，外側的間隔為10毫米。

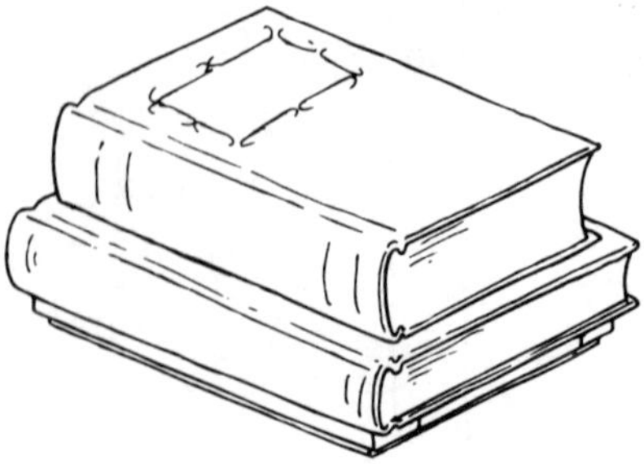

7 擺在平坦的地方，用厚重的書等壓住，擱置數小時。

8 等完全接著之後，全部用砂紙略微打磨。

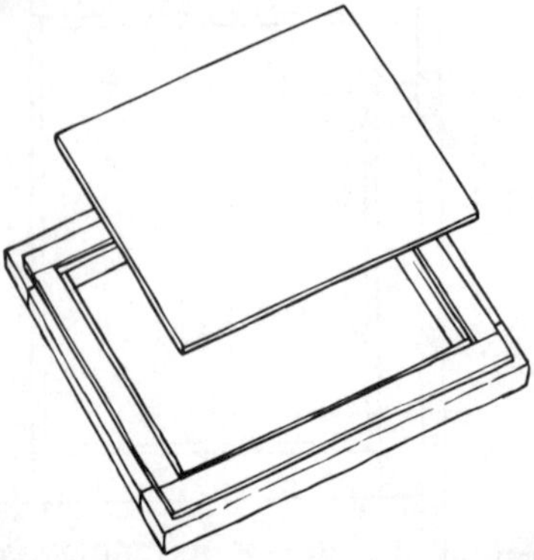

9 將本體翻面，讓薄的壓克力板和背板貼合。若是無法貼合，就必須進行調整。

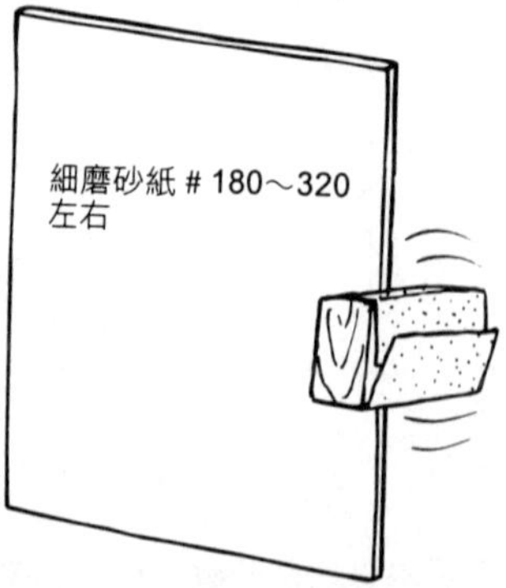

10 背板的周圍也要用砂紙打磨。

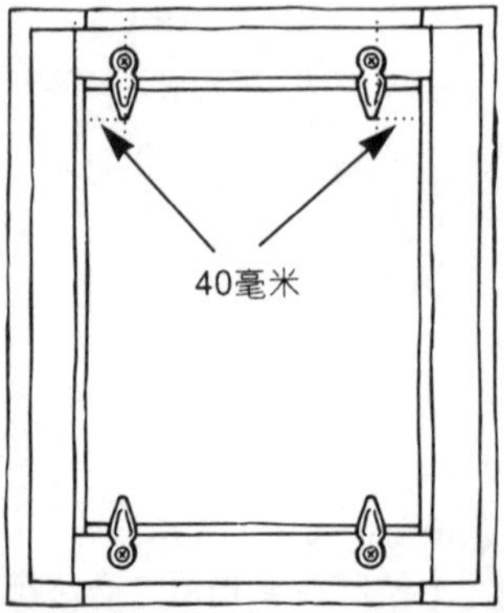

11 上下各安裝二個葉形金屬零件。

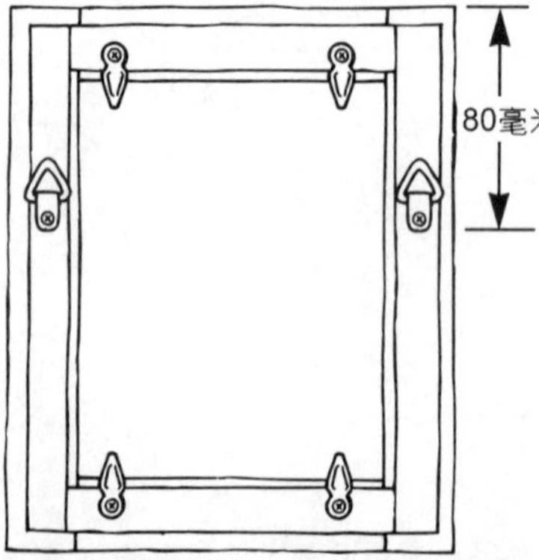

12 安裝讓木框掛在牆壁上的金屬零件即告完成。

木製座鐘

使用厚木板產生存在感的座鐘。只要將市售時鐘的刻度嵌入木板內，利用雕刻刀等雕刻時鐘板，然後在底部畫上圖案，就能成為獨具特色的時鐘。

●材料

木板（日本厚朴、柚木等）、螺絲釘、時鐘的刻度和指針

●主要工具

鋸子、線鋸、電鑽、銼刀、砂紙

完成圖

展開圖

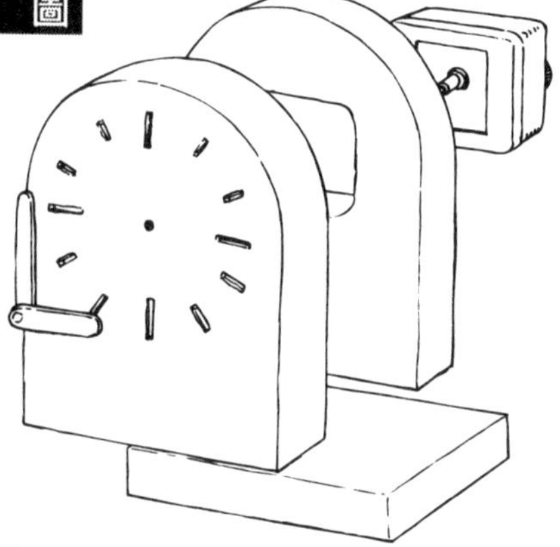

木材切割圖

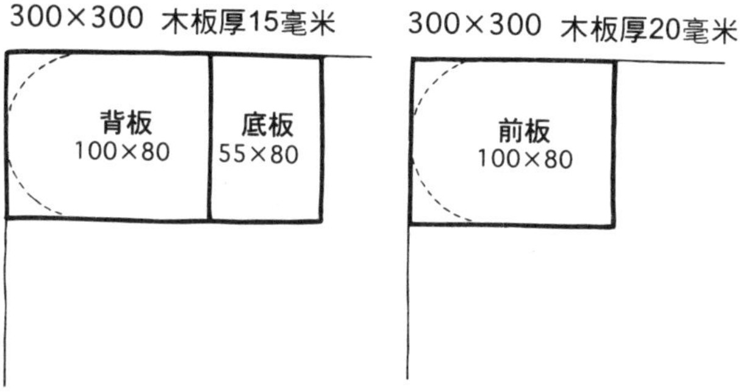
300×300　木板厚15毫米
背板
100×80
底板
55×80
300×300　木板厚20毫米
前板
100×80

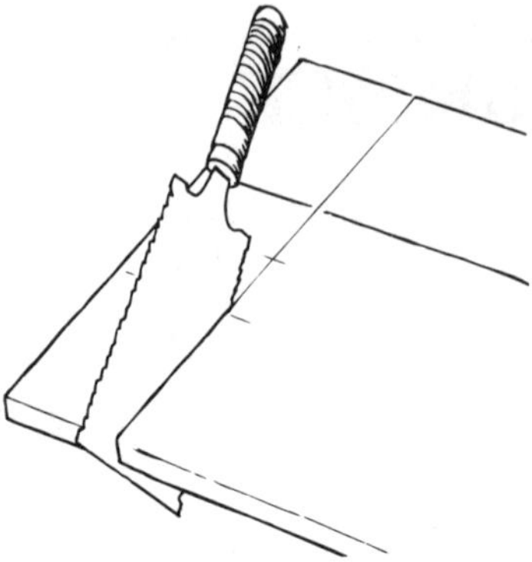

1 鋸木板。因為木材很厚，所以要辛苦一下。

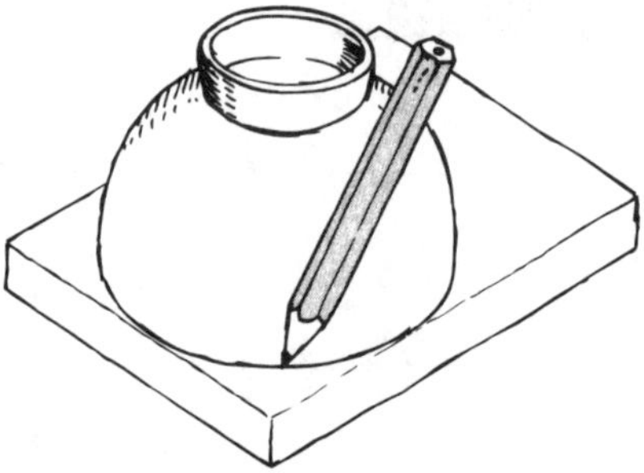

2 在厚15毫米和20毫米的木板上畫弧形。可以利用盤子或碗等來畫。

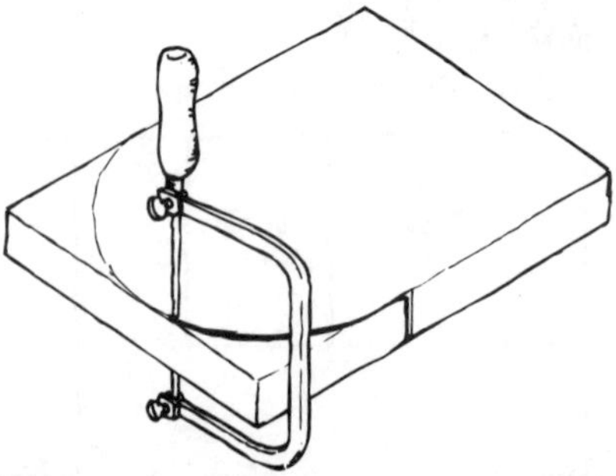

3 用線鋸鋸弧形，或是用鋸子稍微去除角，然後用銼刀銼成弧形。

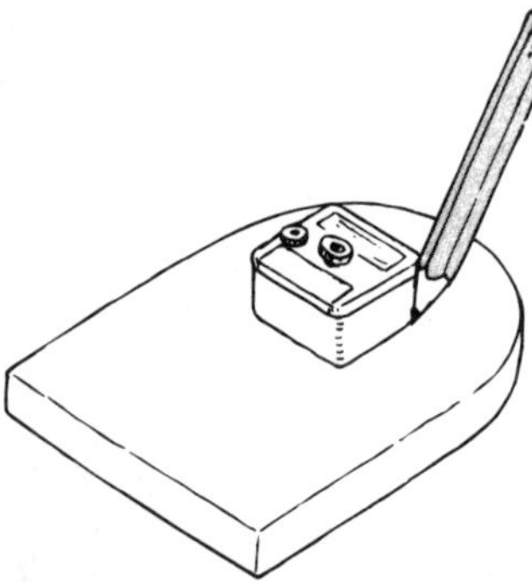

4 決定好厚15毫米的木板嵌入時鐘的位置，並畫上記號。

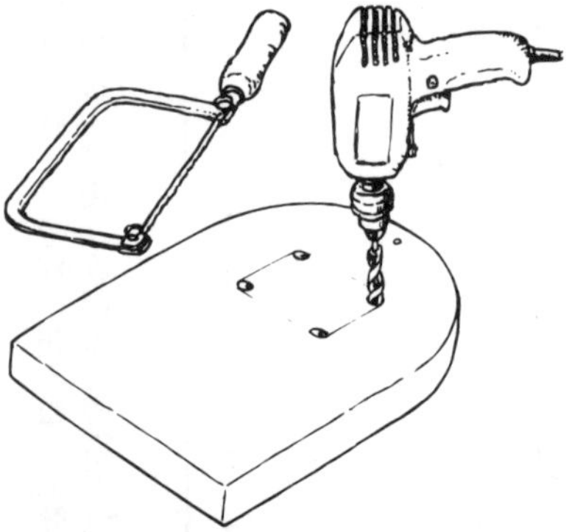

5 首先用電鑽頭 ϕ3～5毫米的電鑽在四角鑽四個洞，然後用線鋸鋸開。

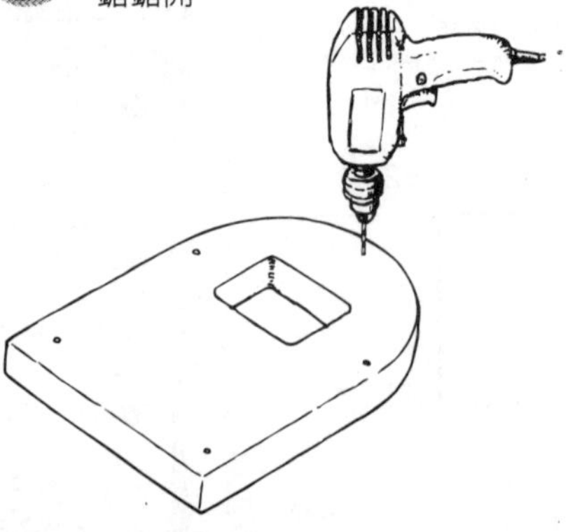

6 同一個板子的內側，用電鑽頭 ϕ3毫米的電鑽鑽固定螺絲釘的洞。

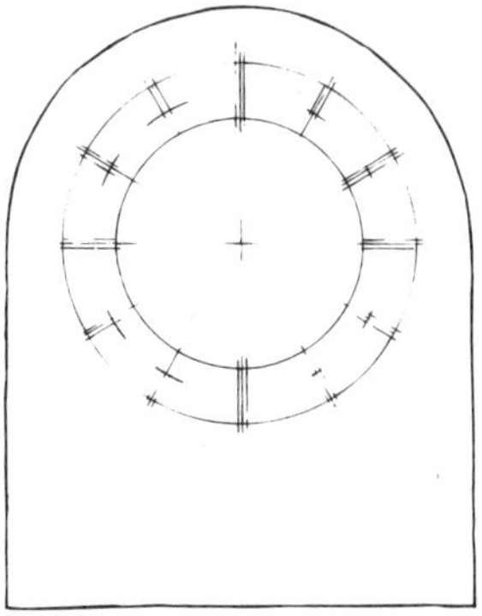

7 決定好20毫米的木板上的時鐘軸位置，以此為中央，用圓規等畫圓，畫出12等分的時鐘板。用雕刻的方式會更有趣。

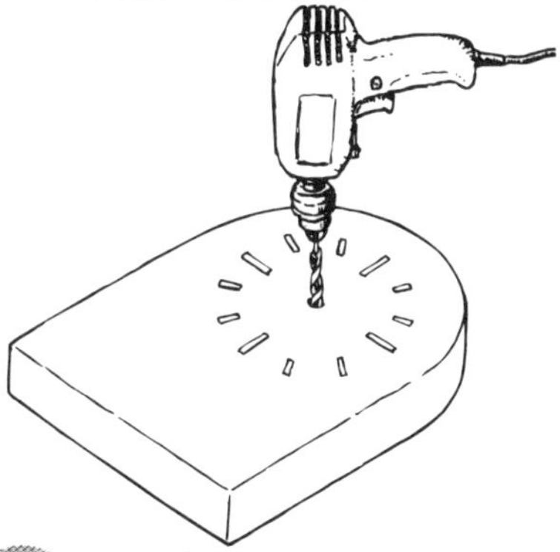

8 用電鑽鑽時鐘軸的洞，若是想在表面畫些東西，則這個階段就要趕緊完成。

5根凹頭鋼釘
L：25～30毫米左右

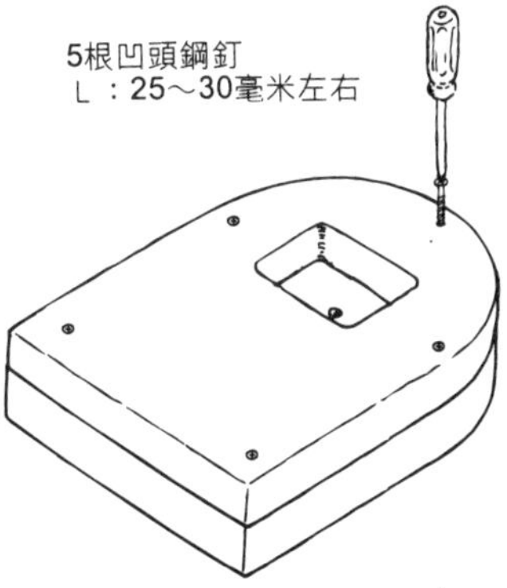

9 用木工用接著劑黏貼二片，用螺絲釘固定。

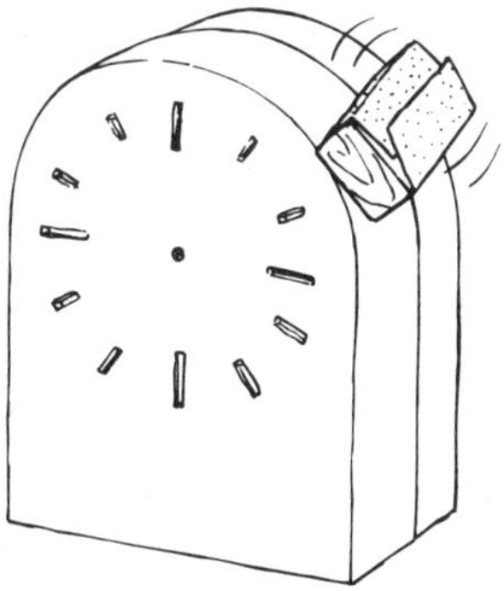

10 再度用砂紙打磨，使二片木板的弧形相同。

2根凹頭鋼釘
L： 30毫米左右

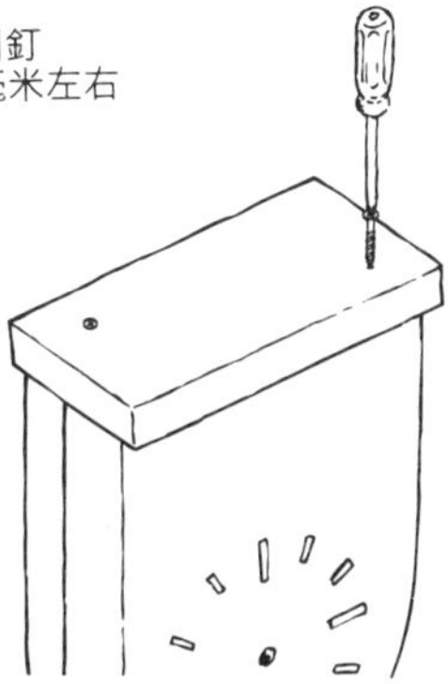

11 底板用電鑽頭 ϕ3毫米的鑽洞，再用螺絲釘將底板固定在時鐘本體上。也可以一片固定在前板，而另一片固定在後板。

12 從背面插入時鐘的本體，表面的指針用螺絲釘固定即完成。

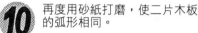

富於裝飾感的掛衣架

玄關擺一個相當方便而且富於裝飾感的掛衣架，上面可以擺觀葉植物或喜歡的裝飾品。

完成圖

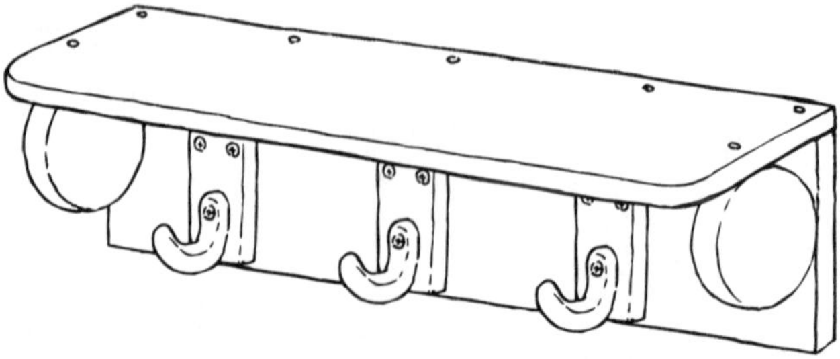

展開圖

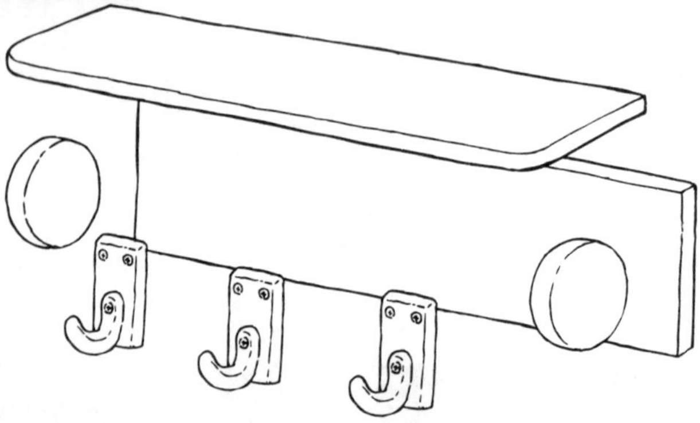

木材切割圖

600×300　木板厚20毫米

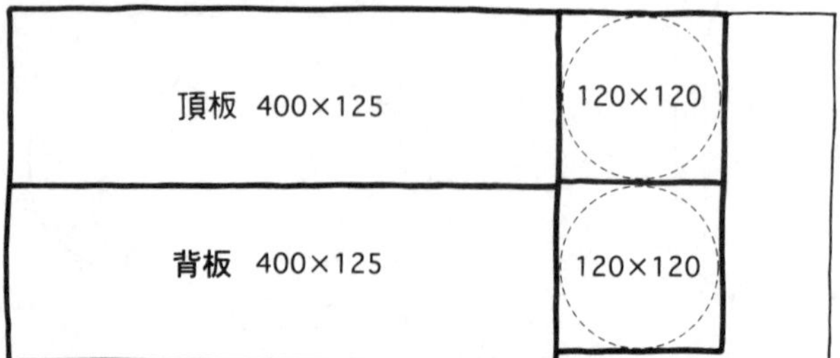

頂板　400×125
背板　400×125
120×120
120×120

●材料

木板（柚木板、膠合材等）、螺絲釘、市售的鉤子

●主要工具

鋸子、線鋸、電鑽、砂紙、螺絲起子

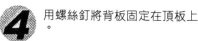

1 首先鋸木板，因為很厚，最好使用電鋸來鋸。

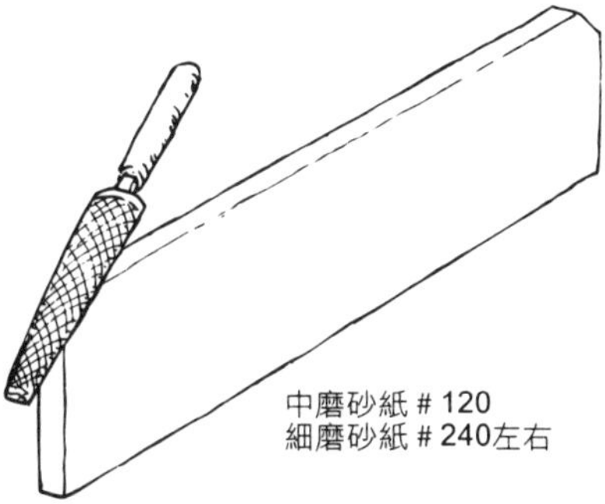
中磨砂紙 # 120
細磨砂紙 # 240左右

2 稍微削去一些頂板的面前角，用銼刀和砂紙磨圓，然後整個稍微打磨一下。

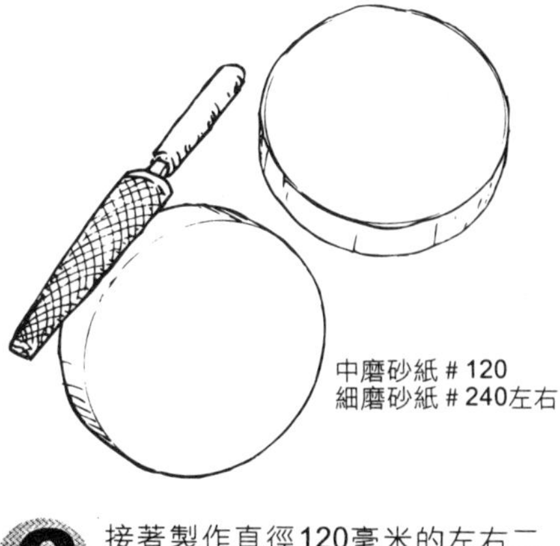
中磨砂紙 # 120
細磨砂紙 # 240左右

3 接著製作直徑120毫米的左右二個圓。使用線鋸就能輕鬆的鋸好，再用砂紙打磨。

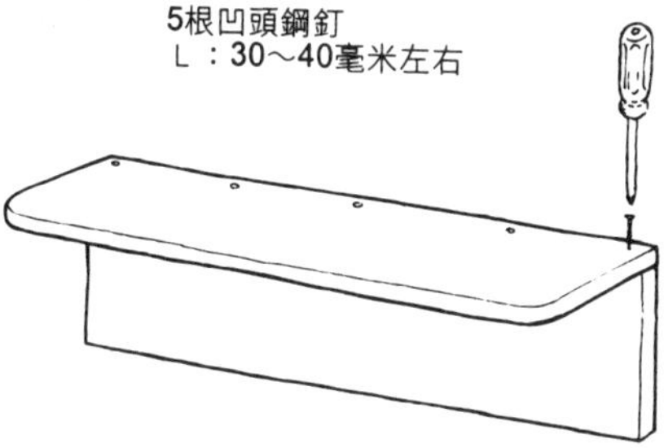
5根凹頭鋼釘
L：30～40毫米左右

4 用螺絲釘將背板固定在頂板上。

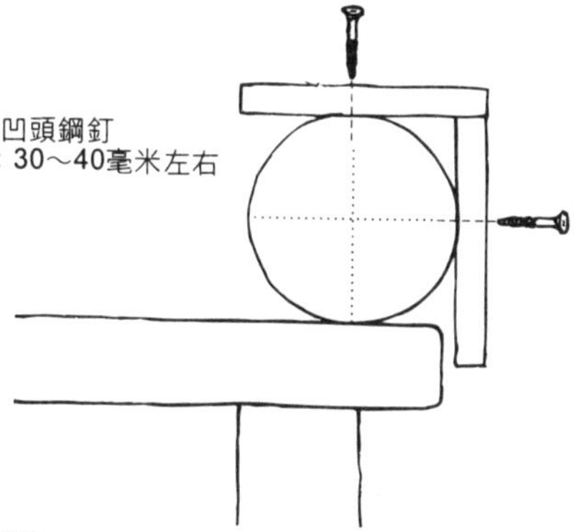
4根凹頭鋼釘
L：30～40毫米左右

5 用螺絲釘將圓形板固定在頂板和背板上。可以利用作業台的一端來進行。

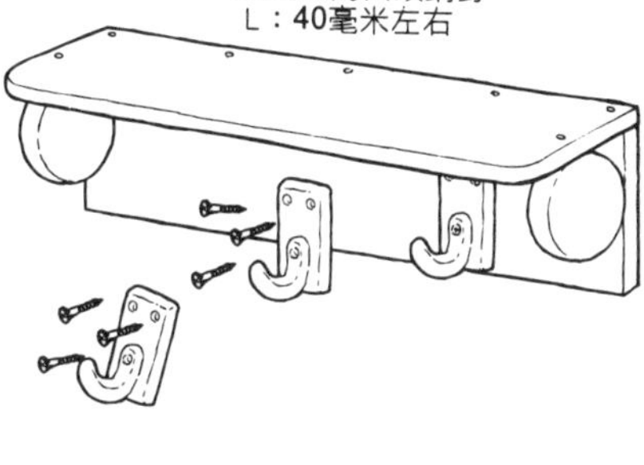
2根以上安裝在
牆壁上的凹頭鋼釘
L：40毫米左右

6 市售的掛鉤掛在三個地方。因為大衣等相當的重，所以要安裝在可以牢牢固定的地方。

木製餐墊

只用一片木板就能做成美麗的木製餐墊，充滿夏天的清涼感。用雕刻刀雕繪出來的圖案，當然可以依照各人喜好來改變設計。

完成圖

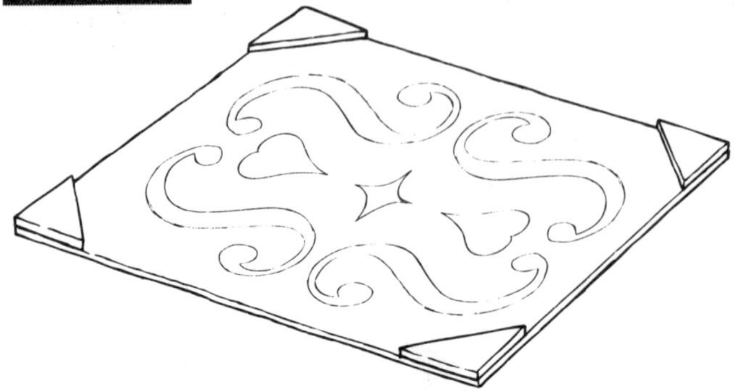

展開圖

木材切割圖

600×300　木板厚5毫米

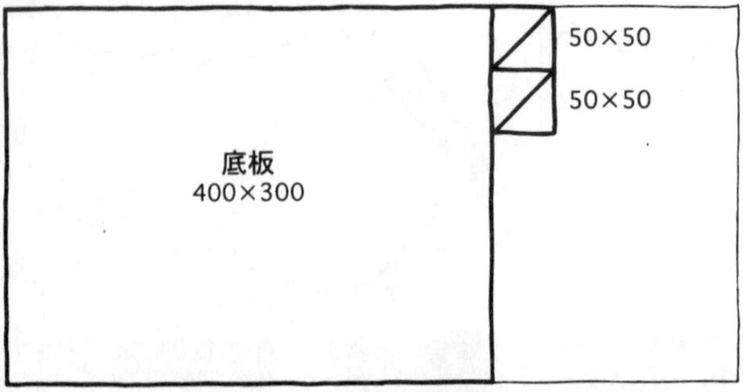

●材料

木板
（檜木等）

●主要工具

鋸子、雕刻刀、木工用接著劑、砂紙

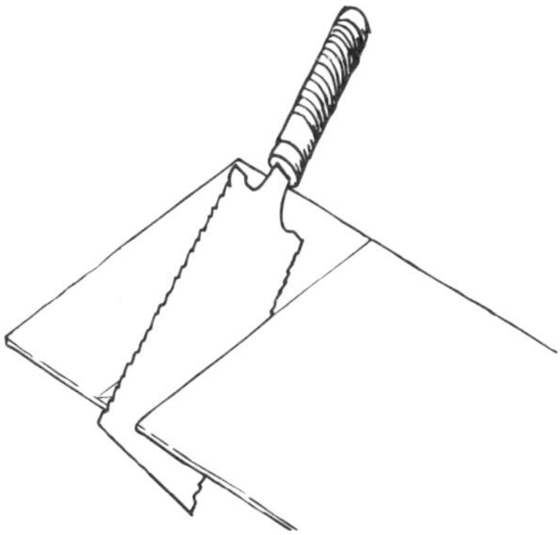

1 首先按照木材切割圖鋸木板，鋸三角片的時候要特別小心。此外也要考慮鋸子的寬度。

2 先在紙上畫圖案。

3 圖案的背面用鉛筆塗滿，然後鋪在木板上，讓圖案印在木板上。

4 沿著畫好的圖用雕刻刀雕出圖案。

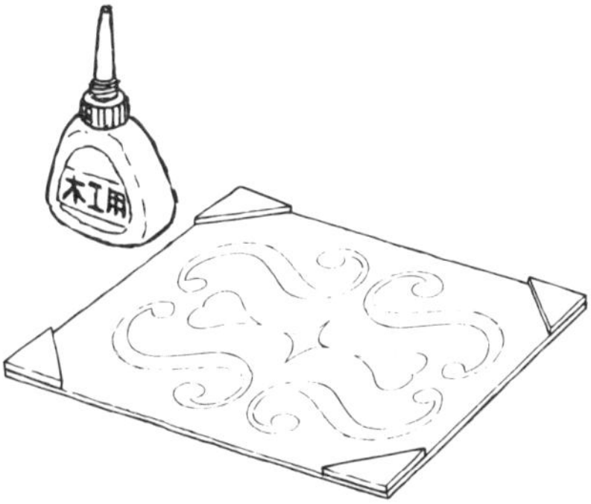

5 用木工用接著劑將三角片黏貼在四角。壓上鎮石或用夾鉗等固定，擱置數小時使其完全貼合。

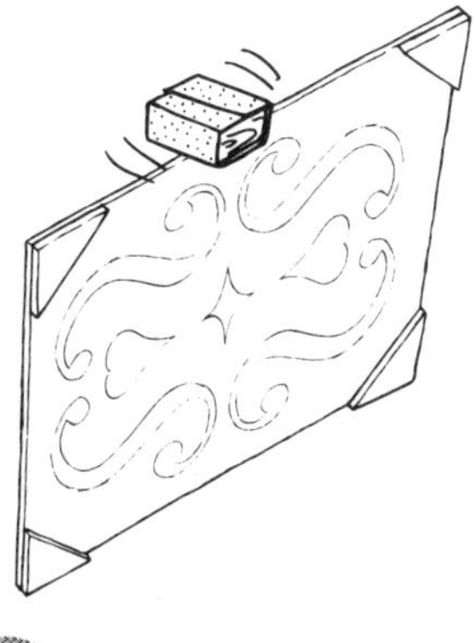

6 全部用＃180～320左右的細磨砂紙打磨。

葡萄酒架

用葡萄酒的原料葡萄做成葡萄酒架，你覺得如何呢？雖然有些費事，但是一定能夠讓你擁有快樂的夜晚。

完成圖

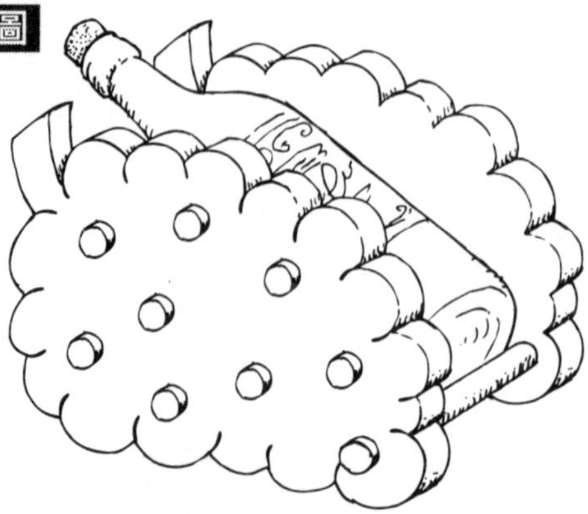

展開圖

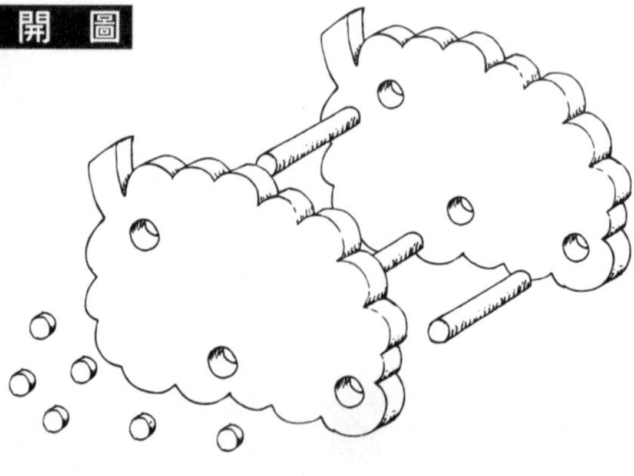

650×300　木板厚15毫米

木材切割圖

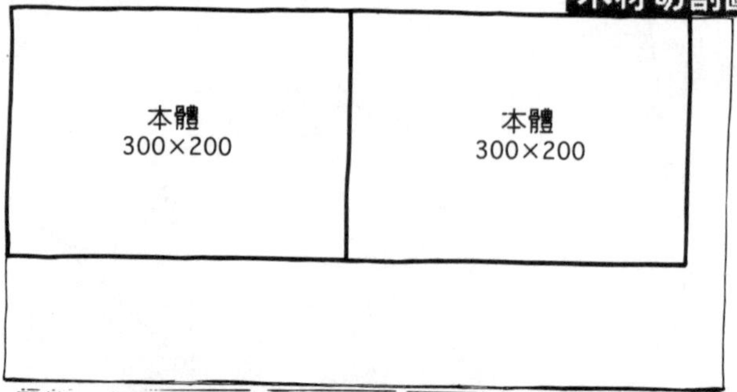

圓棒　直徑20毫米　長140毫米×3根　長5毫米×3～6個

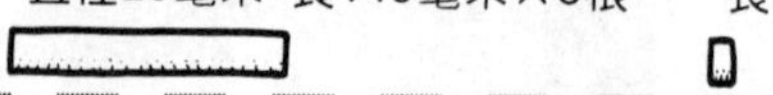

●材料

木板（日本厚朴、松木等）、圓棒

●主要工具

鋸子、木工用接著劑、電鑽、砂紙

1 鋸葡萄本體用的木板。鋸子的寬度要預留3毫米。

2 在紙上畫葡萄圖案。如果覺得鋸成葡萄形狀很麻煩，那麼貼在桌子上的部分可以做成直線形。

3 圖案的背面用鉛筆塗滿，然後朝下擺在木板上，沿著圖案從上面將圖畫在木板上。

4 用鋸子大致鋸掉多餘的部分。

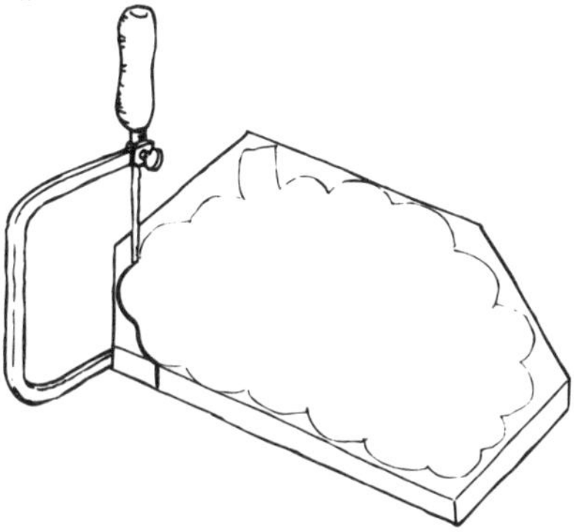

5 用線鋸沿著圖案鋸木板。枝的部分一不小心就會鋸斷，要特別小心。

6 如圖所示，在各處用線鋸鋸一下，更能夠充滿葡萄的感覺。

7 全部用砂紙略微打磨。另一塊也要以同樣的方式處理。

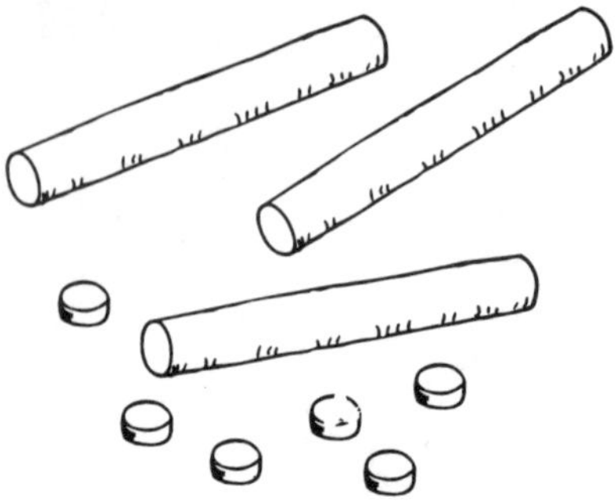

8 切圓棒。要支撐葡萄酒瓶，以要使用三根140毫米的圓棒，而裝飾在木板上5毫米的葡萄粒的圓棒數目，按照個人的喜好來切割。

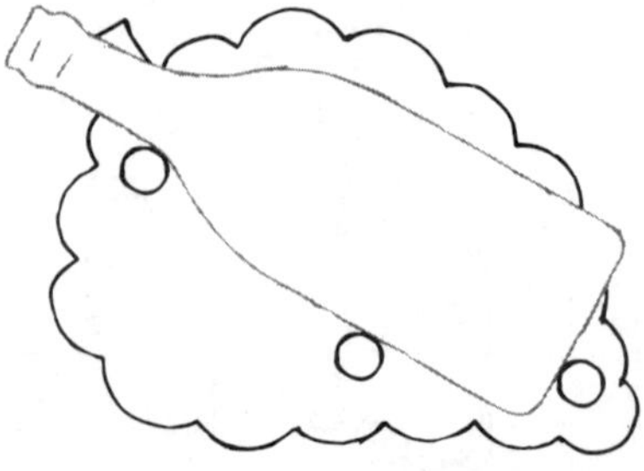

9 決定圓棒的位置。枝側的圓棒位置在酒瓶瓶肩處，正中央則是本體，最後一根擺在支撐瓶底的位置。

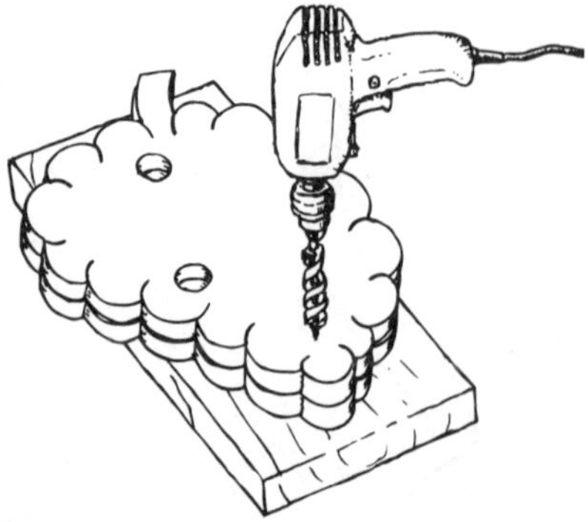

10 二片重疊在一起，用夾鉗等固定，以電鑽頭為 φ20毫米的電鑽鑽洞。

11 洞也要考慮到葡萄粒的問題，其他的葡萄粒擺在適當的位置，用木工用接著劑黏合。

12 圓棒伸出本體外側5毫米，用接著劑黏合。擱置一會兒使其乾燥。

兔子玩具

將二片厚木板貼合在一起製成的玩具，很穩固，大小適合幼兒。車輪會滾動，也可以拉著兔子往前跑。不光是動物，可以做成各種形狀的玩具。

完成圖

展開圖

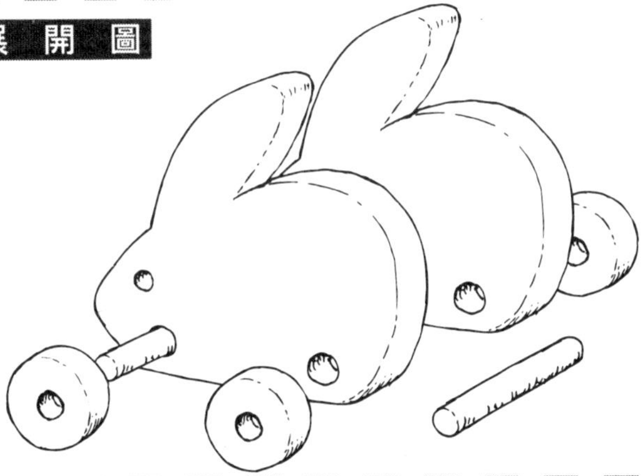

木材切割圖

450×300　木板厚20毫米

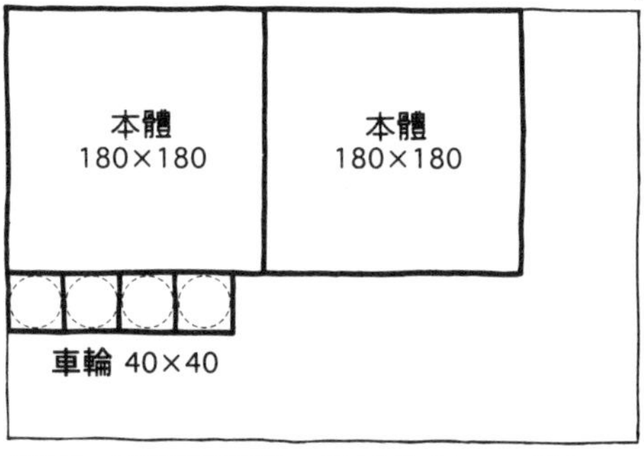
本體
180×180
本體
180×180
車輪 40×40

圓棒　直徑10毫米　長83毫米　×2根

●材料

木板（松木等）、圓棒

●主要工具

鋸子、線鋸、電鑽、砂紙、銼刀、木工用接著劑

1 鋸木板。在紙上畫出兔子的圖案，直接印在木板上。

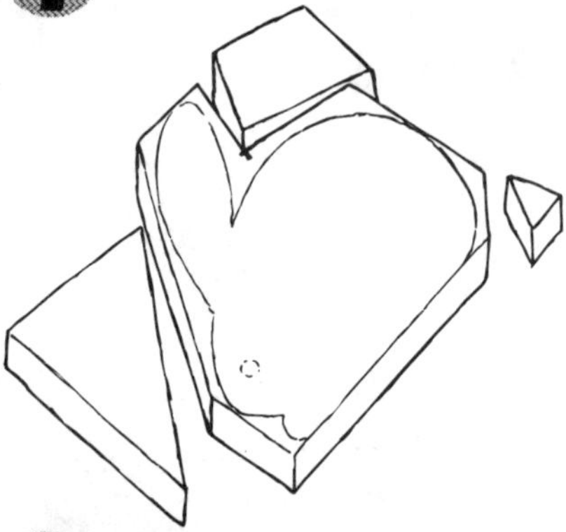

2 用鋸子大致鋸掉多餘的部分。

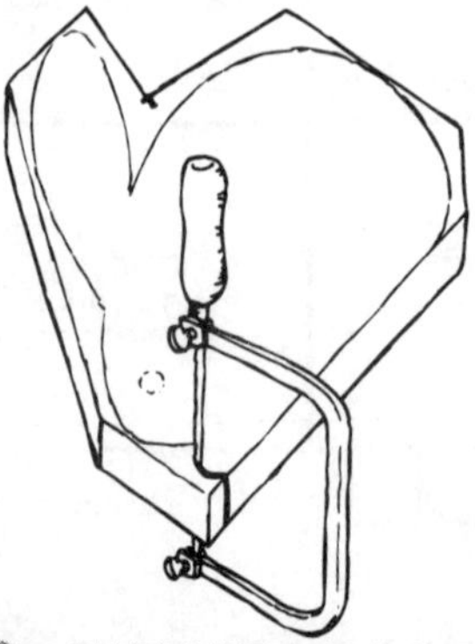

3 用線鋸沿圖案鋸出兔子的形狀。耳朵的根部稍微鋸深一些，感覺更立體。另一片也以相同的方式處理。

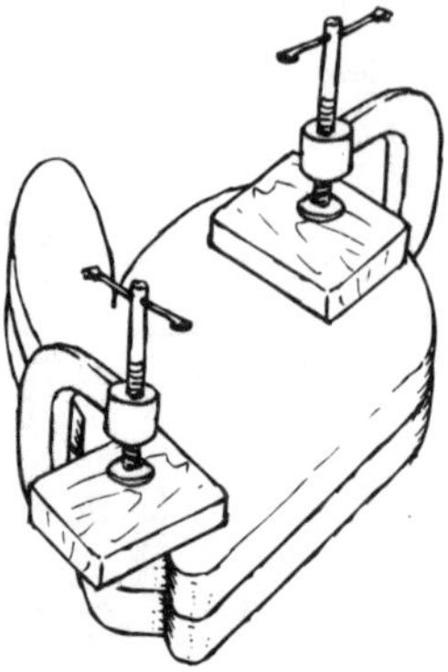

4 以木工用接著劑貼合二片木板，做成兔子的本體。墊上墊木後，再用夾鉗等夾住，擱置一會兒。

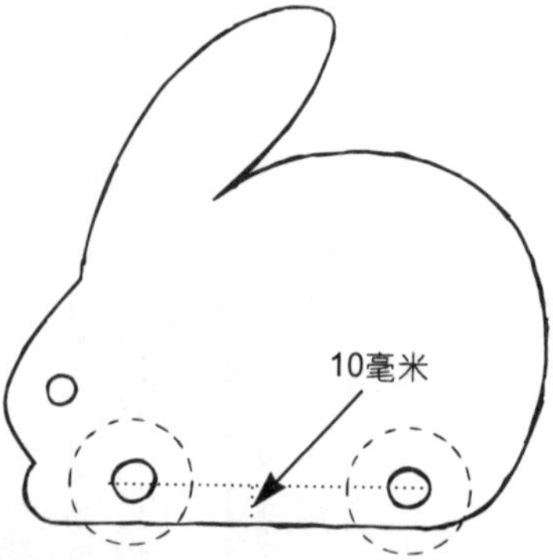

5 決定好安裝車輪的位置，用電鑽頭為 ϕ11毫米的電鑽鑽二個車軸用的洞。

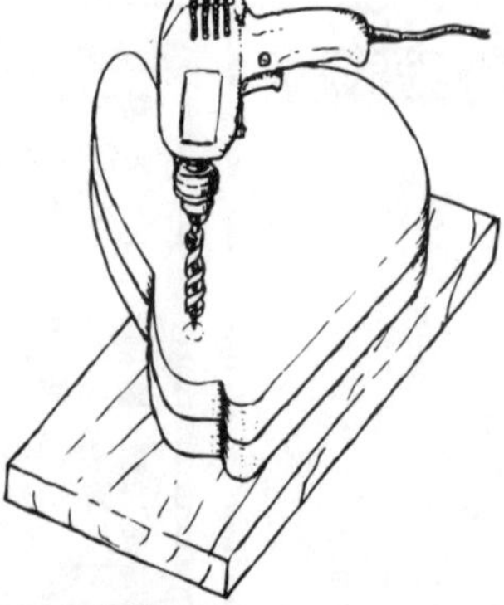

6 用電鑽頭為 ϕ5～6毫米的電鑽鑽眼睛的洞。眼睛的位置很重要，要特別注意。

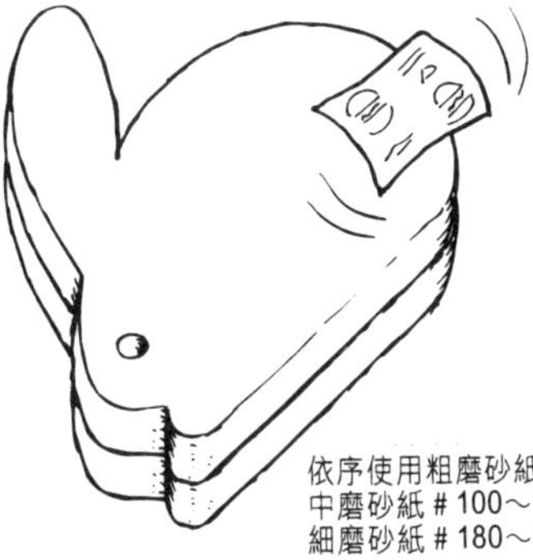
依序使用粗磨砂紙＃40～60
中磨砂紙＃100～150
細磨砂紙＃180～320修飾本體

7 用砂紙打磨，使整個變成圓形。

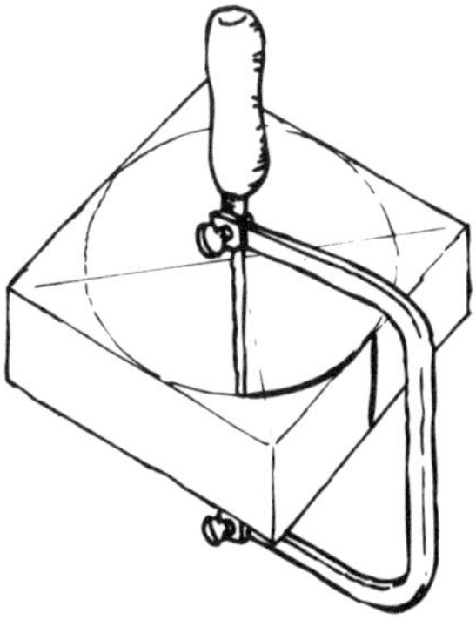

8 在車輪用的木板上畫出 ϕ40毫米的圓，找出中心點，然後用線鋸將木板鋸成車輪型。

細磨砂紙＃240左右

9 用銼刀和砂紙打磨、銼圓。

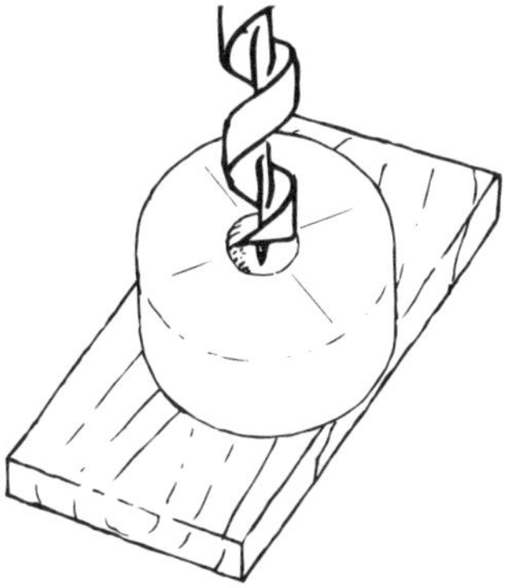

10 正中央鑽 ϕ10毫米的洞。

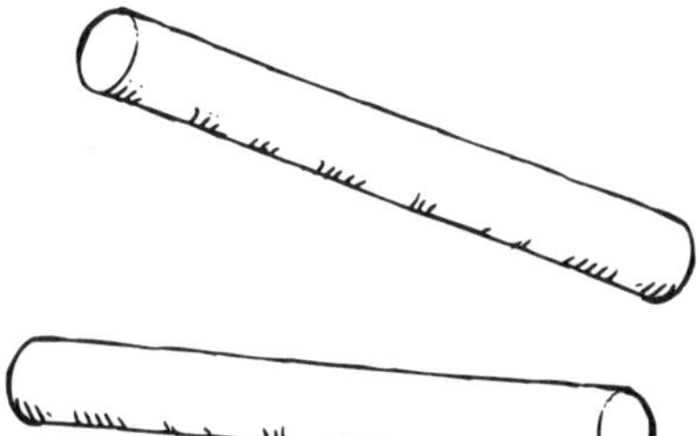

11 切割圓棒，做成二根83毫米長的圓棒。

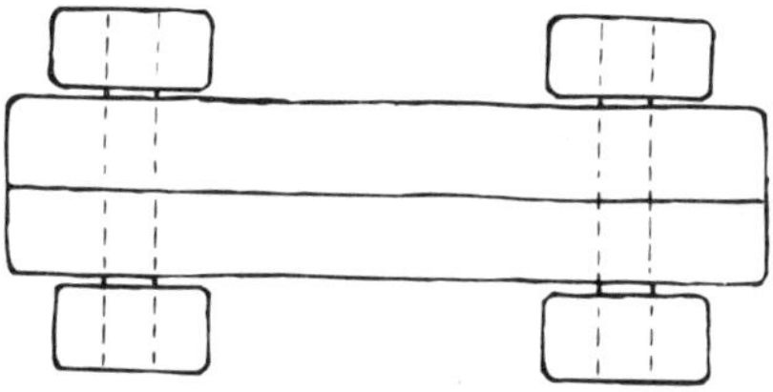

12 車軸穿過本體的洞，兩側裝上車輪即告完成。

木製拼圖

不論是誰都能做完的拼圖。在設計上花點工夫，就可以當成裝飾品。作法非常簡單，而鋸拼圖片的秘訣在於線鋸一定要保持垂直。

●材料

木板（級木膠合板、檜木等）

●主要工具

鋸子、線鋸、電鑽、砂紙、木工用接著劑、美工刀、樂糊

完成圖

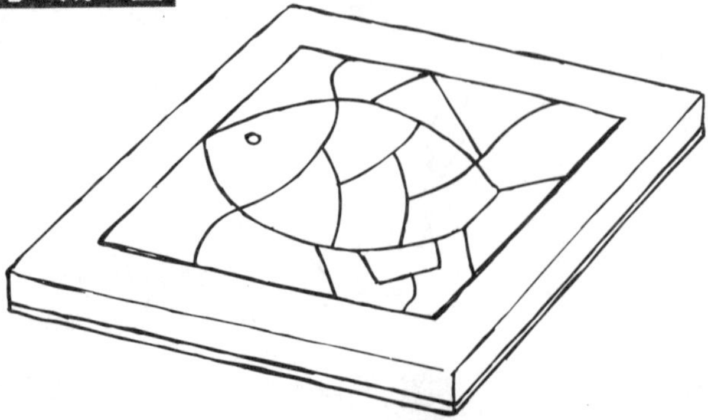

展開圖

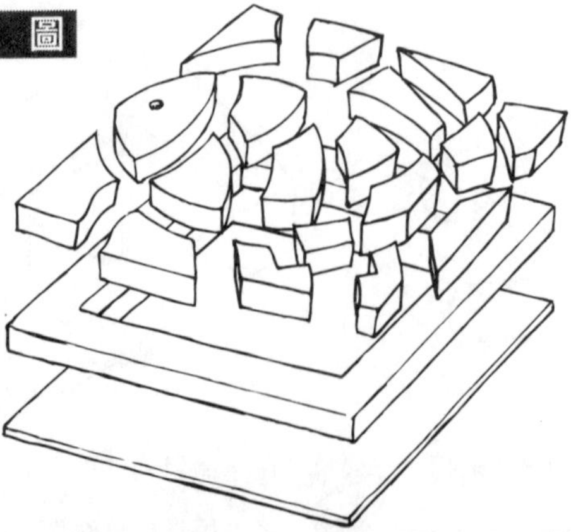

木材切割圖

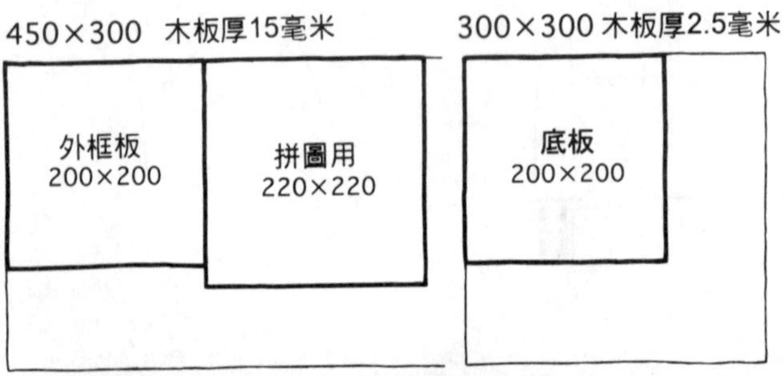
450×300 木板厚15毫米
300×300 木板厚2.5毫米
外框板
200×200
拼圖用
220×220
底板
200×200

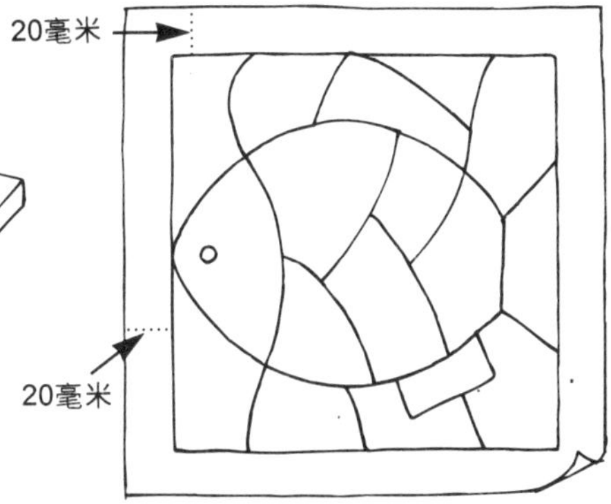

1 先在紙上畫出圖案。周圍要留下寬20毫米的框，中間可以自行設計。此圖案可以用影印的方式先影印下來。

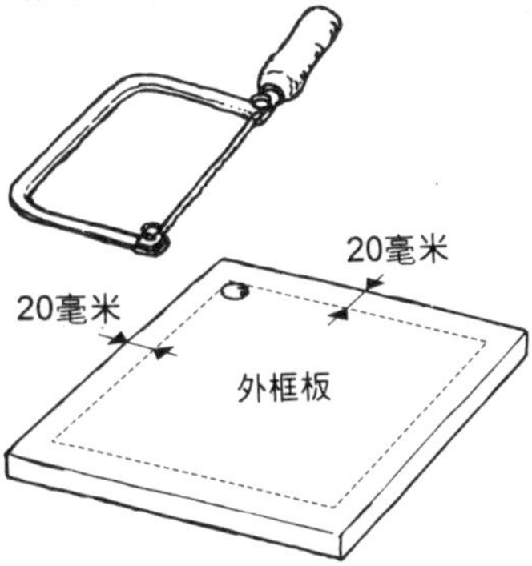

2 200×200×15毫米的木板，留下20毫米的外框，用線鋸鋸下來。先鑽 φ20毫米左右的洞，然後從這兒開始用線鋸鋸開。

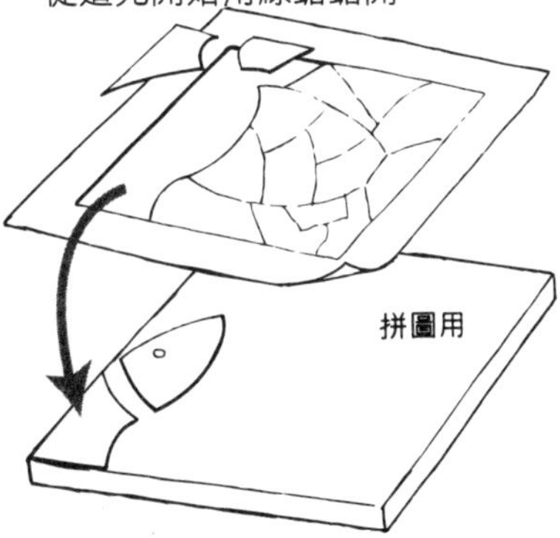

3 用美工刀等仔細的切割紙樣，貼在220×220×15的木板上，位置別弄錯了。這時要預留鋸子的寬度2毫米。

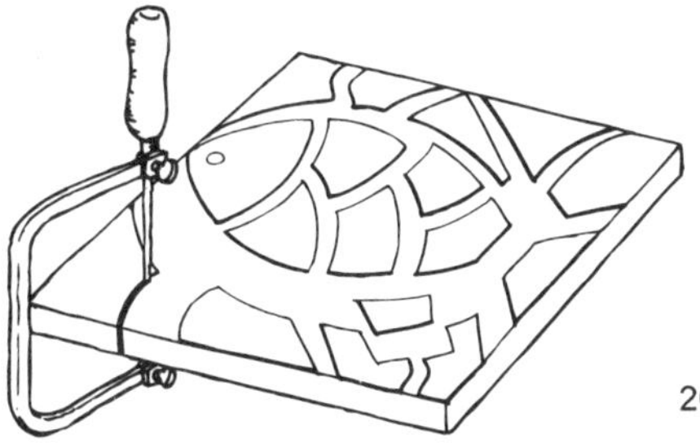

4 用線鋸鋸出拼圖，然後用 #240～320左右的細磨砂紙打磨，使拼圖完全吻合。眼睛的位置用電鑽鑽洞。

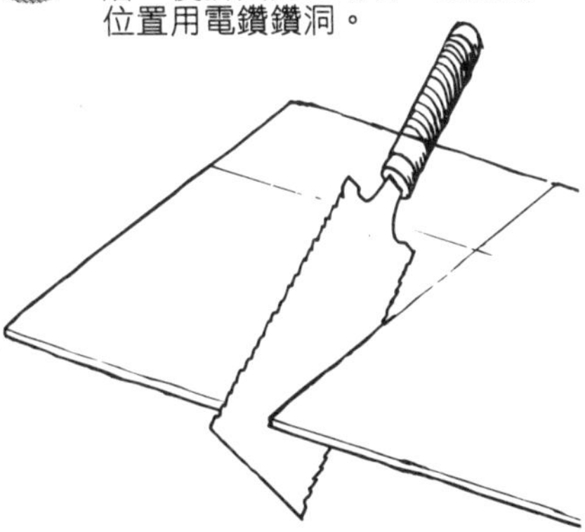

5 鋸厚2.5毫米的底板。

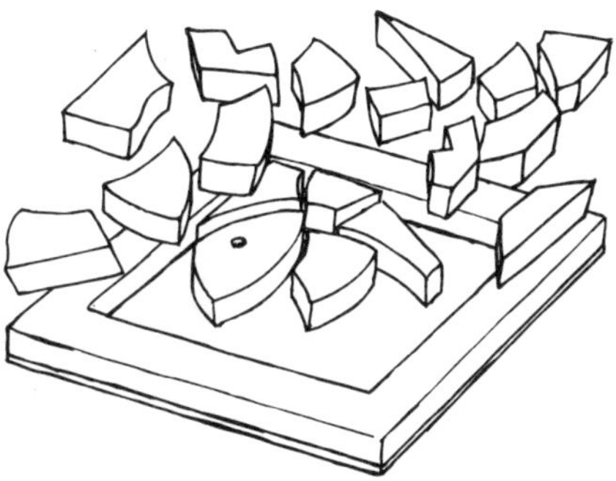

6 底板的外框用木工接著劑黏合。乾了之後，裡面放入拼圖零件即告完成。

信箱

可以放入大本雜誌等的大型信箱。插入口很大，前面可以整個打開。特徵是乍看之下根本不知從何處打開。要用較厚的木材來做。

完成圖

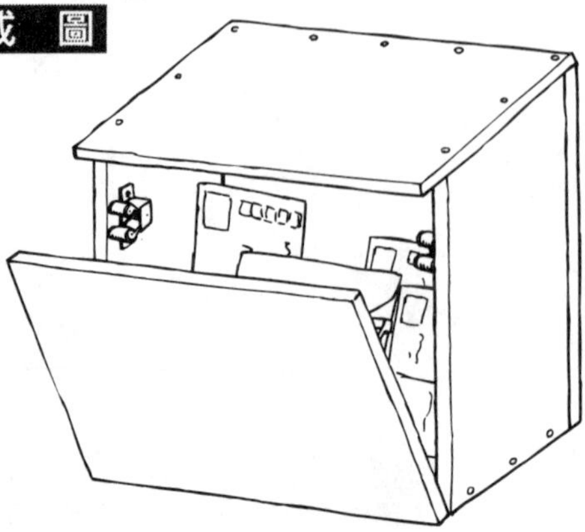

展開圖

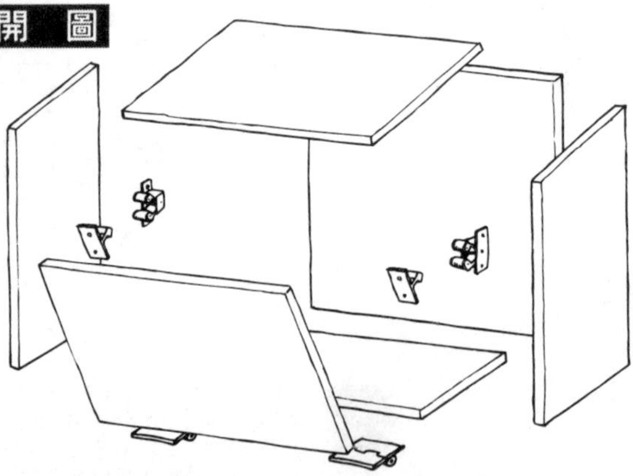

木材切割圖

910×910 木板厚15毫米

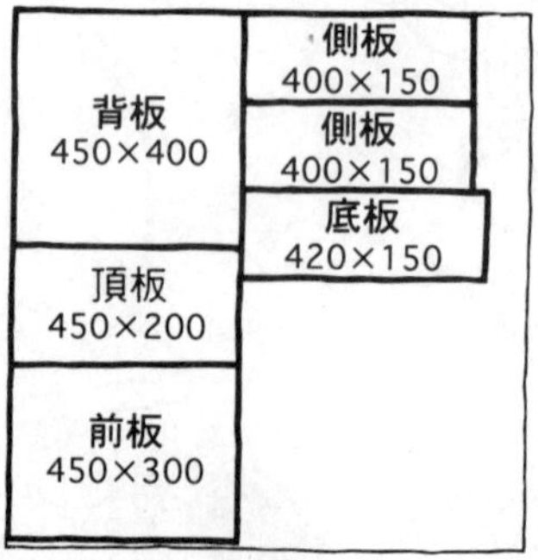

背板
450×400
側板
400×150
側板
400×150
底板
420×150
頂板
450×200
前板
450×300

●材料

木板（柳安膠合板等）、螺絲釘、鉸鏈、滾輪固定夾

●主要工具

鋸子、螺絲起子、電鑽、砂紙

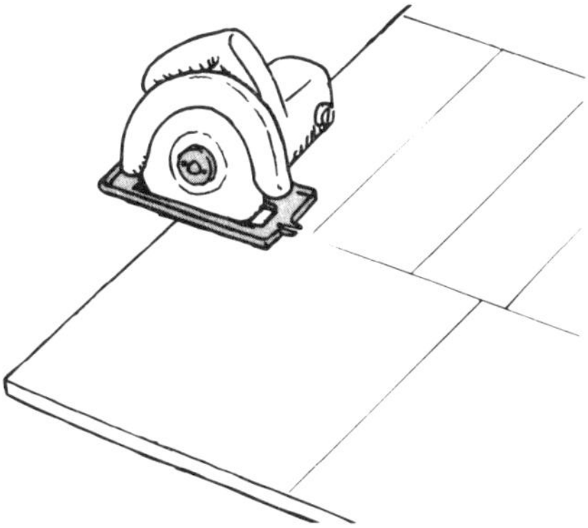

1 鋸木板。木板比較厚，用電鋸比較方便。

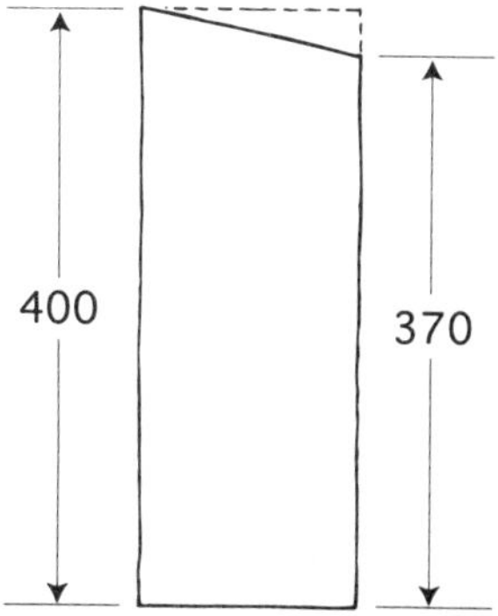
400
370

2 側板的一邊保留370毫米，其餘的往上斜鋸。別忘了左右的方向是相反的。截斷面要用砂紙（#120左右）打磨。

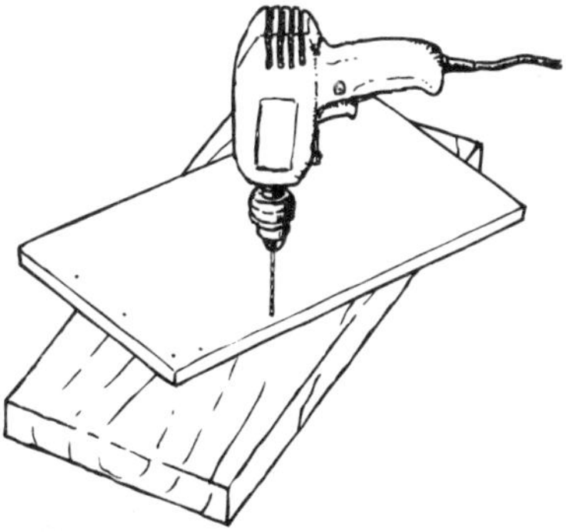

3 參考完成圖和展開圖，要釘螺絲釘的部分先用電鑽鑽洞。使用電鑽頭為 ϕ2～3毫米的電鑽。

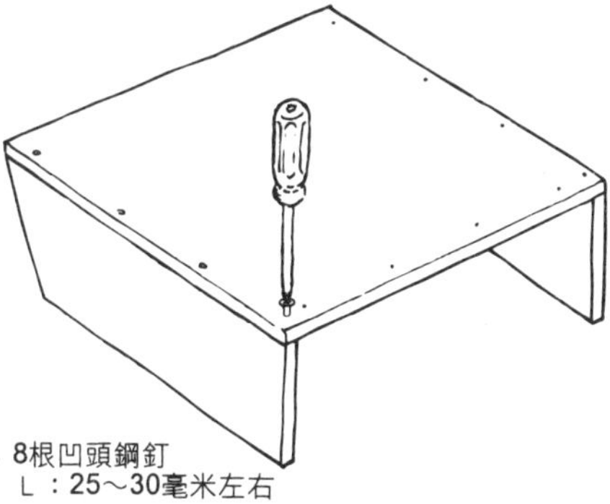
8根凹頭鋼釘
L：25～30毫米左右

4 用螺絲釘將側板固定在被板的兩側。最好先塗抹木工用接著劑之後再固定。

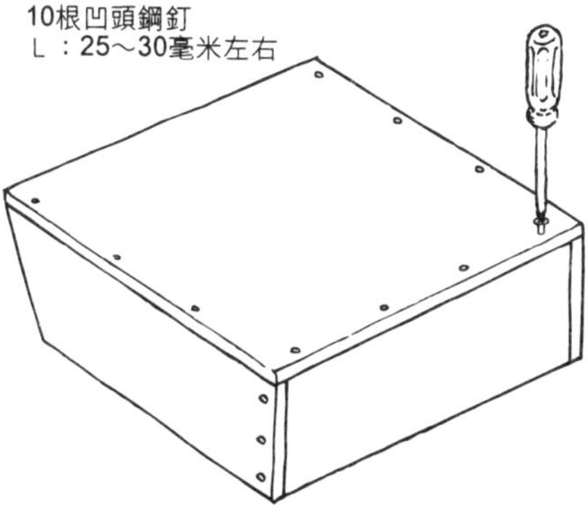
10根凹頭鋼釘
L：25～30毫米左右

5 兩邊同樣用螺絲釘固定底板。側板處也要固定。

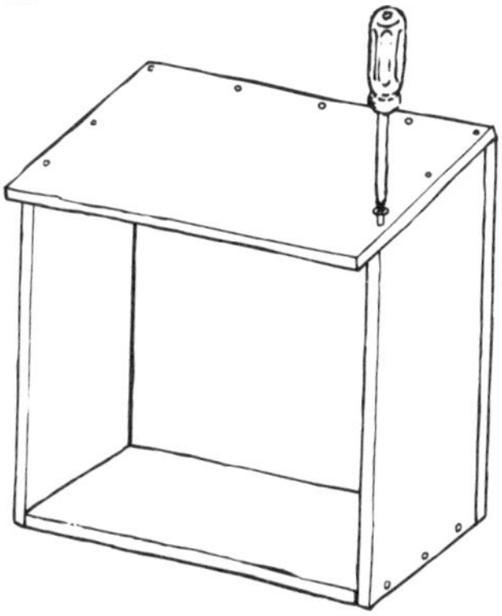

6 蓋上頂板，用九根螺絲釘固定。

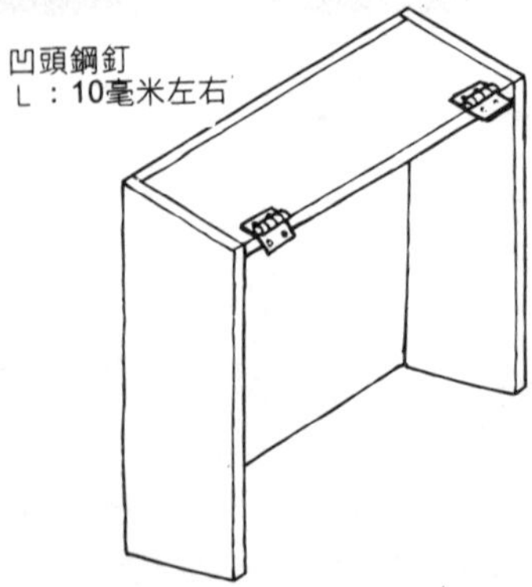
凹頭鋼釘
L：10毫米左右

7 本體顛倒過來，用螺絲釘將鉸鏈固定在底部。

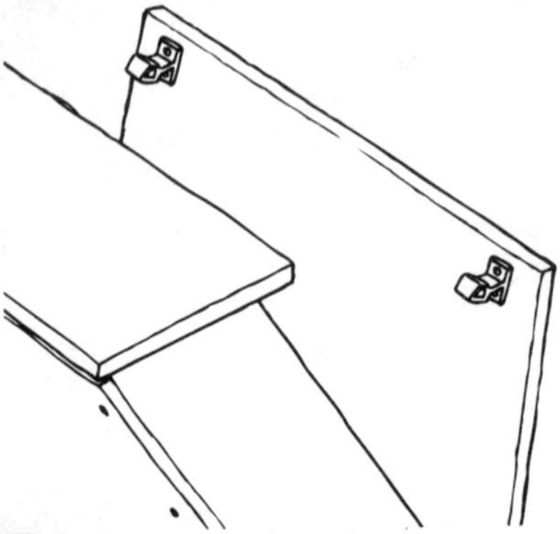

8 插入側的鉤子固定在前板的內側。

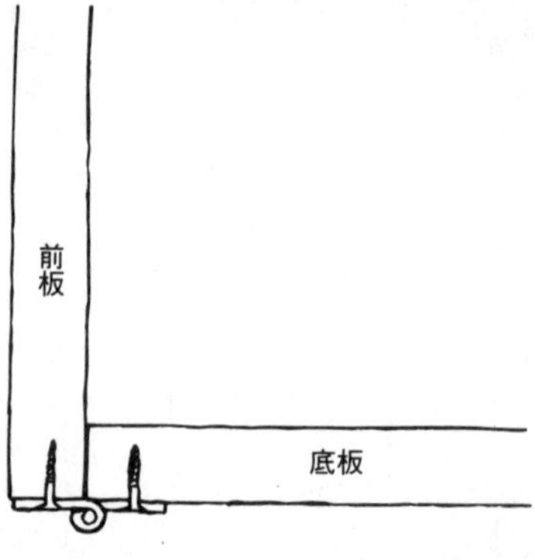
前板
底板

9 如圖所示，前板底部固定鉸鏈。

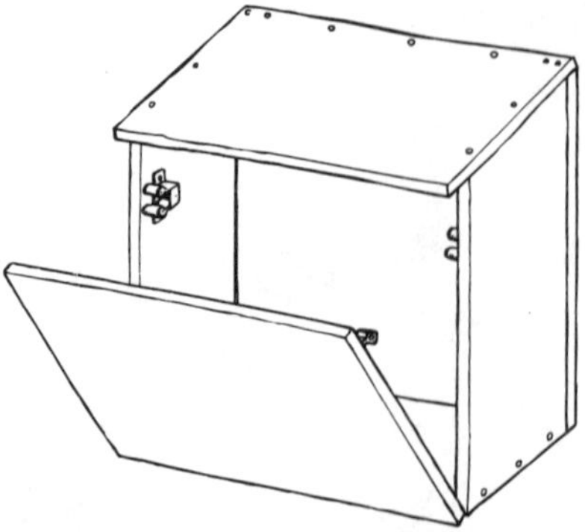

10 收信處的鉤子固定在側板的內側。

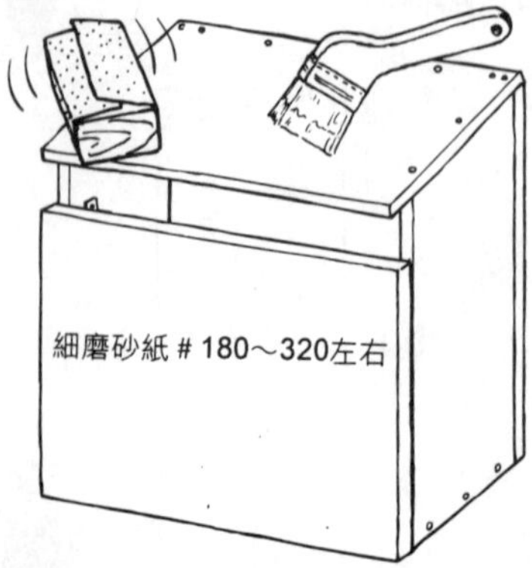
細磨砂紙＃180～320左右

11 全部用砂紙打磨，塗抹耐水性的塗料。

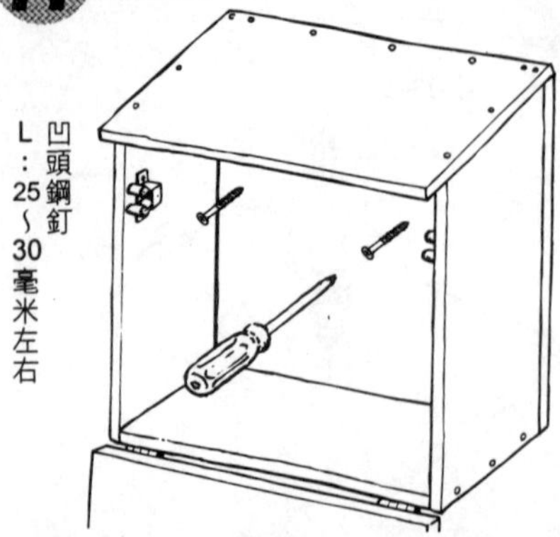
凹頭鋼釘
L：25～30毫米左右

12 如為木頭牆壁，可直接用螺絲釘固定，若是其他的牆壁，就要先用電鑽鑽洞才能掛上去。因為很重，一定要牢牢固定。

第3章

用途廣泛的收納架

角落架

在考慮收納時，最容易浪費掉的空間就是角落。這個架子是使用木紋較佳的木板做成的。只要好好的設計並加大尺寸，可以當成置物架來使用。

●材料

木板（檜木、扁柏等）、圓棒

●主要工具

鋸子、線鋸、電鑽、銼刀、砂紙、木工用接著劑、圓規

完成圖

展開圖

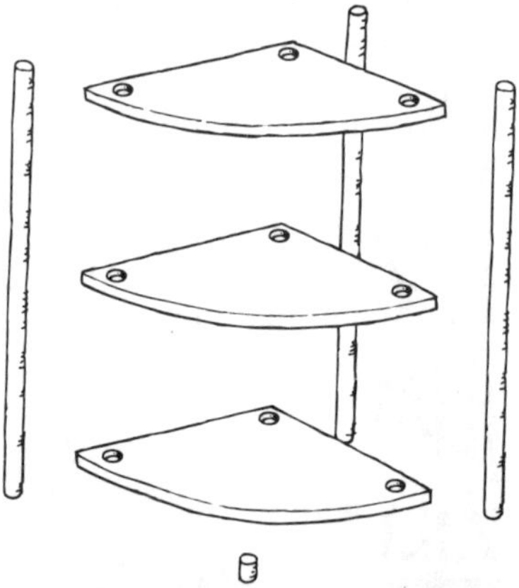

木材切割圖

900×300　木板厚15毫米

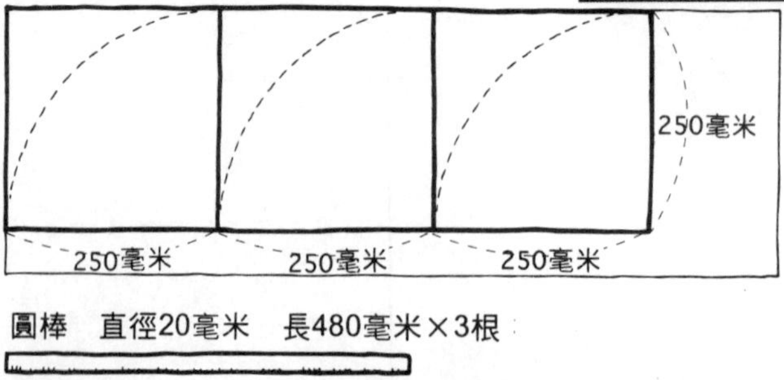

圓棒　直徑20毫米　長480毫米×3根

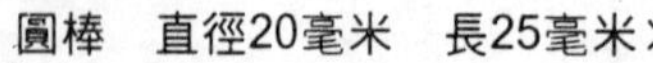

圓棒　直徑20毫米　長25毫米×1根

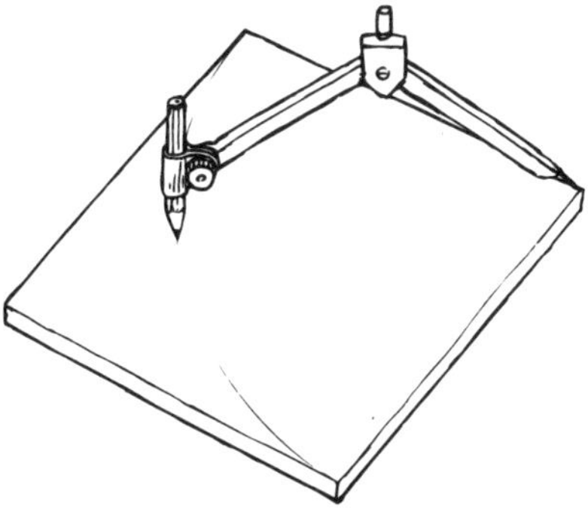

1 鋸木板，各木板用圓規畫弧形。沒有圓規時，可以利用托盤等代替。

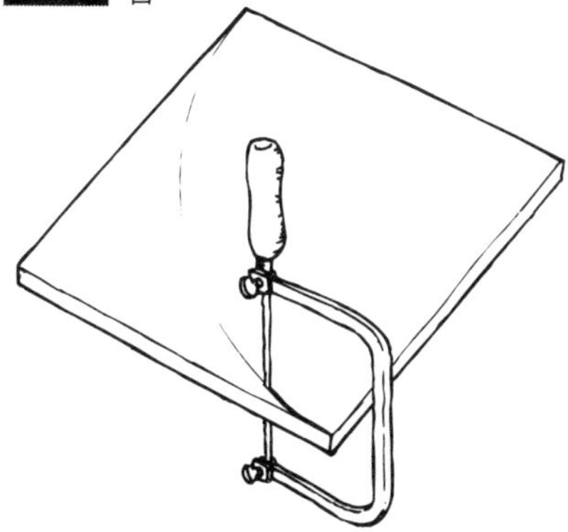

2 用線鋸鋸，若是沒有線鋸，可以利用鋸子先去除多餘的部分，然後再慢慢的鋸。

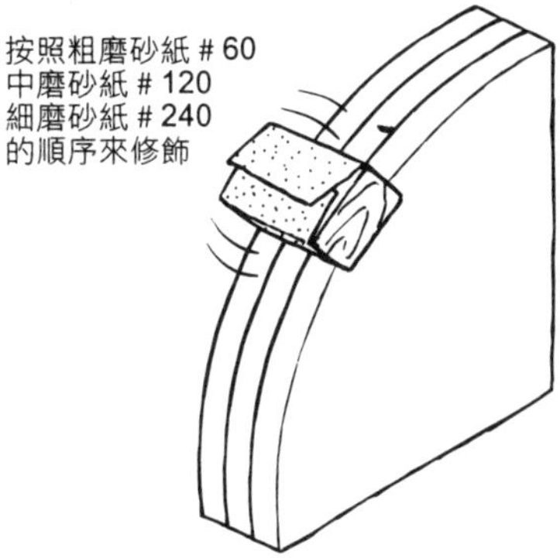
按照粗磨砂紙＃60
中磨砂紙＃120
細磨砂紙＃240
的順序來修飾

3 三片疊在一起，用砂紙打磨成相同的形狀，然後每一片再用砂紙打磨。若是用鋸子鋸，就要用銼刀修飾形狀。

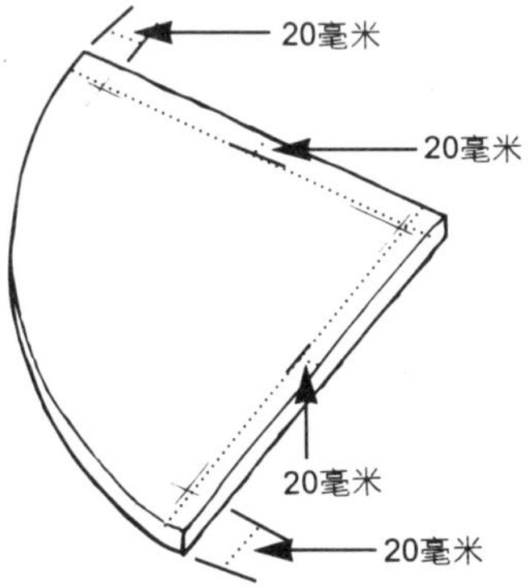
20毫米
20毫米
20毫米
20毫米

4 決定好放置圓棒的洞，在一片木板上做記號。

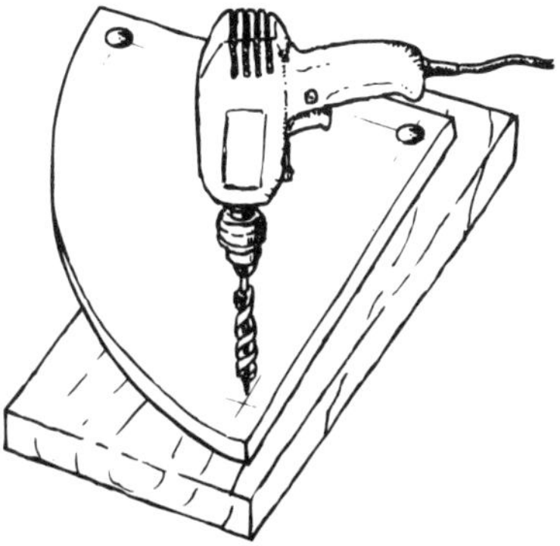

5 先用電鑽鑽 ϕ20毫米左右的洞。

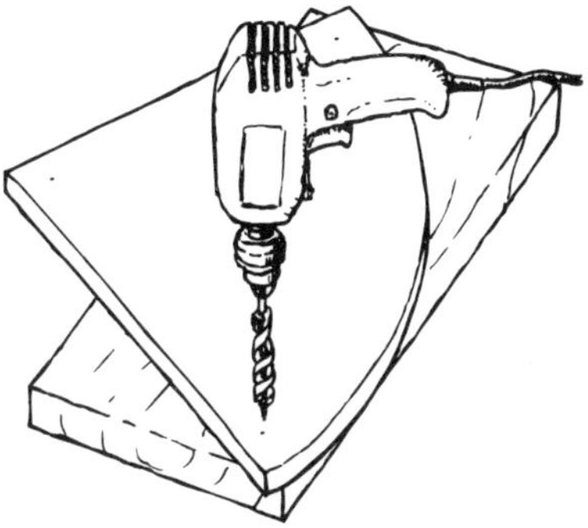

6 若是電鑽頭會穿透木板，那麼就翻面從背後鑽洞。

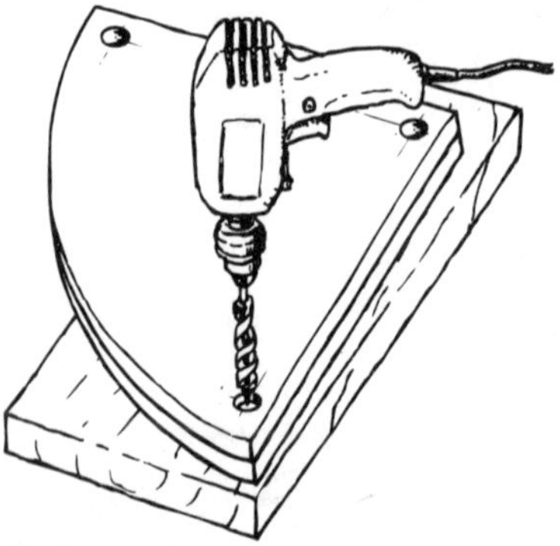

7 鑽三個洞後，於此片木板下重疊一片木板，在相同的位置鑽洞。三片木板都要鑽洞。

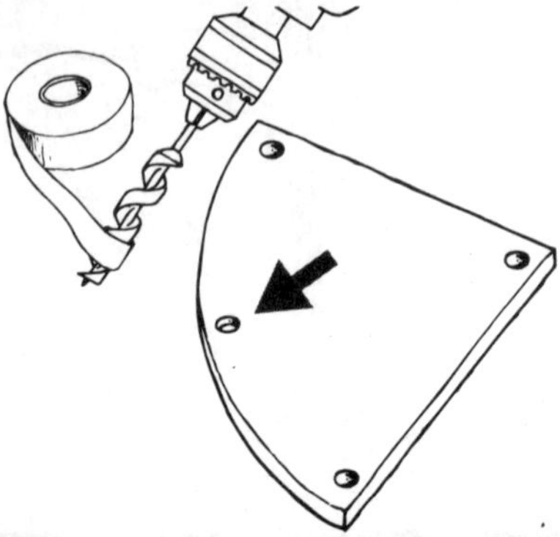

8 在最下面木板的內側鑽可以插入輔助腳架的洞。在電鑽上裏膠帶做上記號，然後鑽5毫米深的洞。

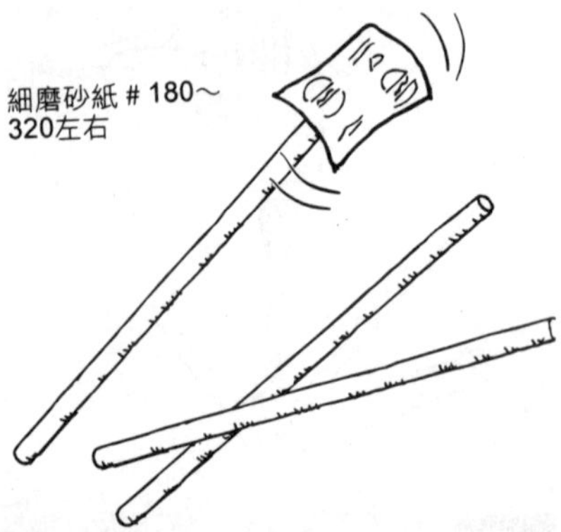

9 切割圓棒，用砂紙打磨較長圓棒的兩端與25毫米圓棒的一端。

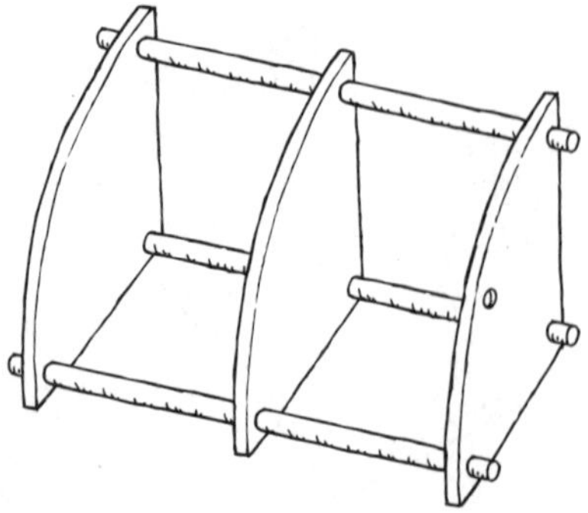

10 組合材料。成為腳架的部分要伸出25毫米，若是不對則要重新調整。

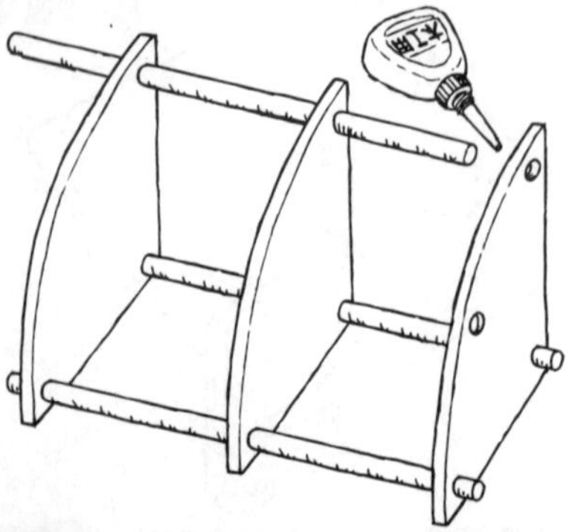

11 接觸部分塗抹木工用接著劑使其固定。

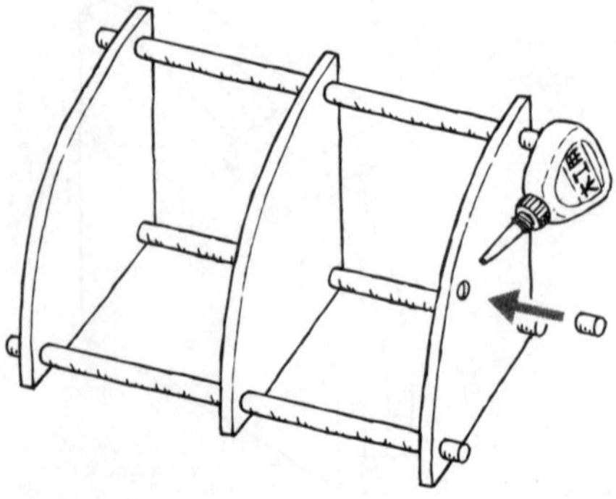

12 最後，用木工用接著劑將輔助用的腳架固定在最下面的木板上。

完成圖

展開圖

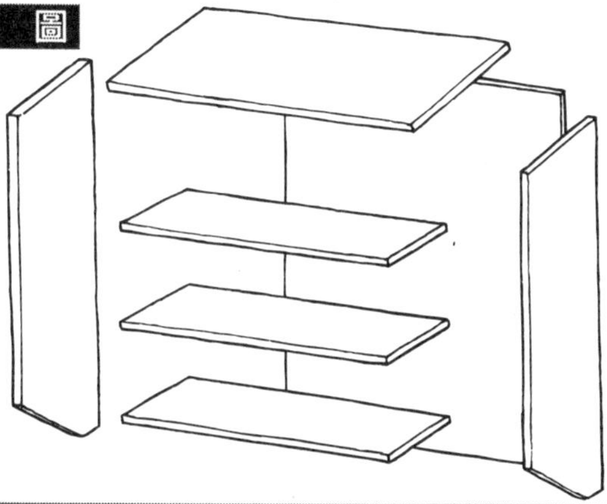

1820×910　木板厚15毫米

木材切割圖

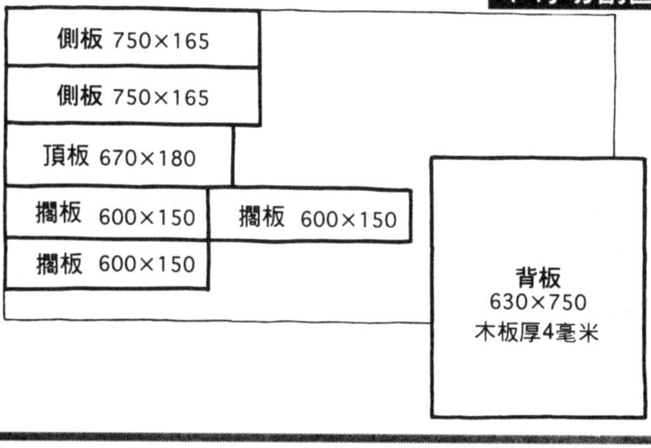
側板 750×165
側板 750×165
頂板 670×180
擱板 600×150
擱板 600×150
擱板 600×150
背板
630×750
木板厚4毫米

貼壁式木架

這種木架最適合用在牆壁上。在圖案上下點工夫，就可以做成裝飾架。縮小尺寸時，則可以當成廚房收納架來使用。

●材料

木板（柳安膠合板等）、釘子

●主要工具

鋸子、榔頭、電鑽、砂紙、木工用接著劑

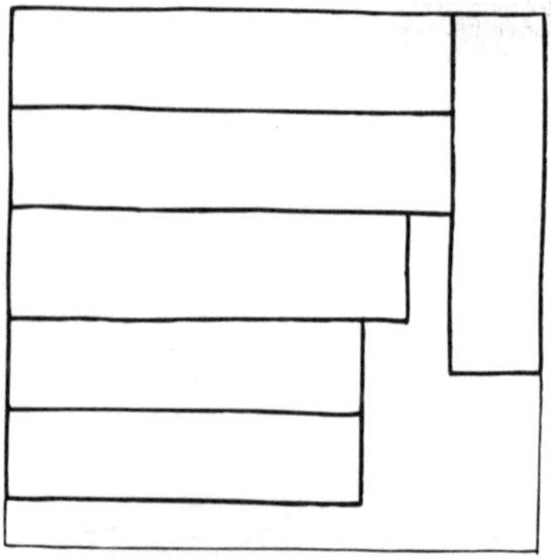

1 只有一片擱板是直的，厚15毫米的木板鋸成910×910毫米的大小。

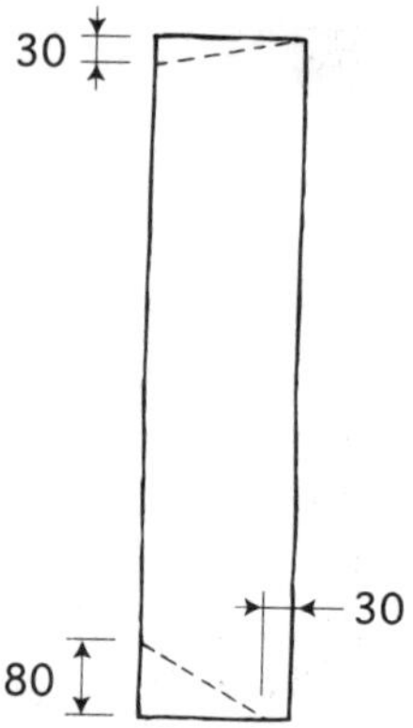

2 鋸木板，如圖所示，側板做上記號。

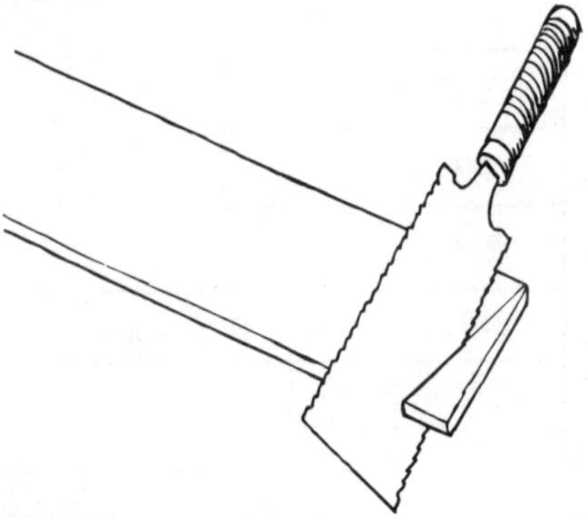

3 沿著記號鋸側板。

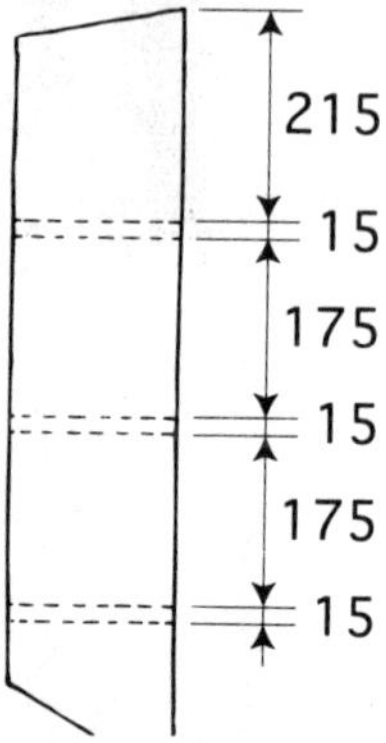

4 如圖所示，在側板上做擱板位置的記號。

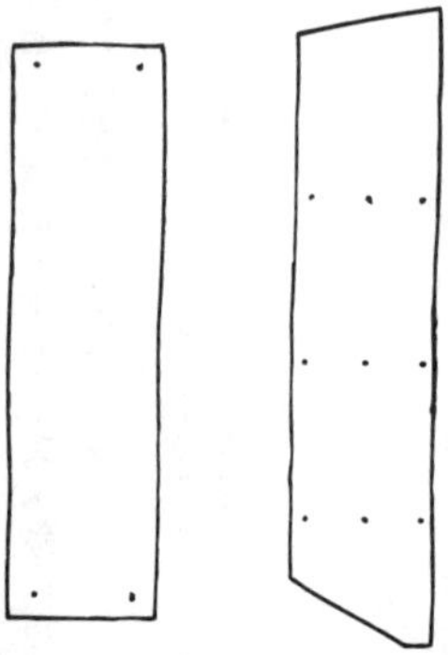

5 在側板和頂板上做釘子位置的記號。

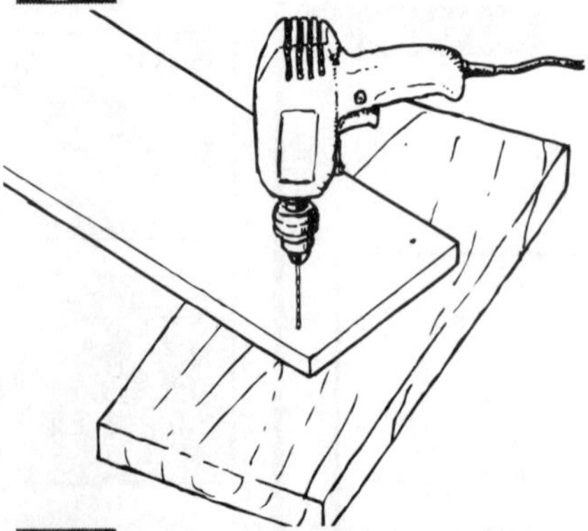

6 釘釘子的位置先用電鑽頭 $\phi 2$ 毫米的電鑽鑽洞。

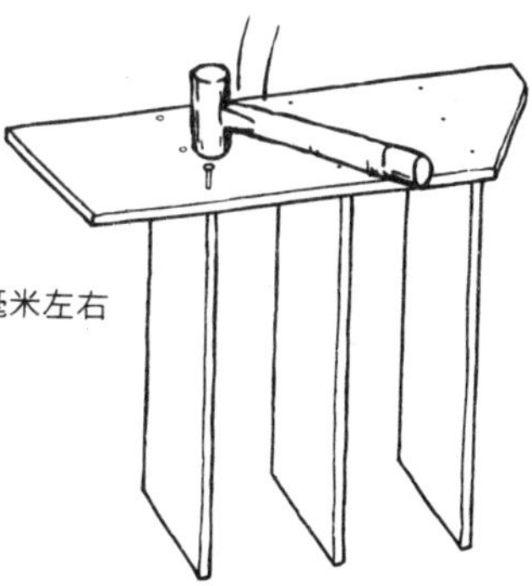

7 接觸部分塗抹木工用接著劑，用釘子將擱板釘在側板上。

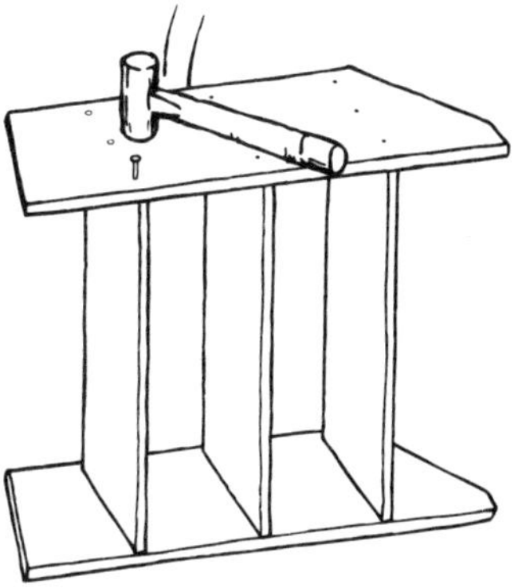

8 另一邊的側板也做相同的處理。

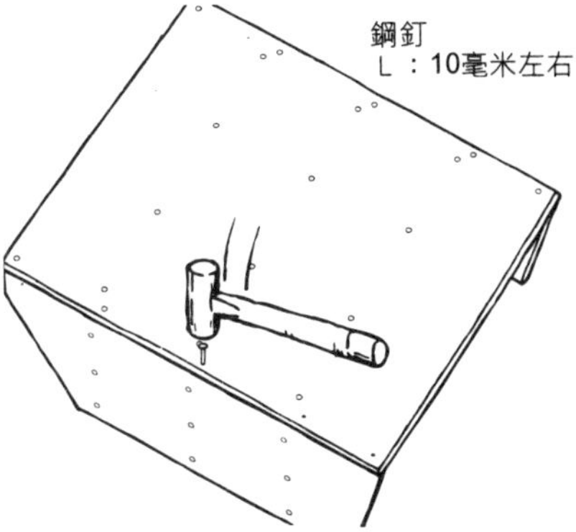

9 從背面釘好背板。

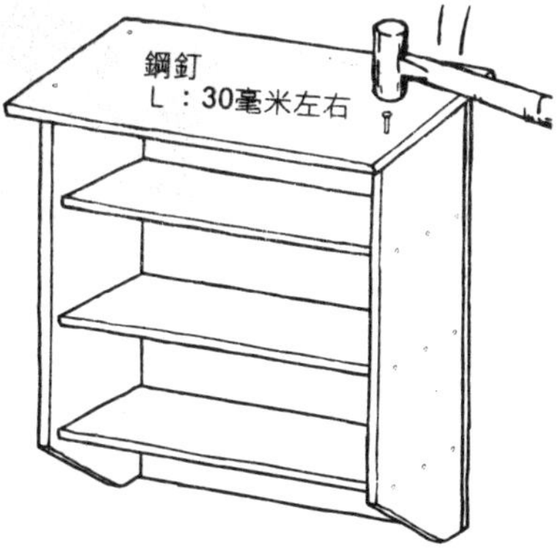

10 最後在上面蓋上頂板，釘上釘子。

細磨砂紙＃240
左右來修飾

11 全部用砂紙略微打磨即完成。

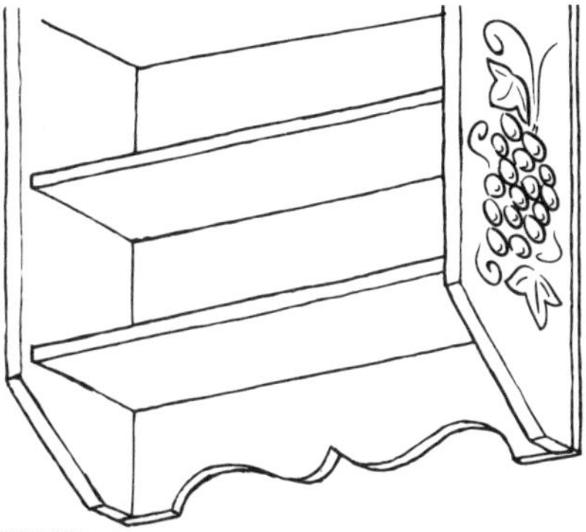

12 花點工夫在側板或背板上畫圖案，更能增添華麗感。

鑰匙盒

不知鑰匙該擺在哪兒，著實令人傷腦筋，隨意亂掛非常難看。做一個鑰匙盒收藏家中的鑰匙，決定好每個鑰匙擺放的位置，則找尋起來就非常方便了。

完成圖

展開圖

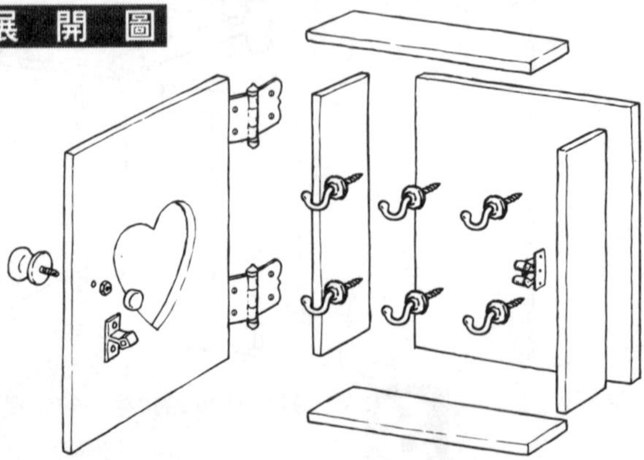

木材切割圖

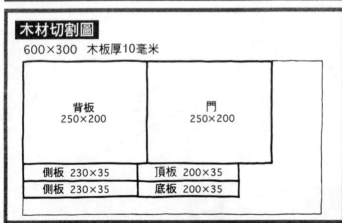

600×300　木板厚10毫米

●材料

木板（花梨木、杉木等）、螺絲釘、鉸鏈、L型掛鉤、滾輪固定夾

●主要工具

鋸子、螺絲起子、電鑽、銼刀、砂紙、木工用接著劑

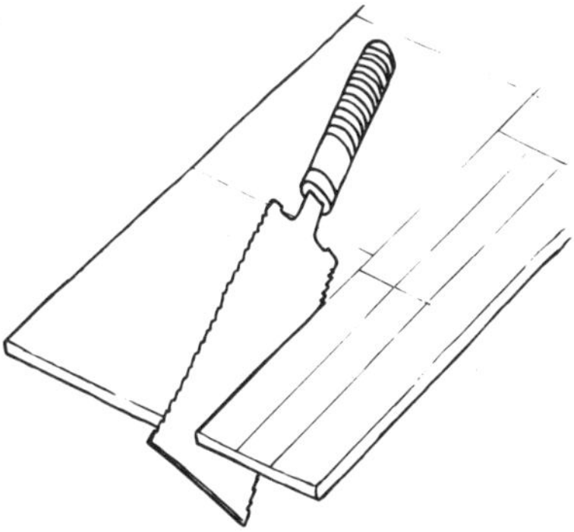

1 因為木板要鋸得很小，所以要注意別鋸壞了。

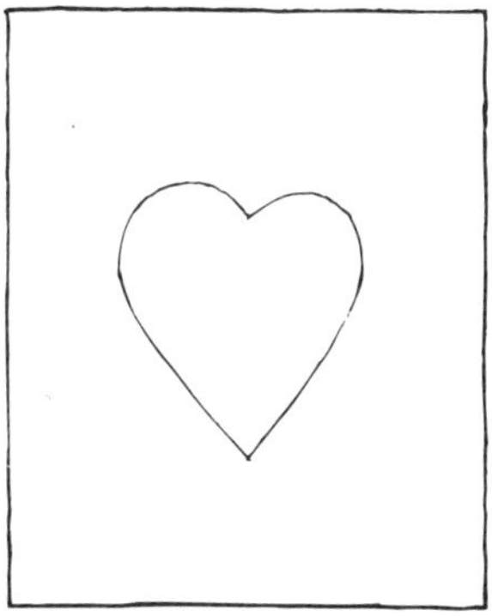

2 當成門的木板，可以按照個人的喜愛畫上窗子的圖案。

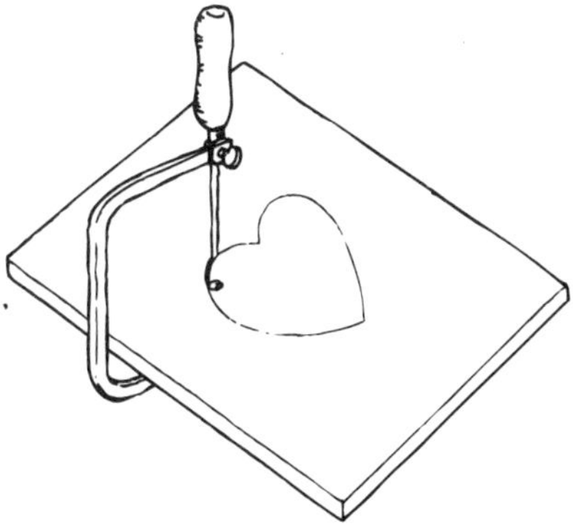

3 首先用電鑽頭為 φ2～3毫米的電鑽鑽洞，然後用線鋸鋸下來。

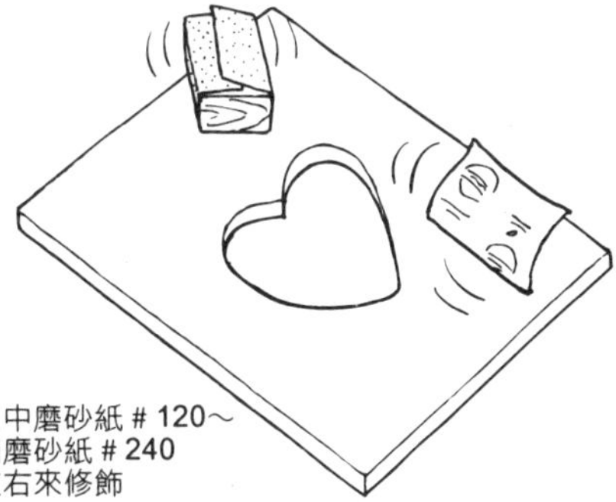
用中磨砂紙＃120～
細磨砂紙＃240
左右來修飾

4 全部做完後用銼刀修飾、用砂紙打磨。

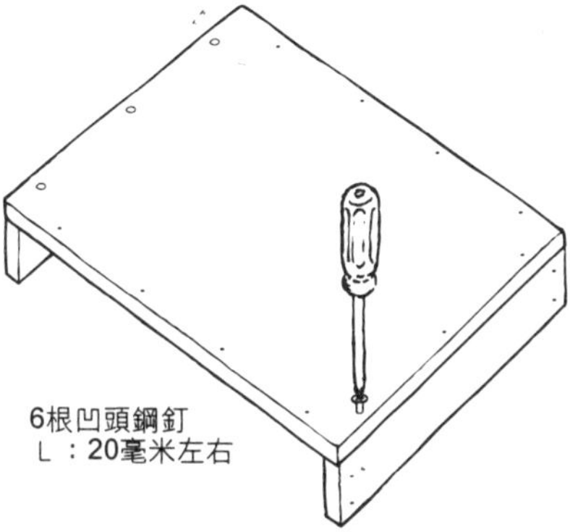
6根凹頭鋼釘
L：20毫米左右

5 背板上用電鑽頭 φ2毫米的電鑽鑽洞，用來固定螺絲釘。底板和頂板則各用3根螺絲釘固定。

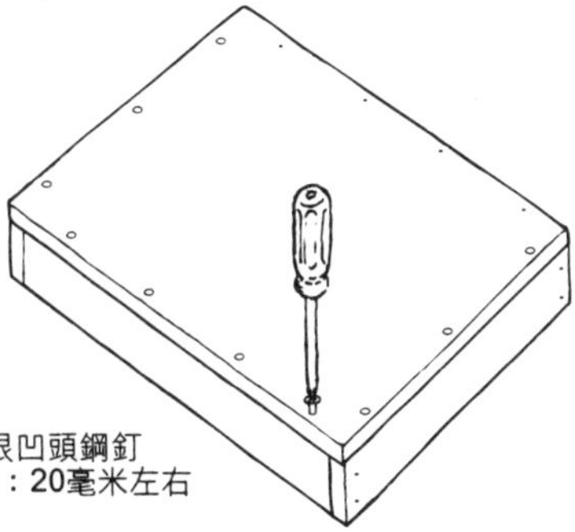
8根凹頭鋼釘
L：20毫米左右

6 插入側板，用螺絲釘固定。塗抹木工用接著劑，就更堅固耐用了。

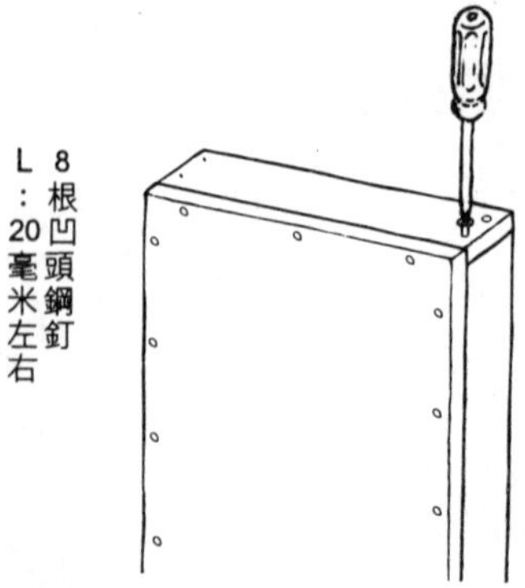

7 用螺絲釘固定底板和頂板側的側板。

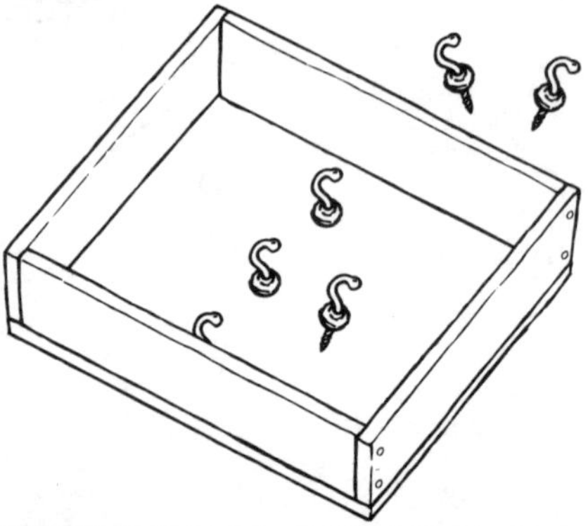

8 決定好掛鑰匙的適當位置，安裝掛鉤。可以按照個人的喜好來決定位置和數目。掛鉤的螺絲釘要選擇10毫米以下的螺絲釘。

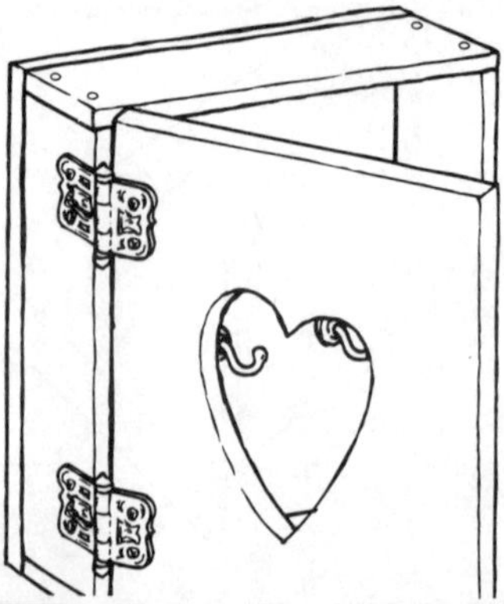

9 安裝二個鉸鏈。側板的鉸鏈必須固定在距離門的木板10毫米處。可以安裝時髦的鉸鏈。

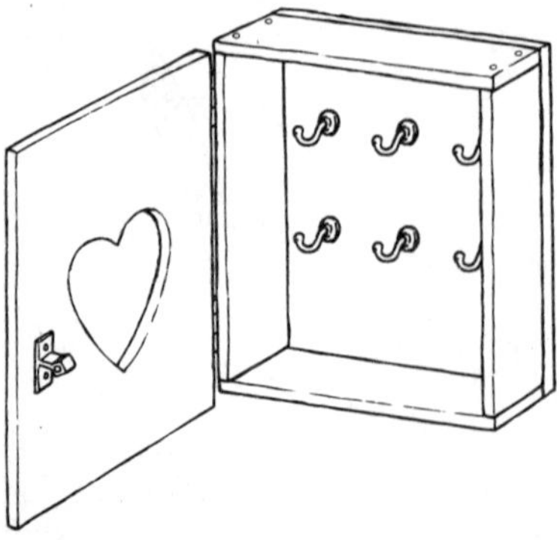

10 安裝固定門的鉤子。

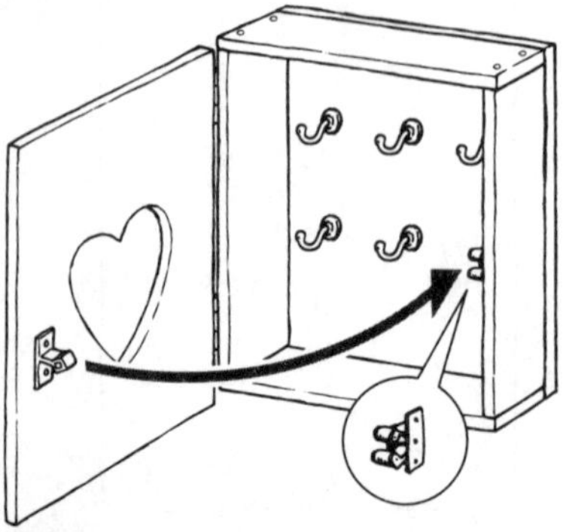

11 關上門試試看，將固定鉤安裝在正確的位置。

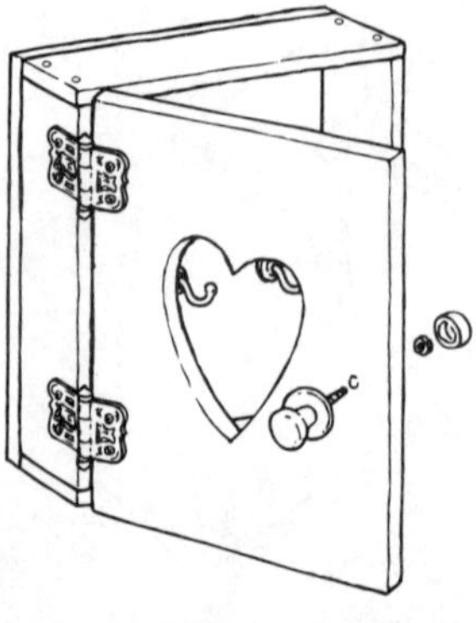

12 門上安裝把手，全部用砂紙（＃180～320左右的細磨砂紙）打磨後即告完成。

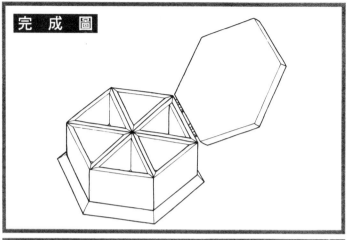

六角形的珠寶盒

組合三角形的框做成六角形珠寶盒。可以將小飾品分六處收藏，相當方便。內部可以貼毛毯布，蓋子可以用雕刻刀雕刻圖案。

完成圖

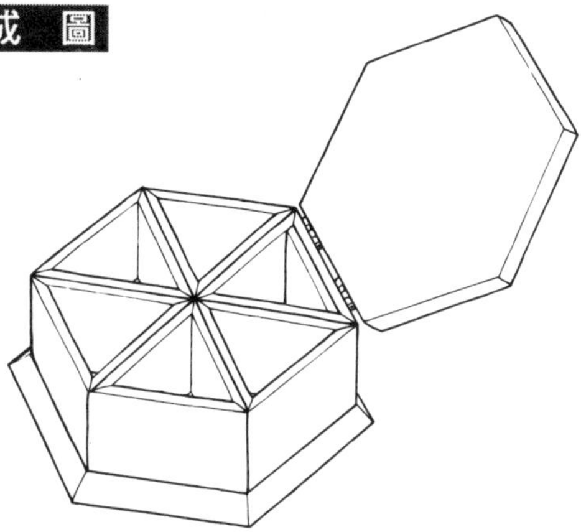

展開圖

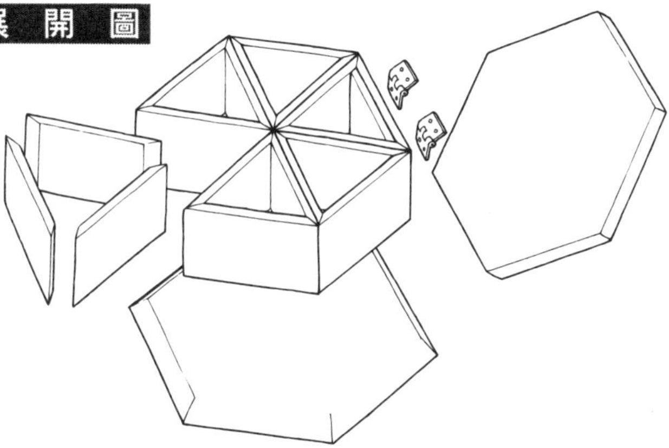

木材切割圖

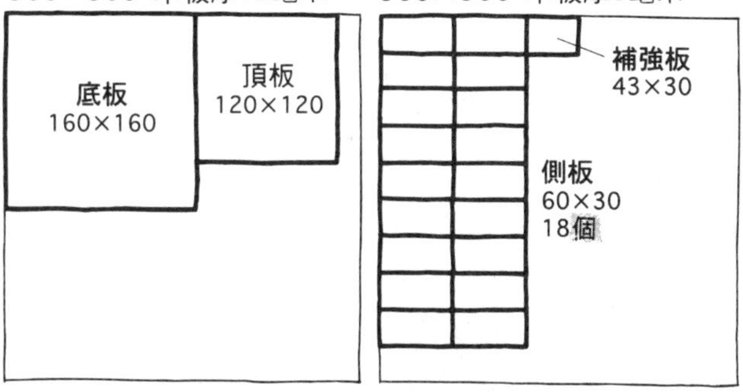
300×300 木板厚10毫米
底板
160×160
頂板
120×120
300×300 木板厚5毫米
補強板
43×30
側板
60×30
18個

●材料

木板（檜木、日本厚朴等）、螺絲釘、鉸鏈

●主要工具

鋸子、線鋸、螺絲起子、錐子、木工用接著劑、砂紙、三角尺

1 參考木材切割圖鋸木板。這時要預留鋸子的寬度2毫米。較細的側板用線鋸來鋸。

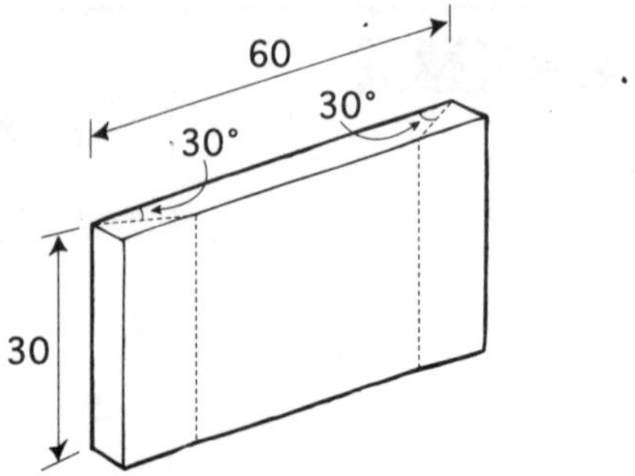

2 使用三角尺，在側板兩端的角畫角度30度的線。

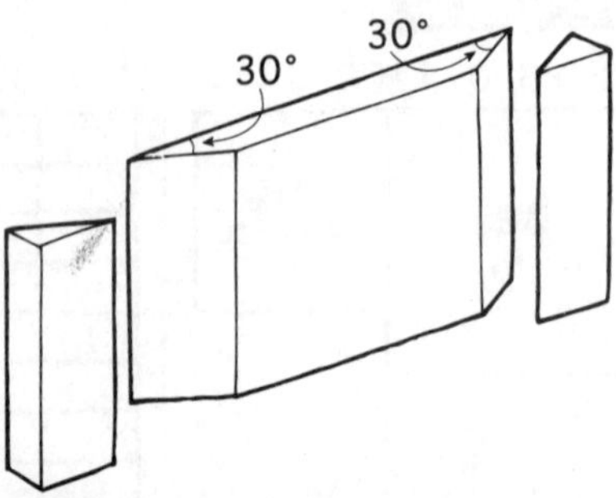

3 沿著線用鋸子鋸開角，然後用砂紙（＃240左右的細磨砂紙）打磨。

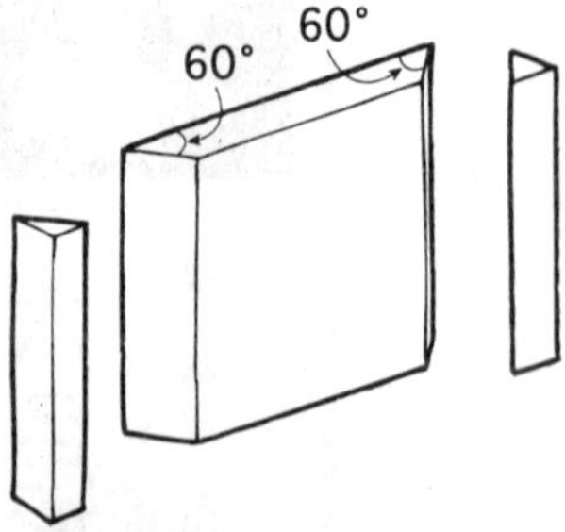

4 同樣的，補強板的角也以60度的角度鋸開。

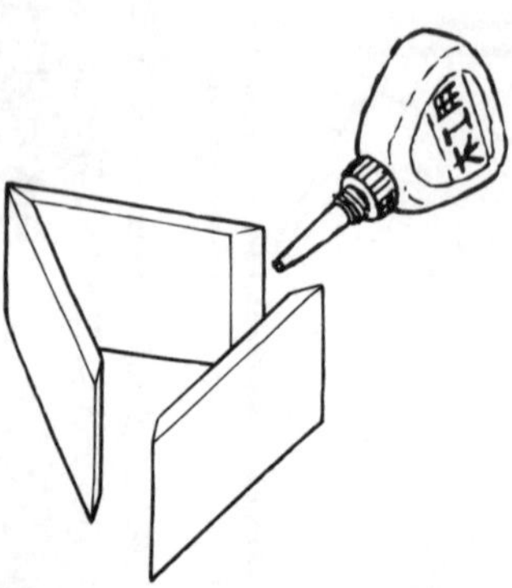

5 做六個三角形的外框。用＃240左右的細磨砂紙修飾角，同時用木工用接著劑固定。

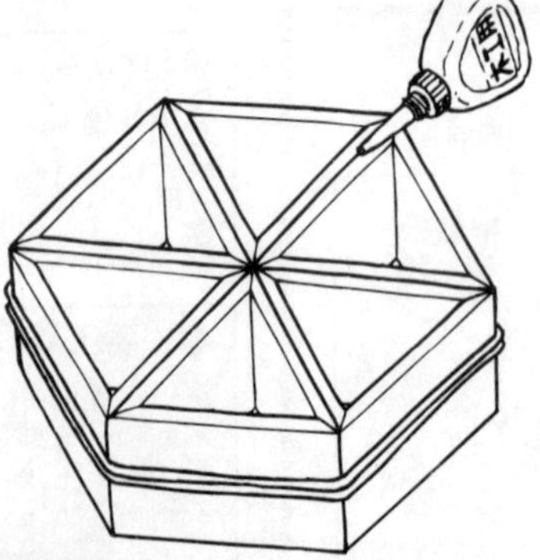

6 外框貼合在一起做成六角形的本體。塗抹木工用接著劑，用繩子等固定，擱置一會兒。

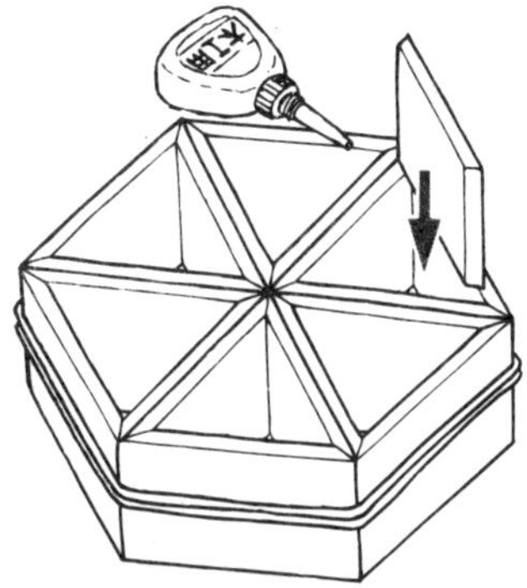

7 六角形的一邊放入安裝鉸鏈用的補強板，用 # 240左右的細磨砂紙打磨，同時用木工用接著劑固定。

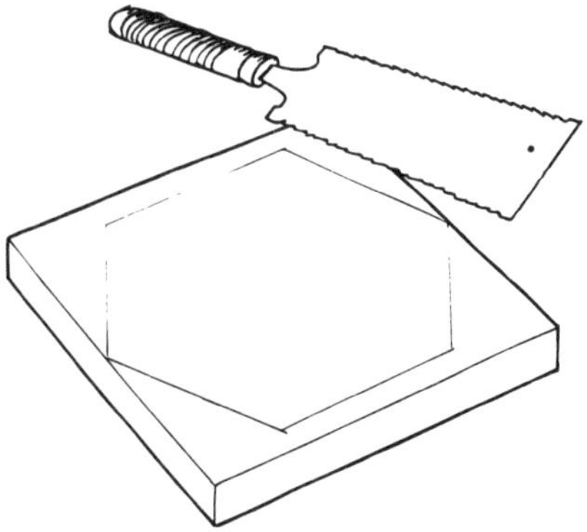

8 配合本體的六角形在頂板畫出形狀，用鋸子鋸開。

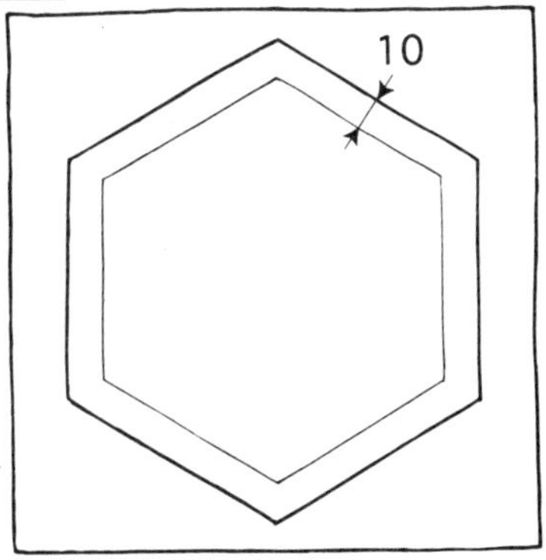

9 同樣的，在底板上畫出形狀，而從線外10毫米處鋸開。

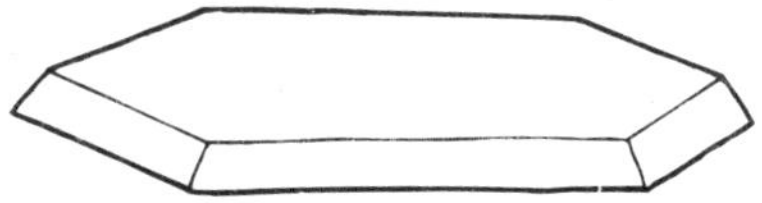

10 決定好底板擺放本體的位置，先做記號。留下記號的內側，用鋸子鋸開底板的角，用約 # 60的粗磨砂紙打磨成裙襬狀。

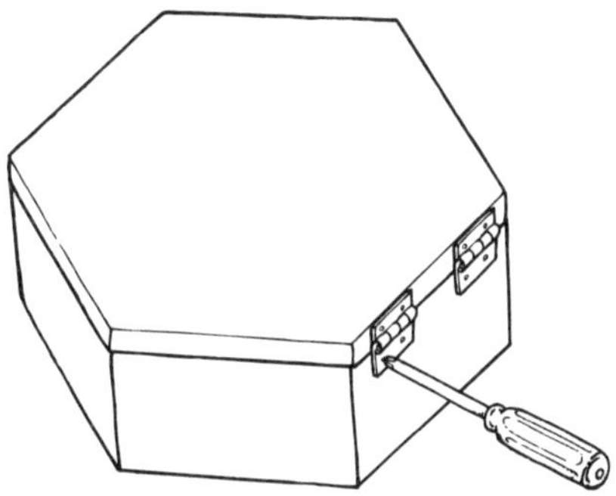

11 在頂板和本體安裝鉸鏈。決定鉸鏈的位置，可以用錐子等先鑽洞。

12 用木工用接著劑固定本體和底板，壓上書等重物擱置一會兒。

食品櫃

利用廚房的一點小空間，就可以擺設帶有滑輪的、淺的食品櫃。配合空間的大小，可以增加寬度或高度，形成自家用、尺寸獨特的食品櫃。

●材料

木板（裝飾膠合板、級木膠合板等）、螺絲釘、釘子、四個滑輪。

●主要工具

鋸子、螺絲起子、榔頭、電鑽、木工用接著劑、砂紙

完成圖

展開圖

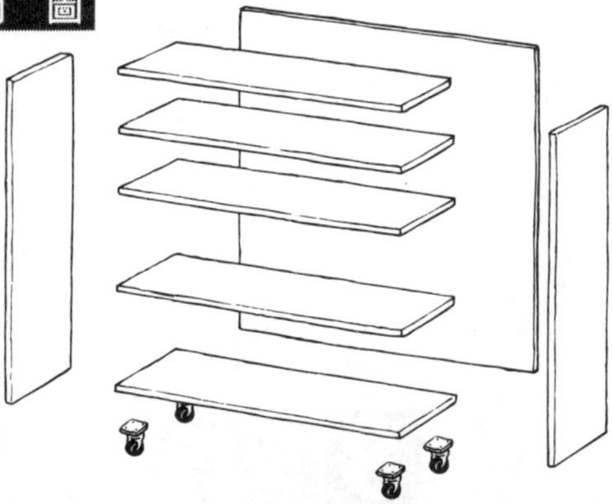

木材切割圖

1820×450 木板厚15毫米

擱板 600×130	頂板 600×130	側板 615×130
擱板 600×130	底板 600×130	側板 615×130
擱板 600×130		

背板
615×600
木板厚4毫米

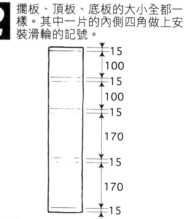

1 木板很長，先鋸短再一片一片的鋸。

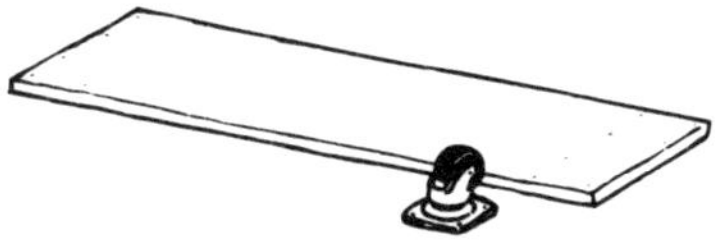

2 擱板、頂板、底板的大小全都一樣。其中一片的內側四角做上安裝滑輪的記號。

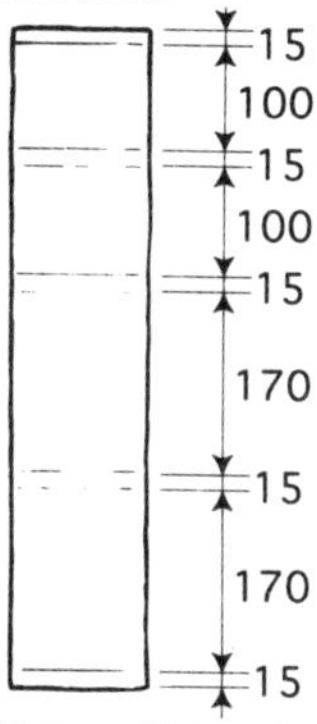
15
100
15
100
15
170
15
170
15

3 如圖所示，長615毫米的側板在安裝擱板的位置畫上記號。二片內外都要畫上記號。

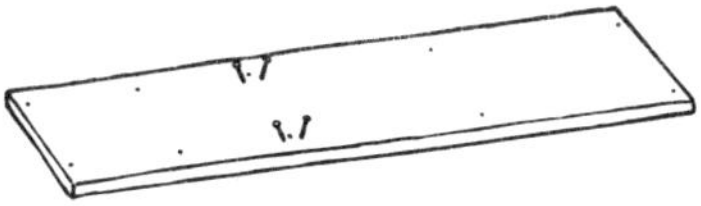

4 如圖所示，正中央的擱板線上要輕輕釘上用來導引的導釘。

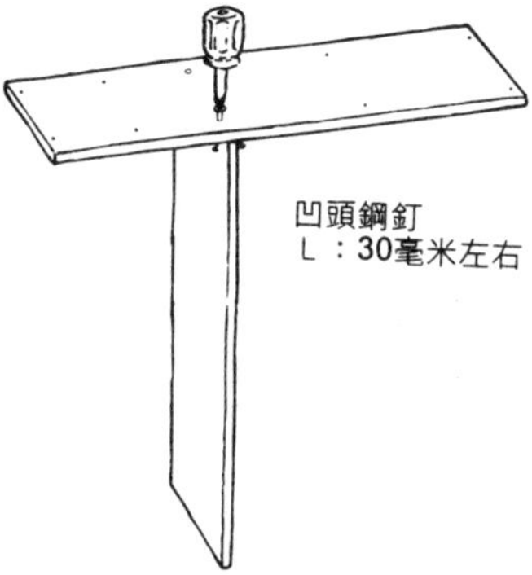
凹頭鋼釘
L：30毫米左右

5 塗抹木工用接著劑，插入擱板，翻面用螺絲釘固定。

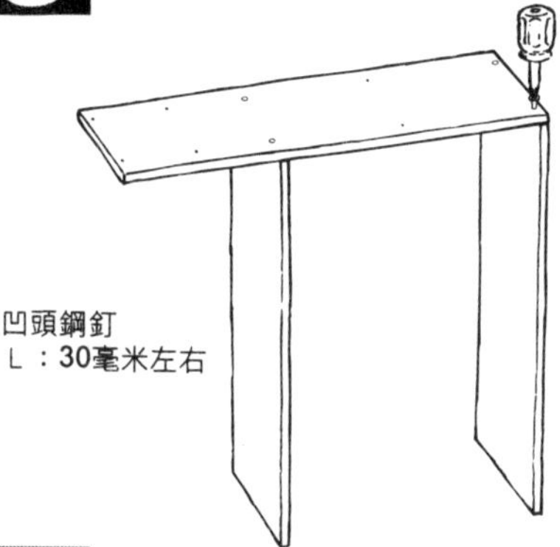
凹頭鋼釘
L：30毫米左右

6 底板側塗抹木工用接著劑，用螺絲釘固定在側板上。

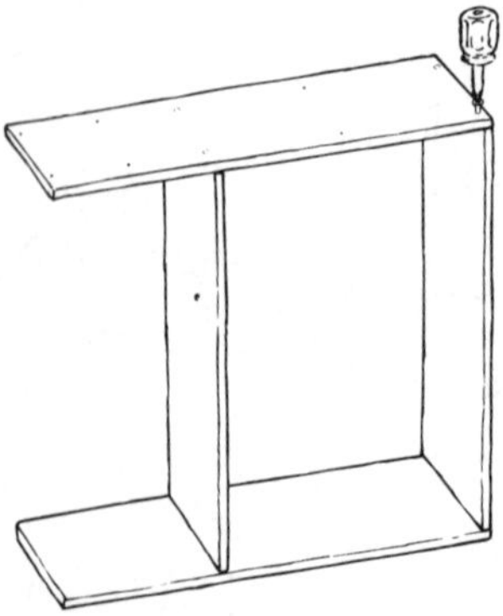

7 上下顛倒，以同樣的方式固定另一片側板。

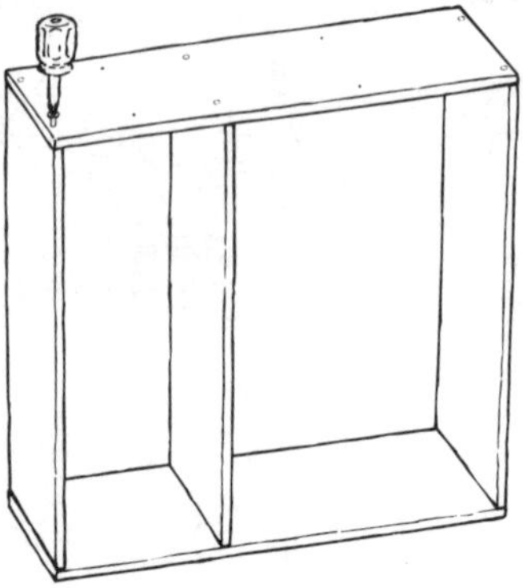

8 用螺絲釘固定頂板。

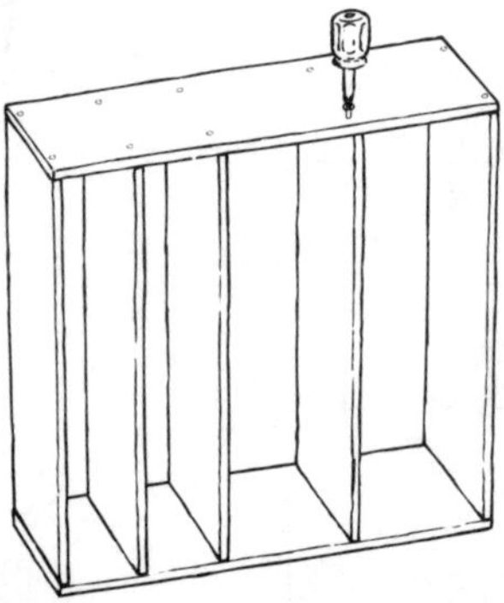

9 插入另外二片擱板，用螺絲釘固定。

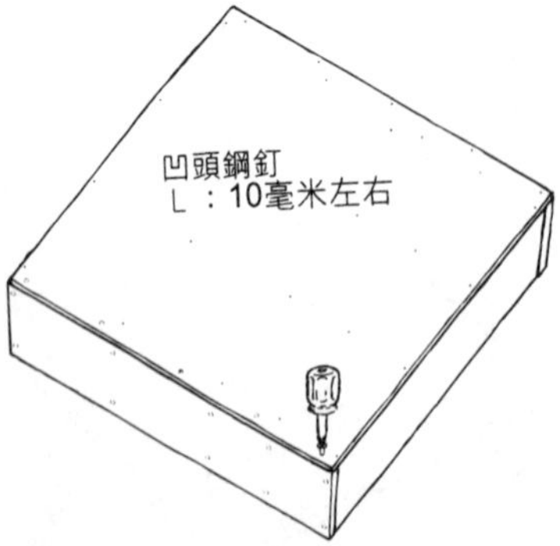
凹頭鋼釘
L ：10毫米左右

10 將本體翻過來，固定背板。別忘了也要固定擱板。

11 在底板上安裝滑輪。

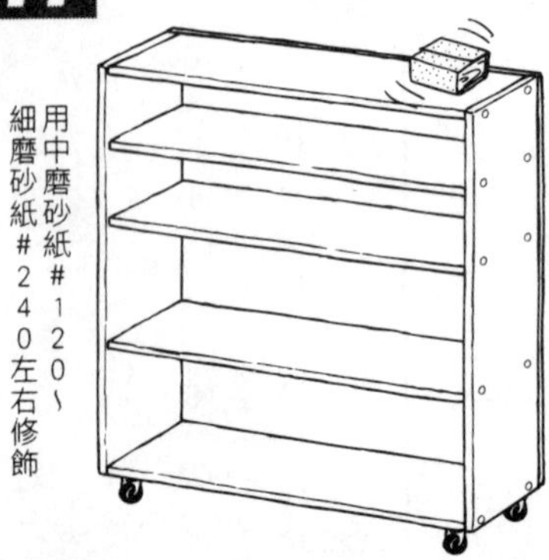
用中磨砂紙#120～
細磨砂紙#240左右修飾

12 全部用砂紙略微打磨即完成。

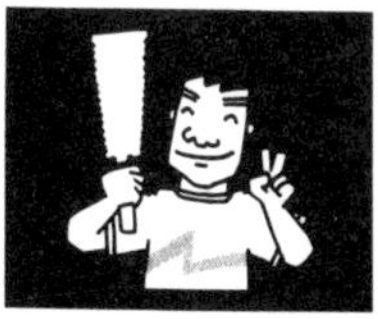

木工工具箱

就像孩提時代在建築工地上看到的那種令人懷念的工具箱。隨著木工工具的增加，需要一個適合的工具箱。有了它，做起事來就方便多了。自己親手做的東西，修理起來也很簡單。

完成圖

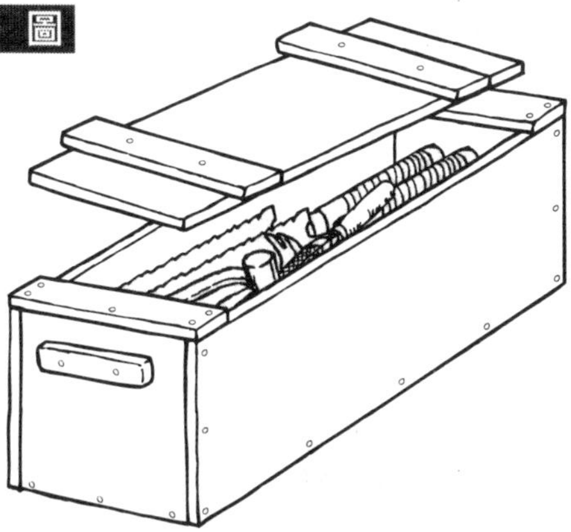

展開圖

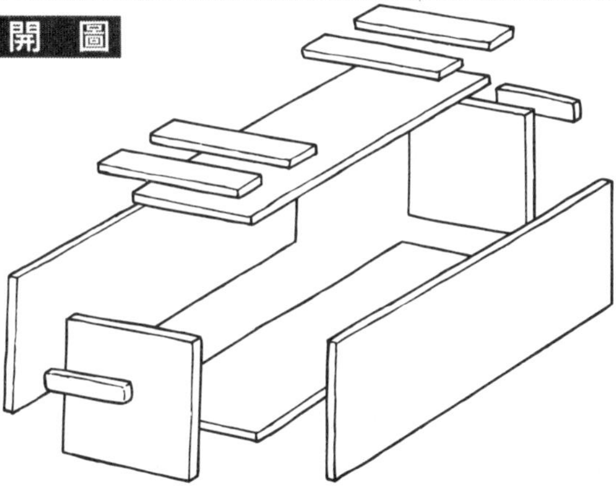

木材切割圖

900×900　木板厚10毫米

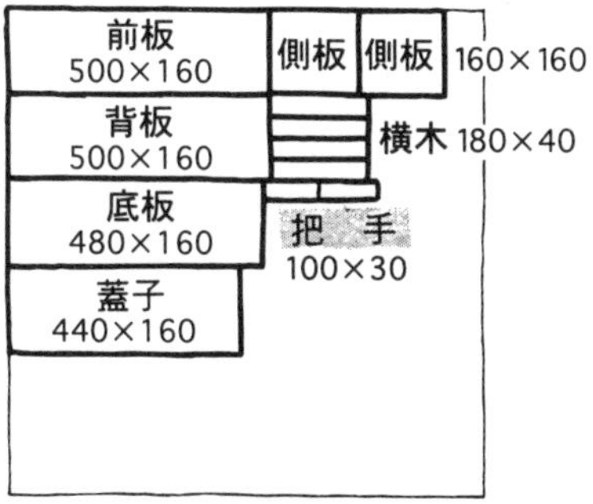
前板
500×160
側板
側板
160×160
背板
500×160
橫木 180×40
底板
480×160
把　手
100×30
蓋子
440×160

●材料

木板（杉木、松木等）、螺絲釘

●主要工具

鋸子、螺絲起子、木工用接著劑、砂紙

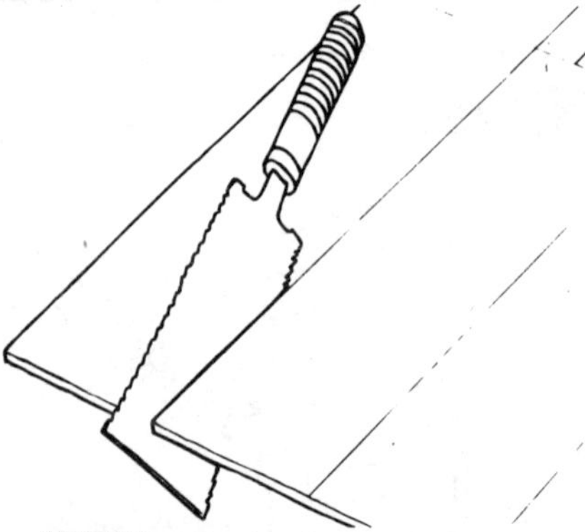

1 鋸細的木板時要特別小心，別折斷了。鋸好零件之後，在釘螺絲釘的位置全都先用電鑽頭 ϕ2毫米的電鑽鑽洞。

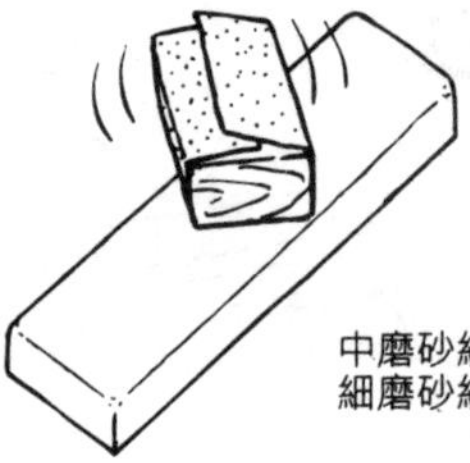
中磨砂紙＃120～
細磨砂紙＃240左右

2 用砂紙打磨成為把手100×30毫米的小木片。

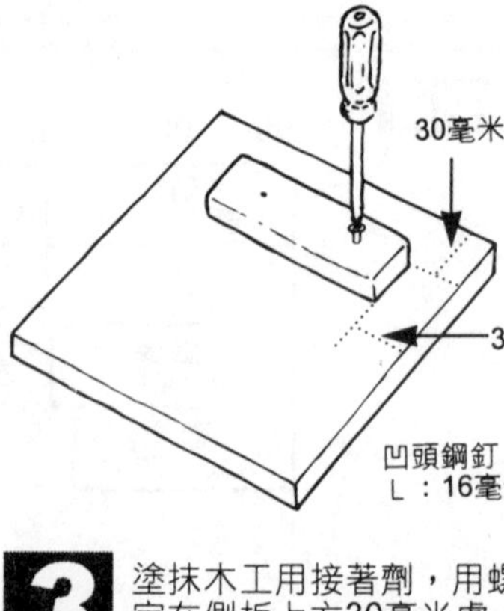
30毫米
30毫米
凹頭鋼釘
L：16毫米左右

3 塗抹木工用接著劑，用螺絲釘固定在側板上方30毫米處。

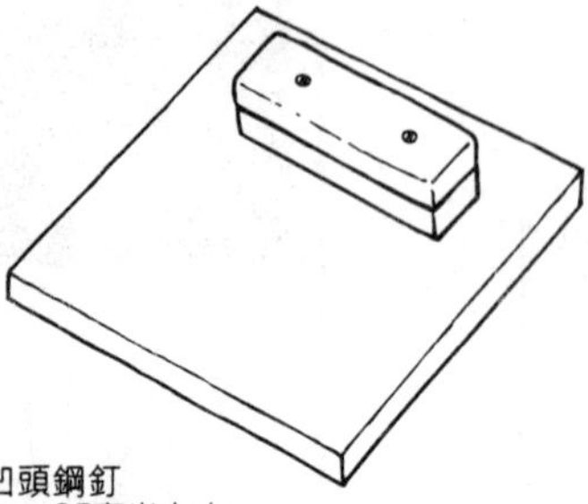
凹頭鋼釘
L：25毫米左右

4 若覺得把手太小，可以重疊二個同樣的把手。

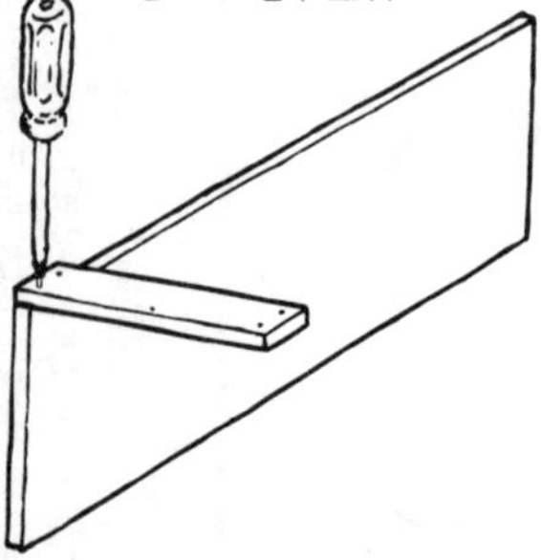
2根凹頭鋼釘
L：20毫米左右

5 在背板上固定能夠到達本體的橫木。

2根凹頭鋼釘
L：20毫米左右

6 相反側則固定在前板上。

4根凹頭鋼釘
L：20毫米左右

7 擺上另一根橫木，固定在背板和前板上。

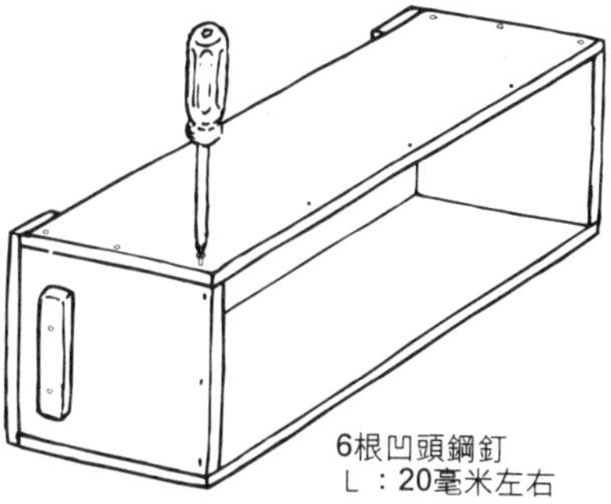
6根凹頭鋼釘
L：20毫米左右

8 塗抹木工用接著劑，再插入兩側的側板，用螺絲釘固定背板與前板。

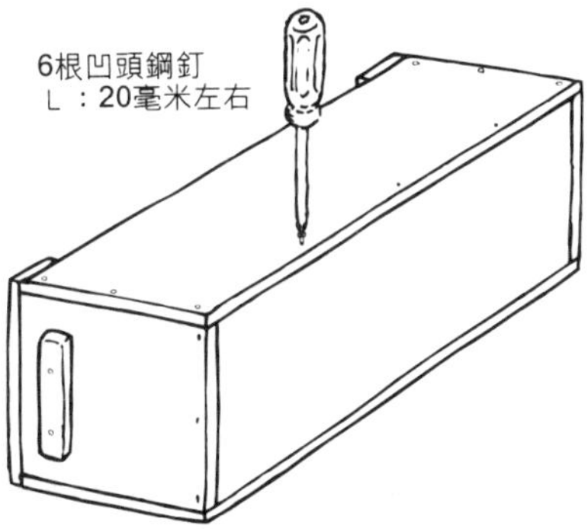
6根凹頭鋼釘
L：20毫米左右

9 同樣塗抹木工用接著劑，插入底板，用螺絲釘固定。

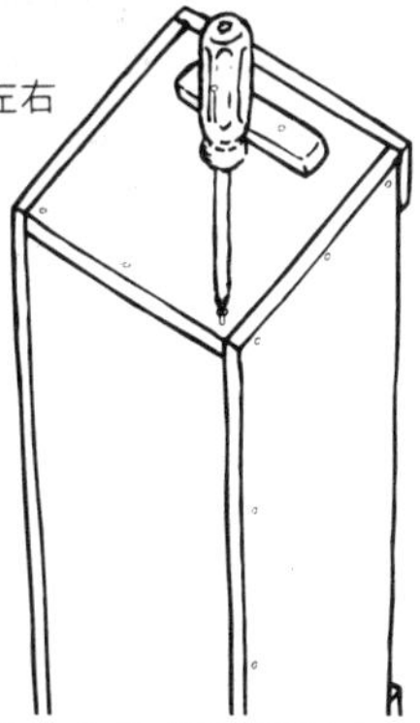
6根凹頭鋼釘
L：20毫米左右

10 從左右的側板側固定。

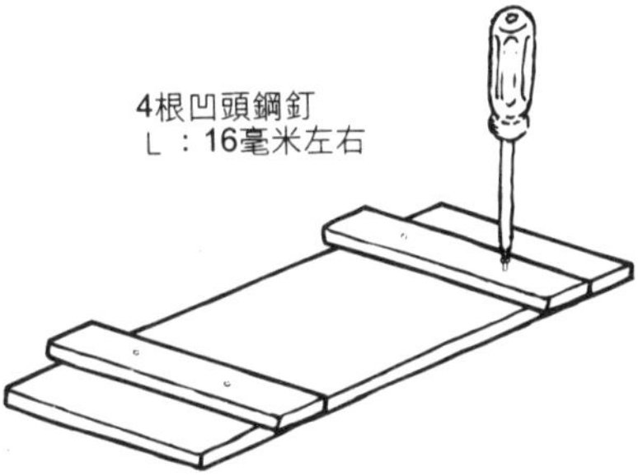
4根凹頭鋼釘
L：16毫米左右

11 從橫木蓋子的適當位置上的左右各往內挪移1公分，用螺絲釘固定。

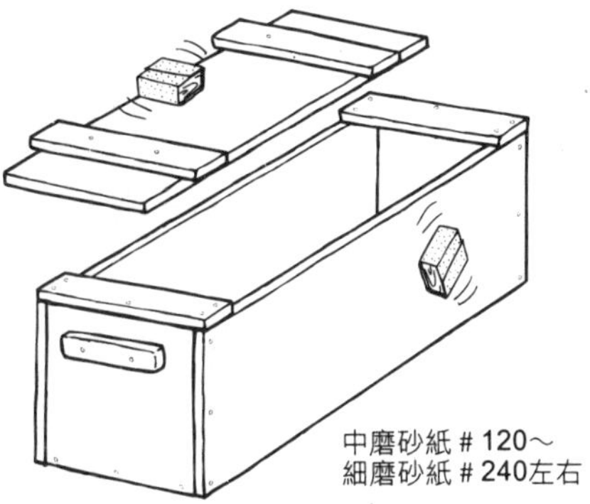
中磨砂紙＃120～
細磨砂紙＃240左右

12 因為是朝斜面滑動的蓋子，所以若無法順利的關起來，那麼就要用砂紙打磨修飾。

垃圾桶放置箱

擺在廚房的垃圾桶，看起來並不雅觀。有這樣的垃圾桶放置箱，則廚房看起來既乾淨又清爽。門上用印花紙板等畫出美麗的圖案，則看起來更加的華麗。

完成圖

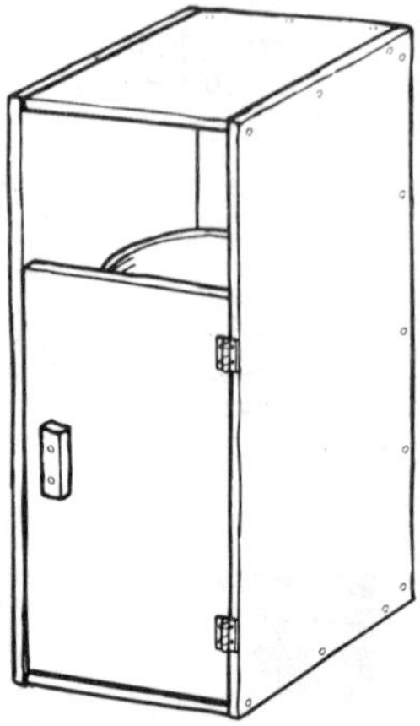

展開圖

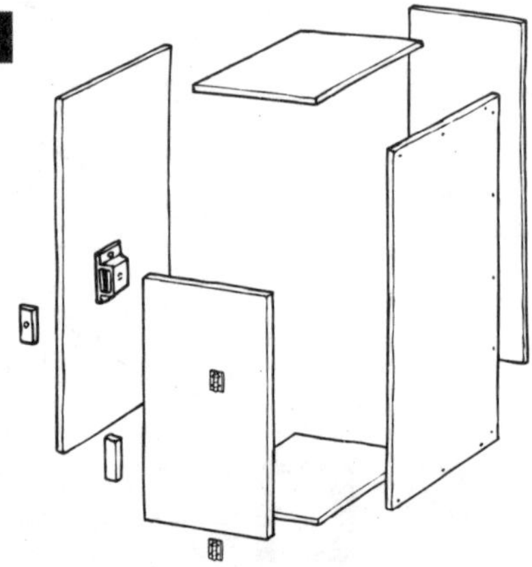

木材切割圖

900×900 木板厚15毫米

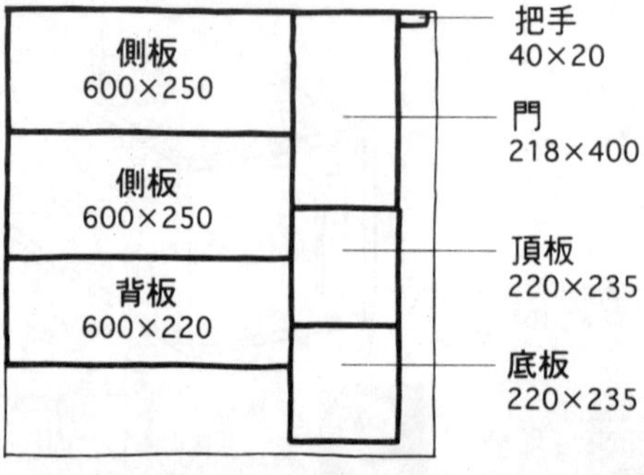
側板
600×250
側板
600×250
背板
600×220
把手
40×20
門
218×400
頂板
220×235
底板
220×235

●材料

木板（柳安膠合板、杉木等）、螺絲釘、鉸鏈、磁鐵、吸盤

●主要工具

鋸子、螺絲起子、砂紙

1 木板較厚，所以有圓鋸就比較好作業。別忘了做40×20毫米的把手。

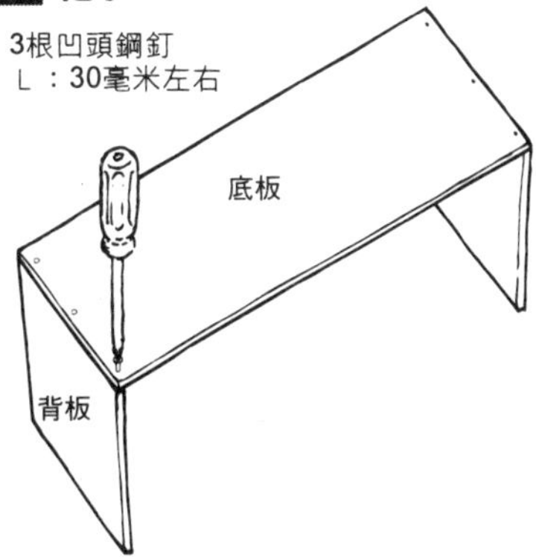
3根凹頭鋼釘
L：30毫米左右
底板
背板

2 用螺絲釘將600×220毫米的背板固定在底板上。在距離底板5～10毫米處也無妨。

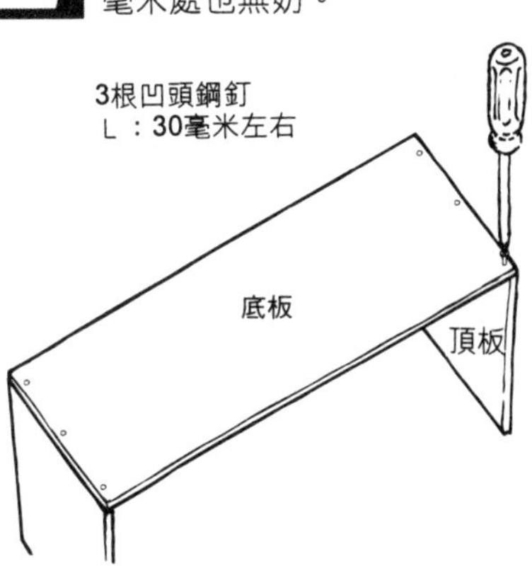
3根凹頭鋼釘
L：30毫米左右
底板
頂板

3 相反側也要固定在頂板上。

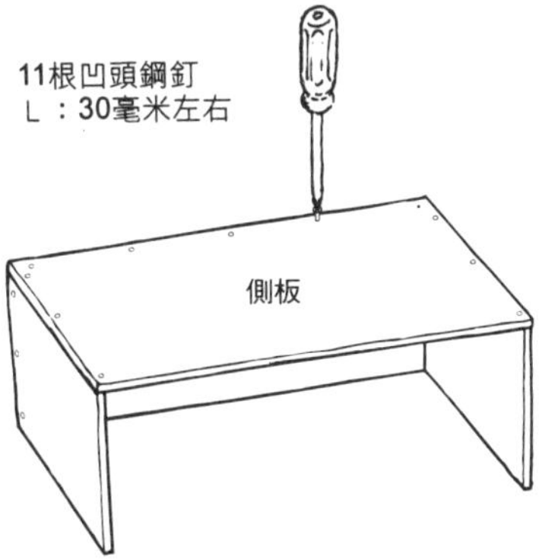
11根凹頭鋼釘
L：30毫米左右
側板

4 蓋上600×250毫米的側板，用螺絲釘固定。

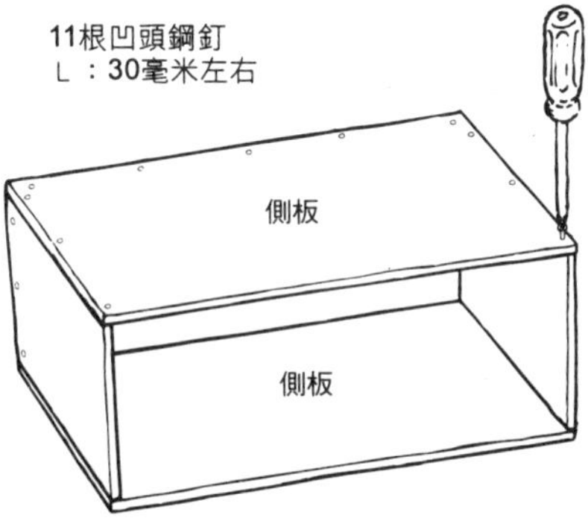
11根凹頭鋼釘
L：30毫米左右
側板
側板

5 同樣的，相反側的側板也要固定。

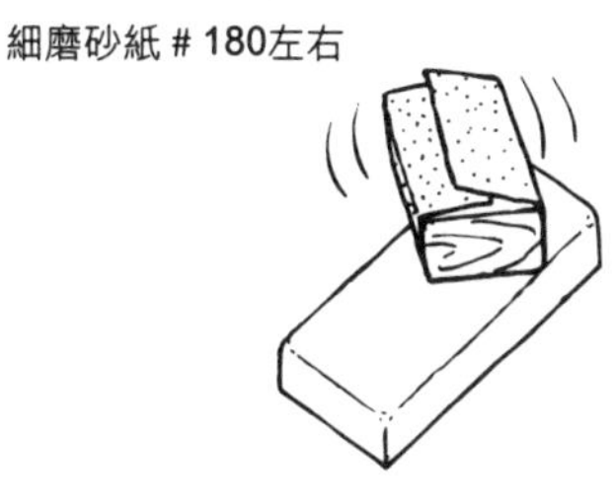
細磨砂紙＃180左右

6 用砂紙打磨把手。

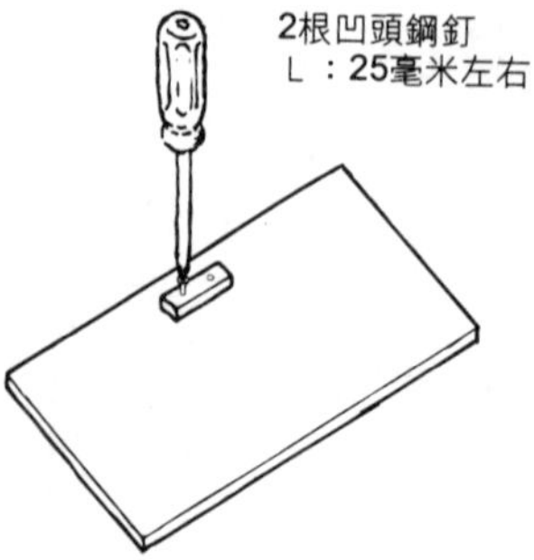
2根凹頭鋼釘
L：25毫米左右

7

將把手安裝在門上。當然也可以使用市售的把手。

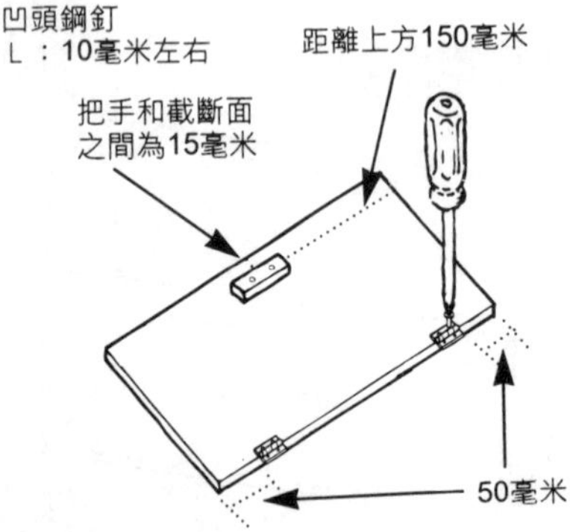
凹頭鋼釘
L：10毫米左右
距離上方150毫米
把手和截斷面
之間為15毫米
50毫米

8

將鉸鏈安裝在門上。

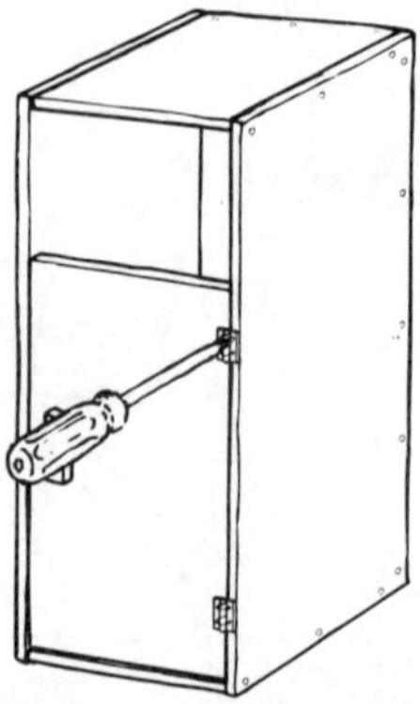

9

利用鉸鏈將門安裝在本體上，比底板高數毫米較容易開關。

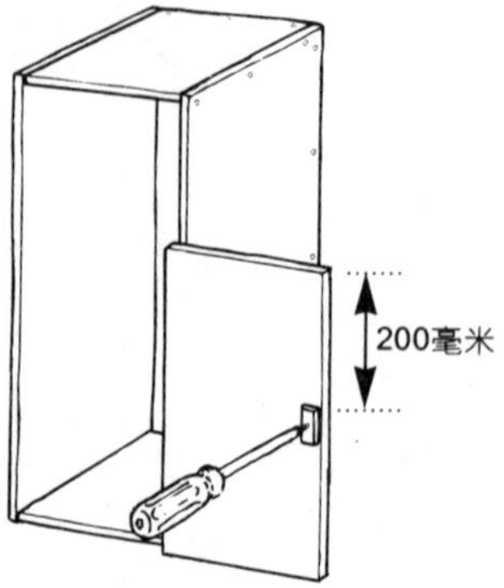
200毫米

10

將磁鐵、吸盤安裝在門上。

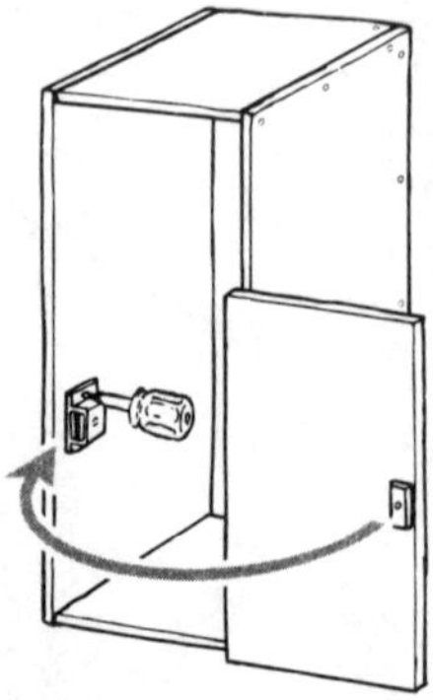

11

另一端的磁鐵、吸盤要安裝在本體的適當位置上。

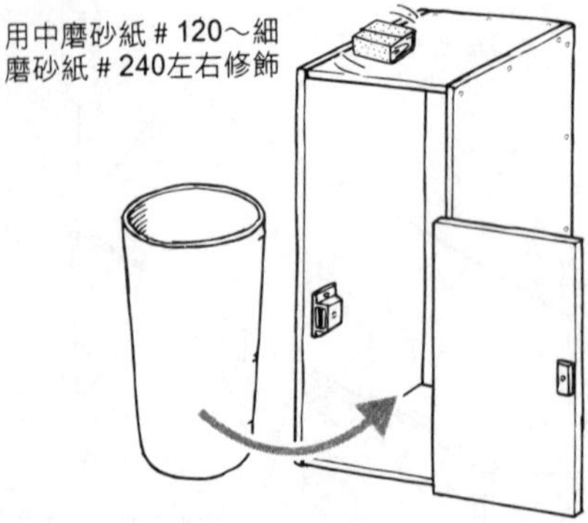
用中磨砂紙＃120～細
磨砂紙＃240左右修飾

12

全部用砂紙打磨，再放入市售的垃圾箱來使用。

壁掛式書報架

能夠掛在牆壁上的書報架。作法很簡單，但是卻非常實用。可以在背板和前板上畫圖案或加入雕刻，甚至用油漆粉刷成為美麗的裝飾品。

完成圖

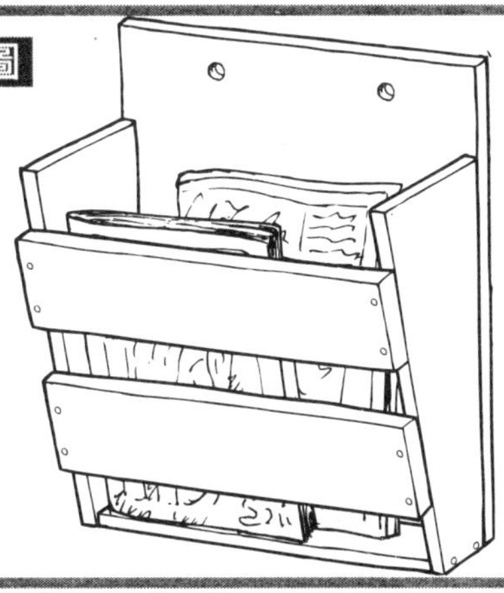

展開圖

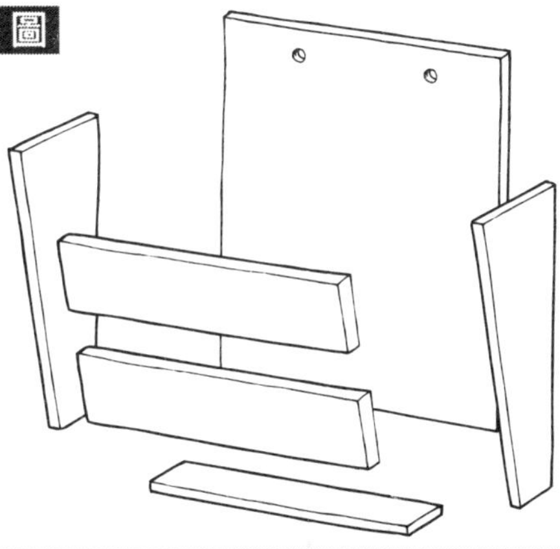

木材切割圖

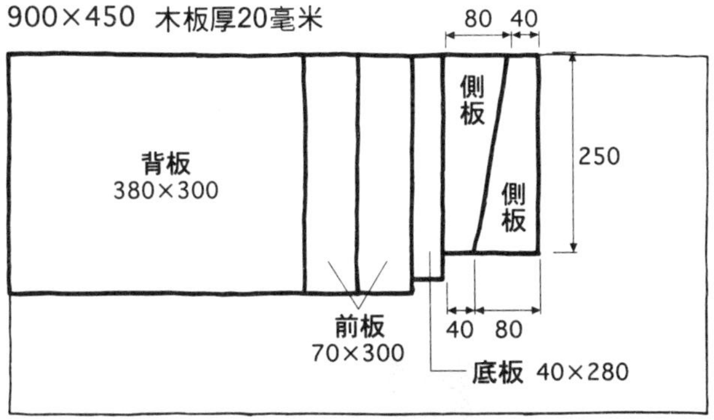
900×450 木板厚20毫米
80 40
側板
250
背板
380×300
側板
40 80
前板
70×300
底板 40×280

●材料

木板（杉木、松木等）、螺絲釘

●主要工具

鋸子、電鑽、螺絲起子、砂紙

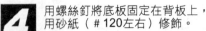

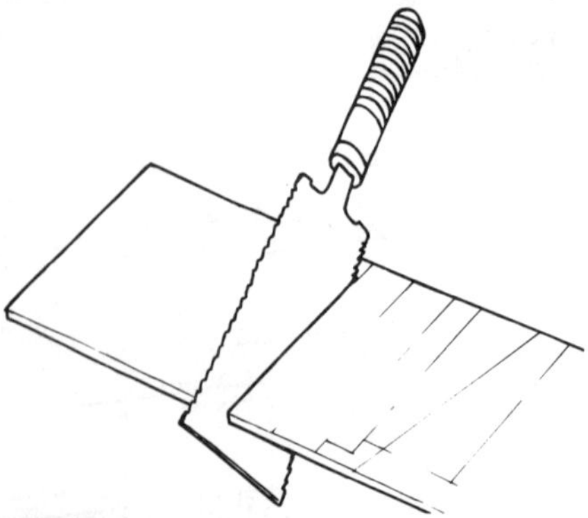

1 首先鋸下背板、前板、底板。

2 側板的斜線延伸到木板相反側的一端，從木板的一端開始鋸。要預留鋸子的寬度1～2毫米。

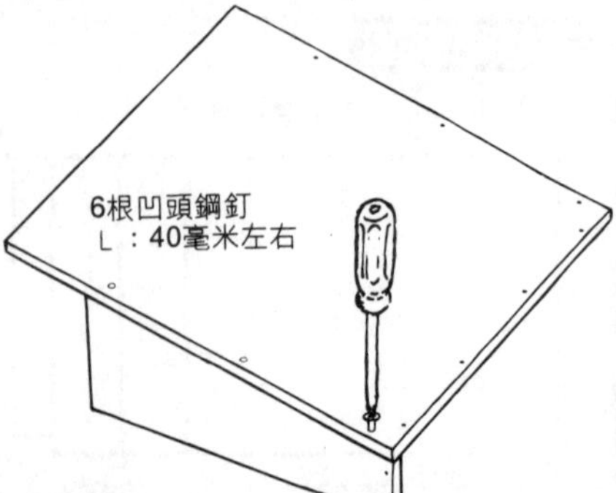
6根凹頭鋼釘
L：40毫米左右

3 將左右側板安裝在背板上。

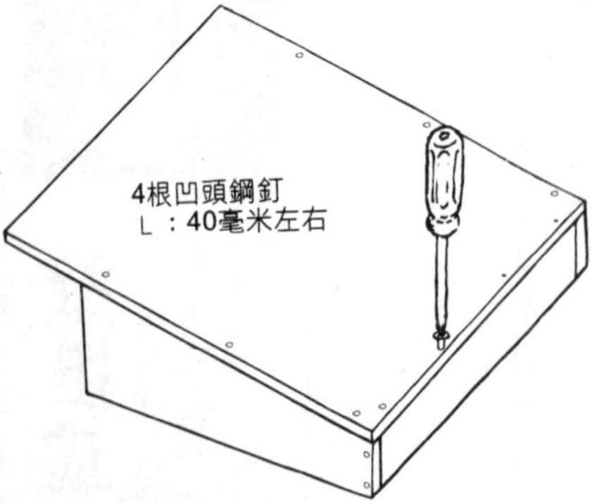
4根凹頭鋼釘
L：40毫米左右

4 用螺絲釘將底板固定在背板上，用砂紙（＃120左右）修飾。

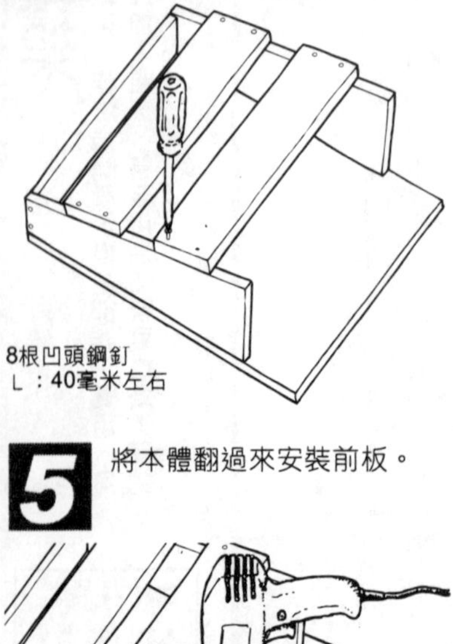
8根凹頭鋼釘
L：40毫米左右

5 將本體翻過來安裝前板。

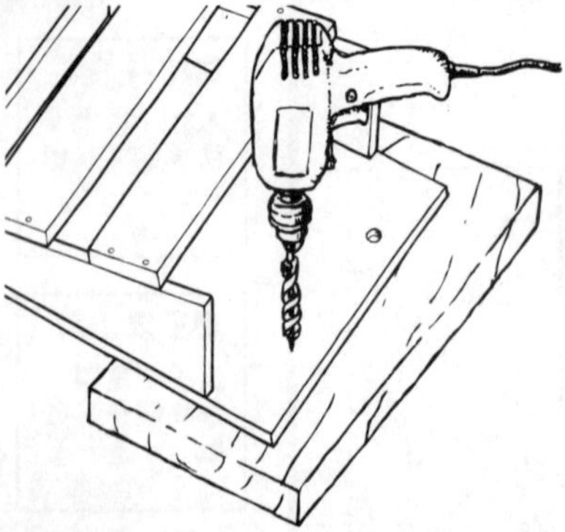

6 在背板上鑽 φ5～10毫米的洞，用來掛在牆壁上。

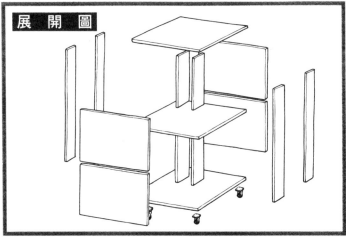

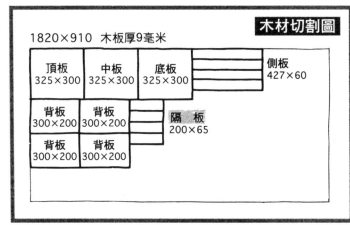

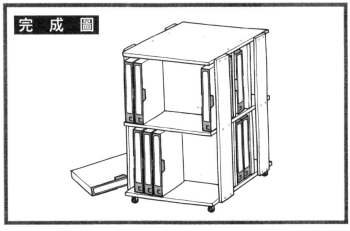

錄影帶架

能夠「一網打盡」在家中不斷增加的錄影帶的架子。兩側的縫隙可以各收納二捲錄影帶，總計可以收納將近五十捲錄影帶。用木工用接著劑即可製作。

完成圖

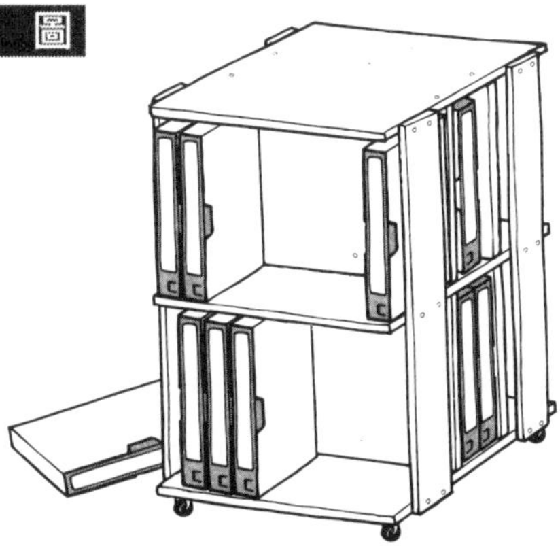

展開圖

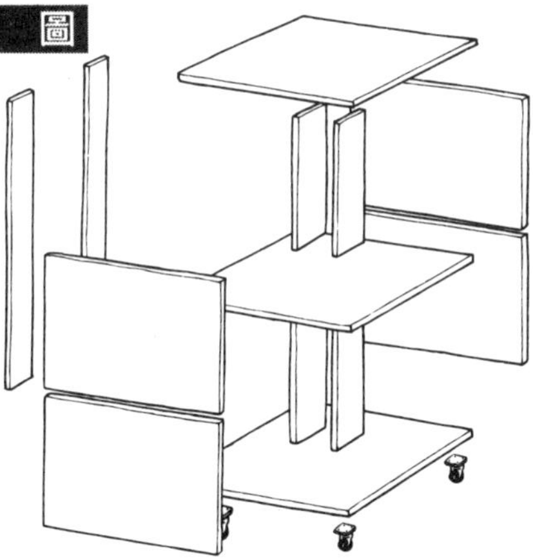

木材切割圖

1820×910　木板厚9毫米

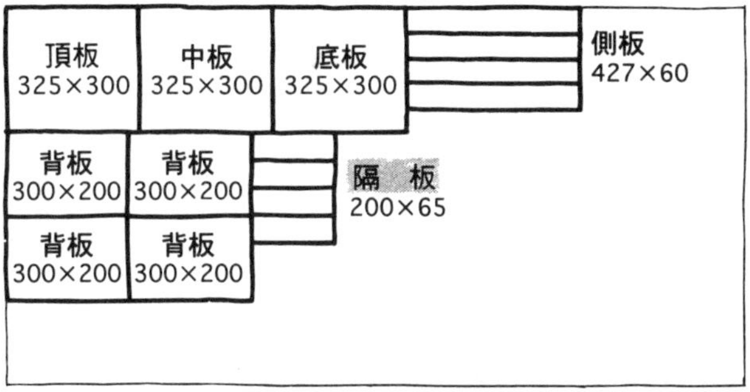
頂板
325×300
中板
325×300
底板
325×300
側板
427×60
背板
300×200
背板
300×200
背板
300×200
背板
300×200
隔　板
200×65

●材料

木板（級木膠合板、雲杉等）、螺絲釘、4個滑輪

●主要工具

鋸子、電鑽、木工用接著劑

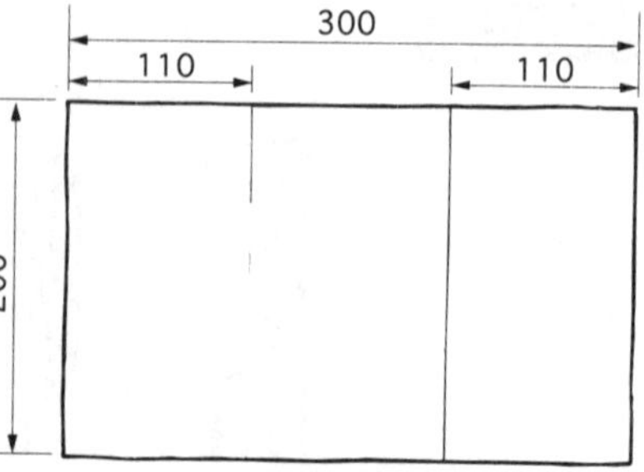

1 在300×200毫米的背板背面，從200毫米的兩邊朝110毫米的內側畫線。

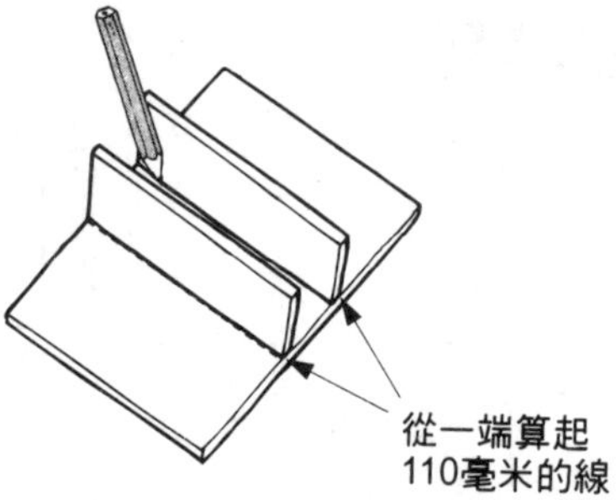

2 在內側讓200×65毫米的隔板對合，畫出隔板寬的線。

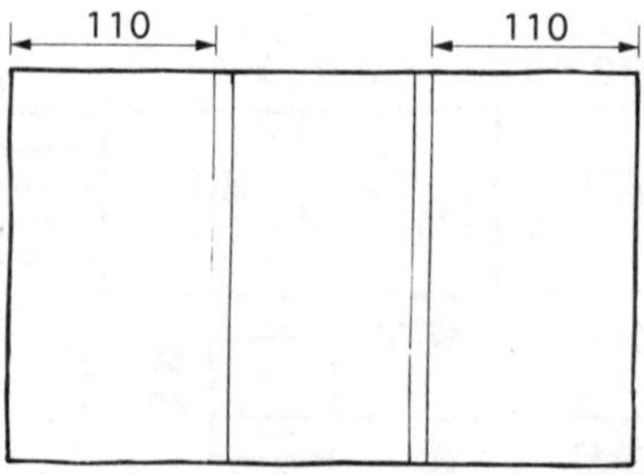

3 畫出的線如上圖所示。

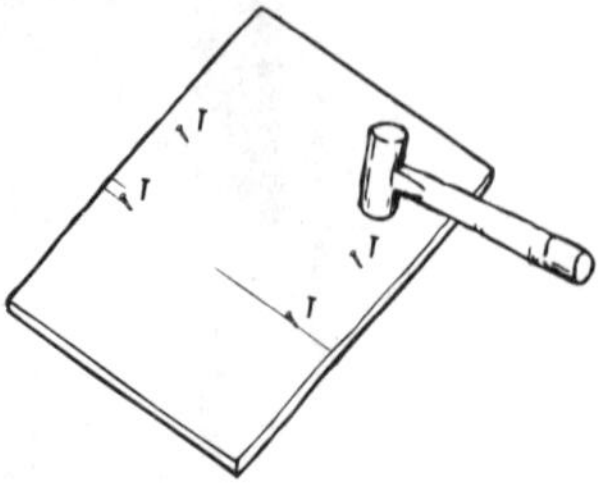

4 沿著線先釘上導引用的細導釘。

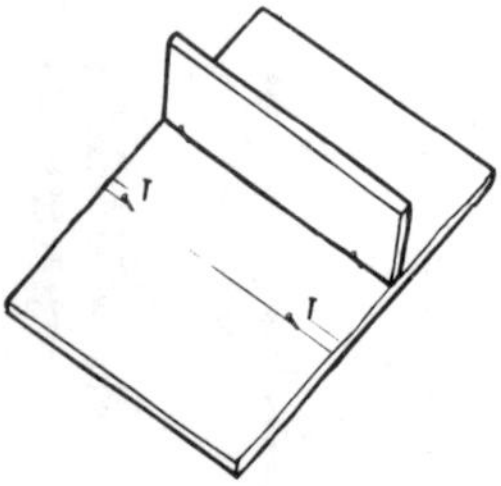

5 然後嵌入隔板。

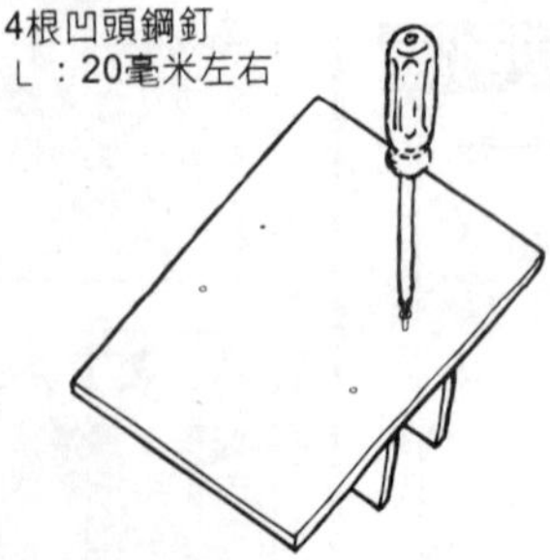

6 翻面用螺絲釘固定。按照同樣的要領，固定另一片隔板。

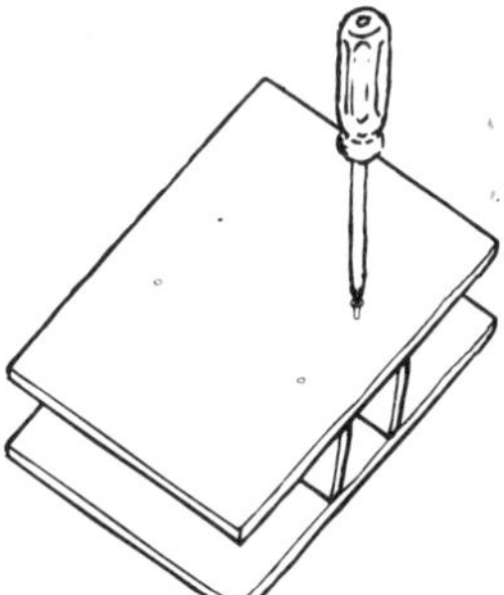

7 在相反側安裝另一個背板。

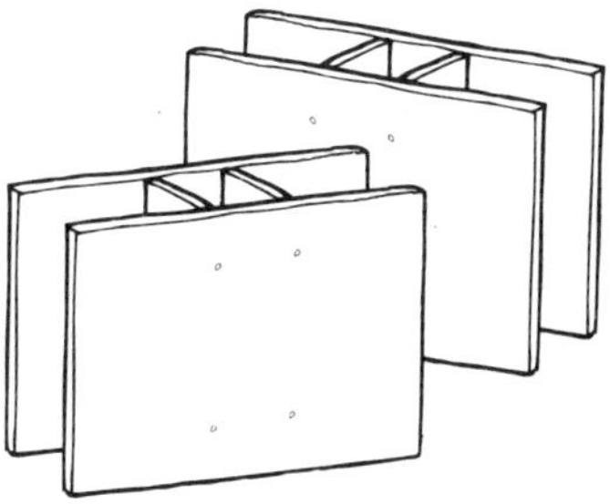

8 再製作一個相同的半成品。

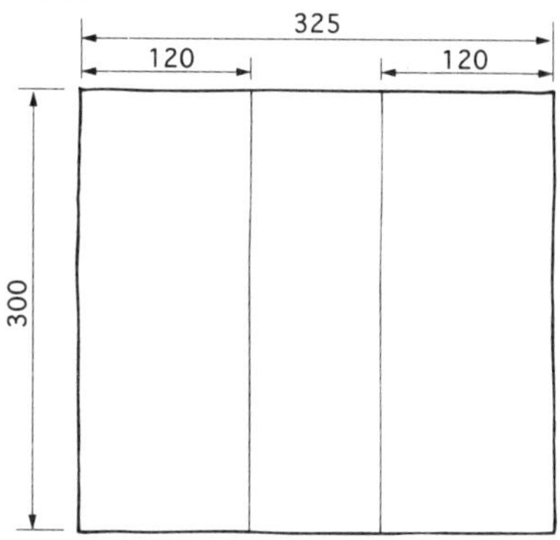

9 在325×300毫米的底板正面，從300毫米的兩邊朝120毫米處畫線。

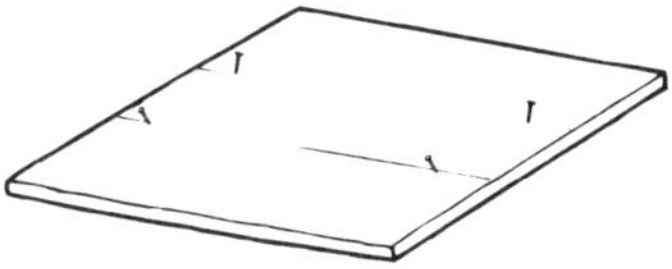

10 輕輕的釘上導釘。

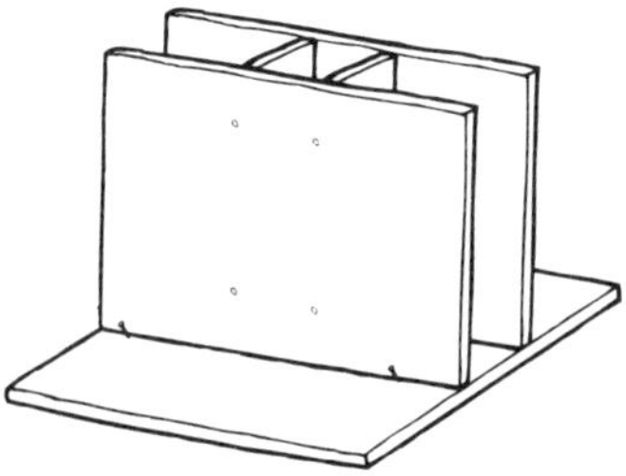

11 嵌入先前的背板部分。

12 翻面，底板用螺絲釘固定，製作下層。

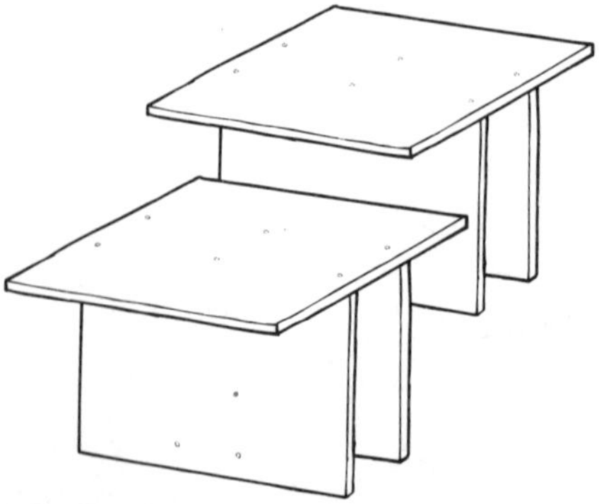

13 同樣的，將325×300毫米的中板固定在另一個背板上，製作上層。

6根凹頭鋼釘
L：20毫米左右

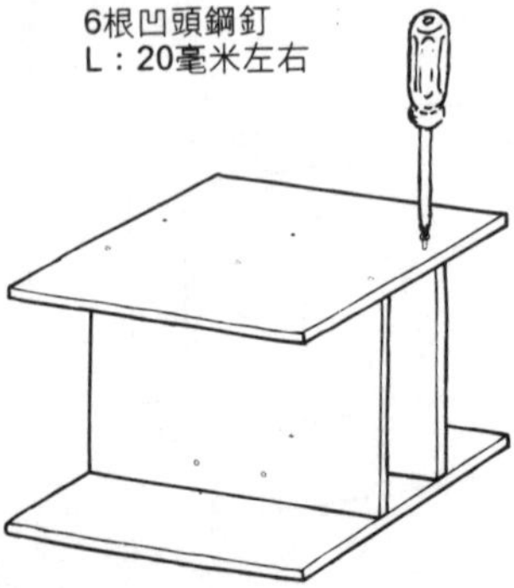

14 固定頂板。

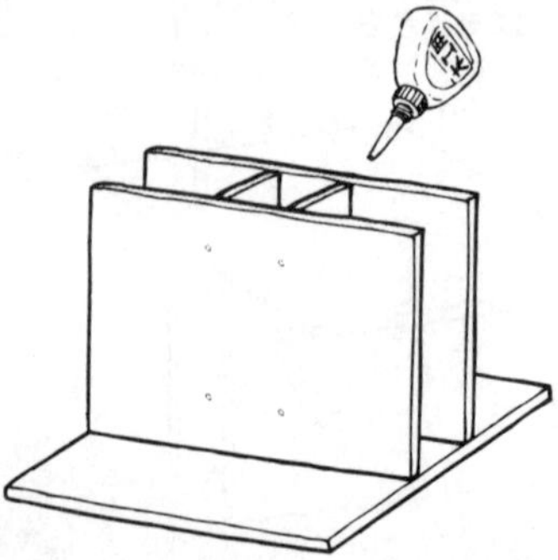

15 下層、背板與隔板的上面塗抹木工用接著劑。由於接著劑會被吸收進入，所以要塗抹二次。

16 然後蓋上上層，壓上鎮石等直到乾燥為止。

凹頭鋼釘
L：20毫米左右

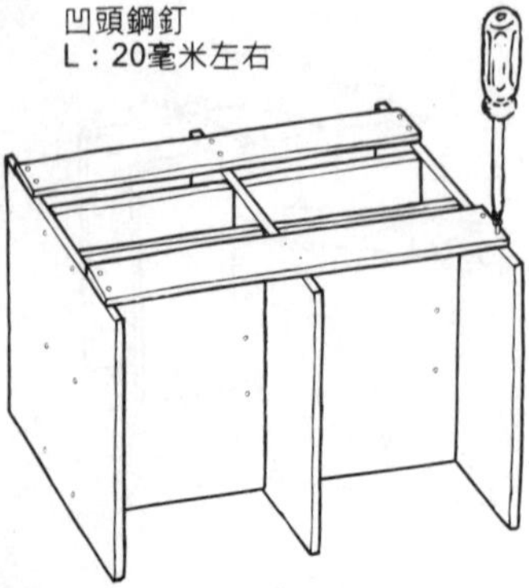

17 從兩側固定4片側板。

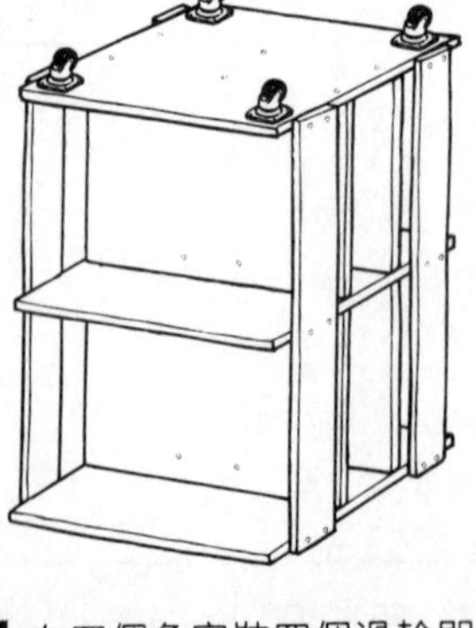

18 在四個角安裝四個滑輪即告完成。固定滑輪的螺絲釘要選擇10毫米以下的螺絲釘。

第4章

安慰心靈的綠色植物架

花盆架1

用塑膠花盆裝玫瑰花，看起來並不好看。將花擺入這個木製的花盆架中，則陽台的氣氛完全改變。尺寸要做成十二公升花盆用的大小。

完成圖

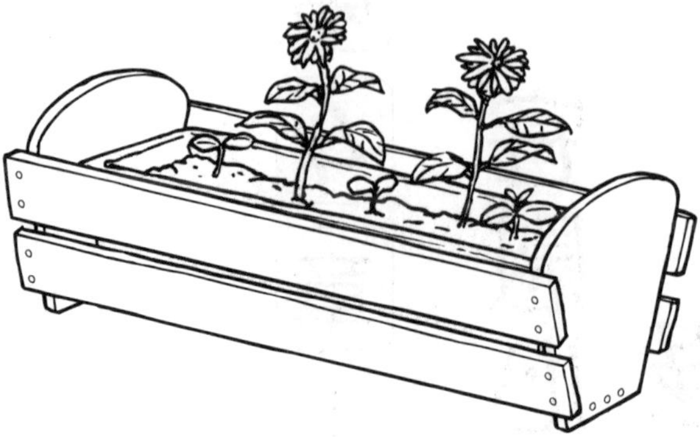

展開圖

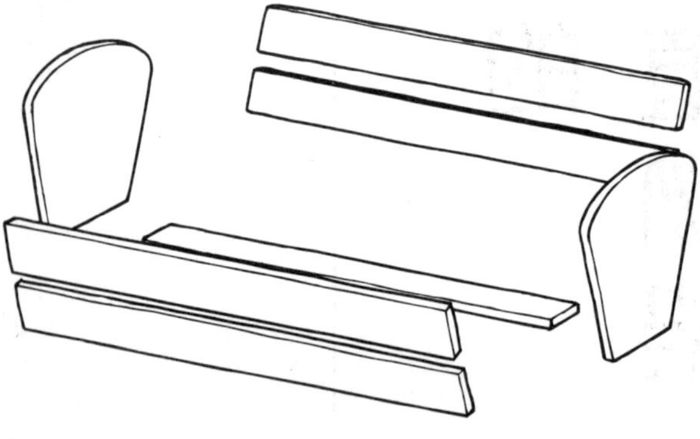

木材切割圖

900×900 木板厚9毫米

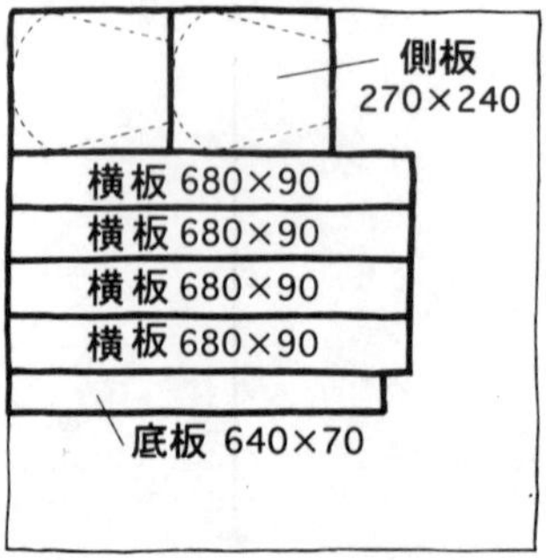

側板
270×240
橫板 680×90
橫板 680×90
橫板 680×90
橫板 680×90
底板 640×70

●材料

木板（杉木、雲杉等）、螺絲釘

●主要工具

鋸子、線鋸、電鑽、砂紙

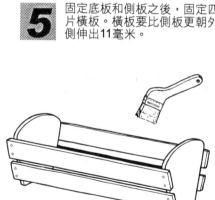

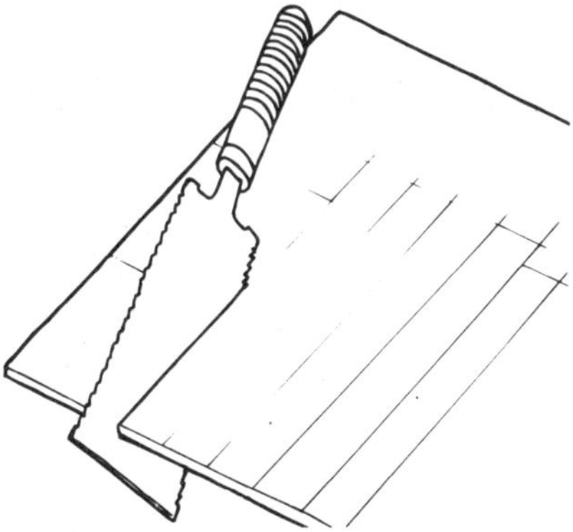

1 鋸木板。鋸細長木板時要小心，別鋸斷了。用預留鋸子的寬度2毫米。

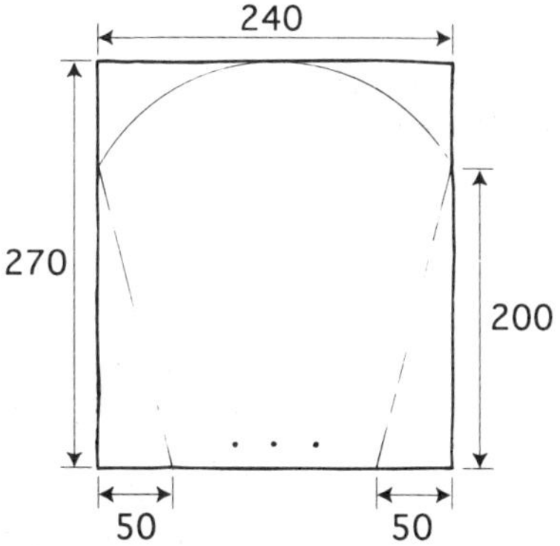
240
270
200
50
50

2 為了修飾側板的形狀，則如圖所示，先在木板上畫線。如果沒有圓規，可以用盤子等來畫。

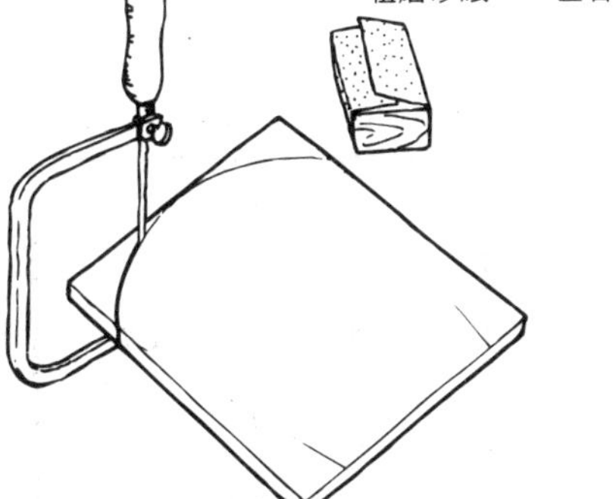
粗磨砂紙＃60左右

3 鋸側板。弧形部分用線鋸來鋸。用粗磨砂紙修飾形狀。

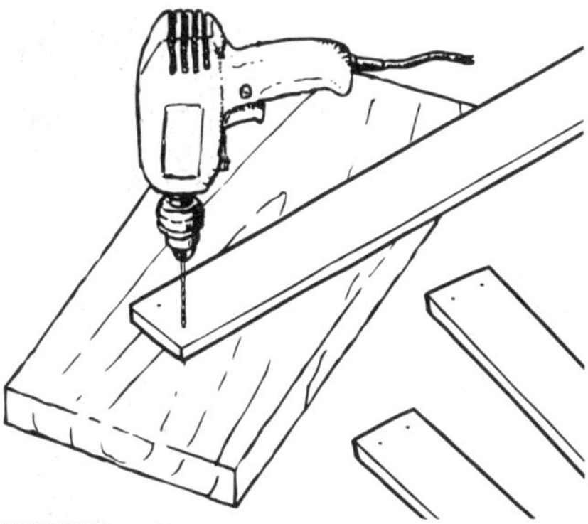

4 所有要釘螺絲釘的位置都先用電鑽頭 ϕ2毫米的電鑽鑽洞。

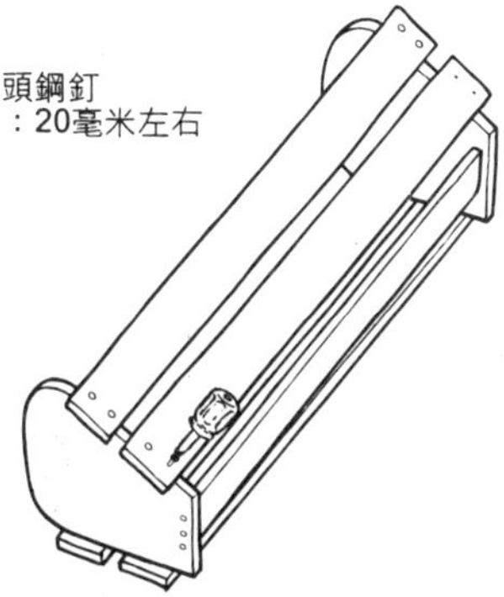
凹頭鋼釘
L：20毫米左右

5 固定底板和側板之後，固定四片橫板。橫板要比側板更朝外側伸出11毫米。

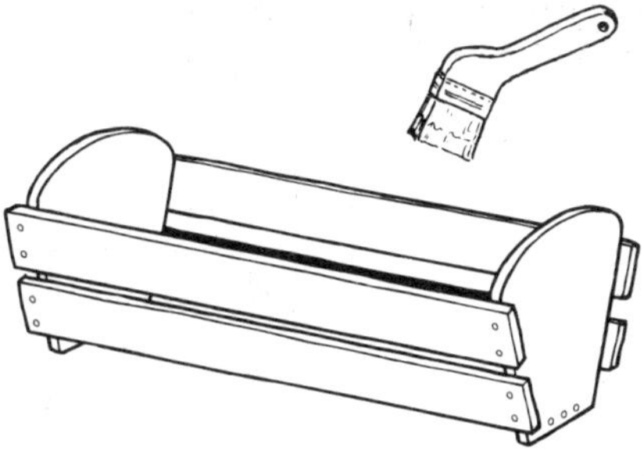

6 全部用砂紙（細磨砂紙＃240左右）打磨修飾，也可以塗抹耐水性的塗料。

花盆架2

這種室內用的小花盆架，你覺得如何呢？要變更尺寸非常簡單，可以做成各種不同的尺寸。也可以設計自己喜歡的圖案。

●材料

木板（柳安膠合板等）、長形螺絲、螺帽、螺母、墊圈

●主要工具

鋸子、電鑽、線鋸、砂紙

完成圖

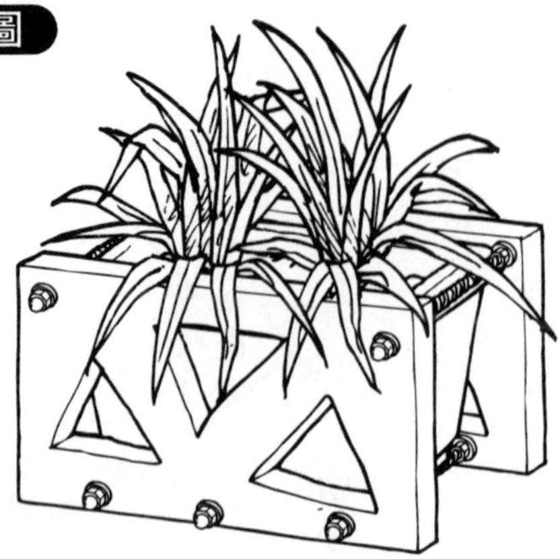

展開圖

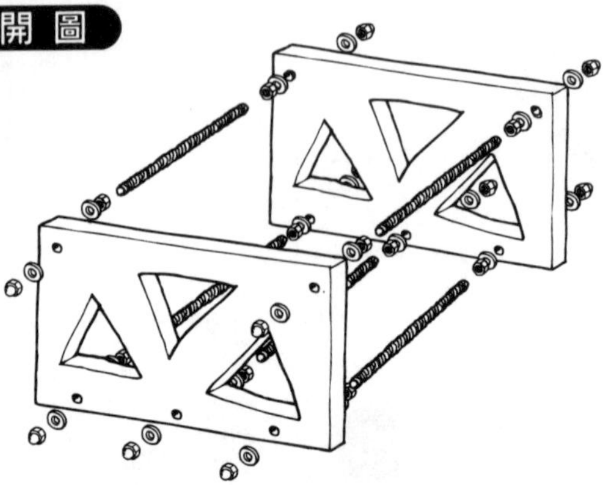

木材切割圖

450×300　木板厚12毫米

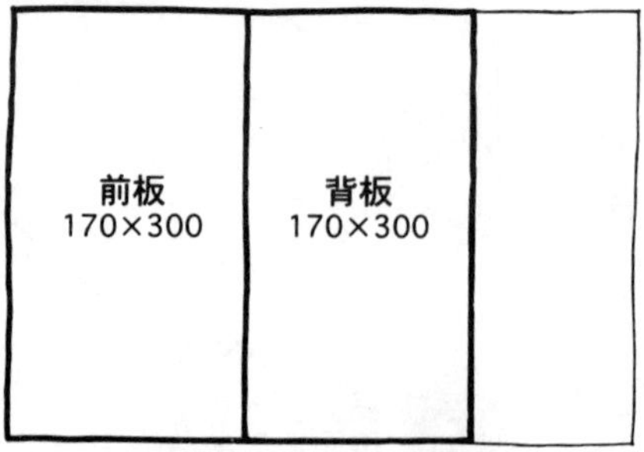

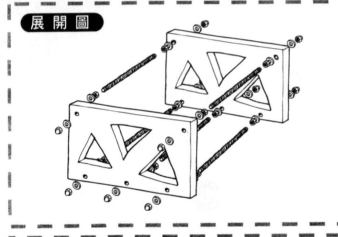

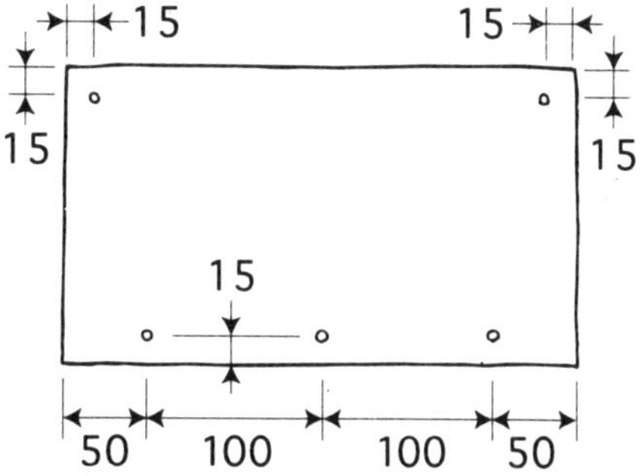

1 在木板上長形螺絲的位置畫上記號。下面三個用來支撐花盆，所以尺寸要配合花盆的大小。

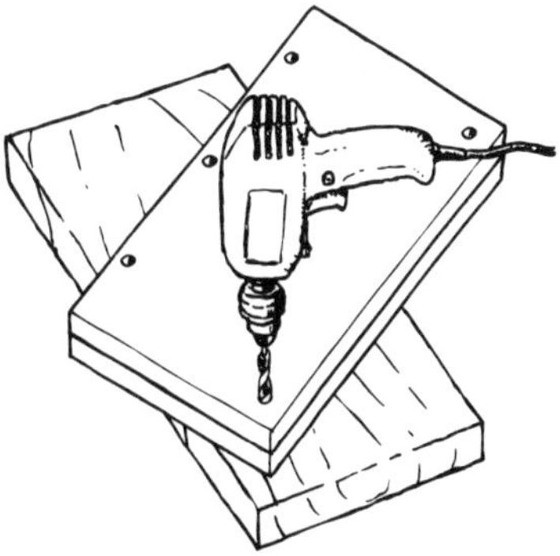

2 用電鑽頭 ϕ6～8毫米的電鑽鑽洞。二片重疊在一起鑽洞比較省事。

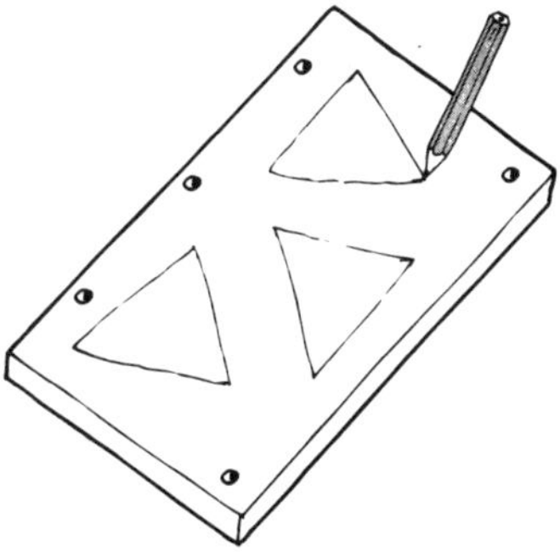

3 在木板上畫自己喜歡的圖案。

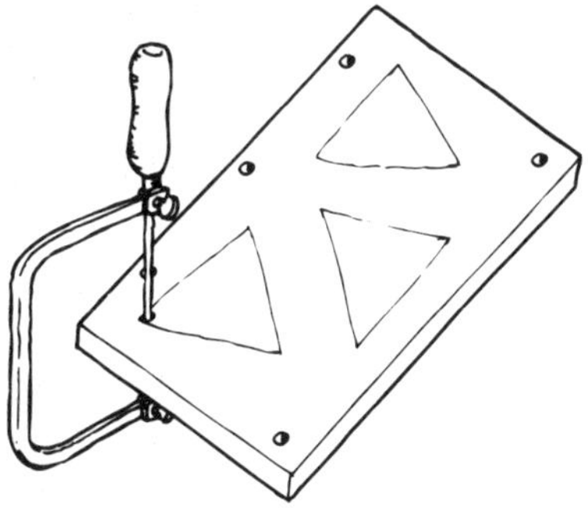

4 用電鑽頭 ϕ5毫米的電鑽鑽洞，然後用線鋸鋸開。

用中磨砂紙＃120～細磨砂紙＃240左右修飾

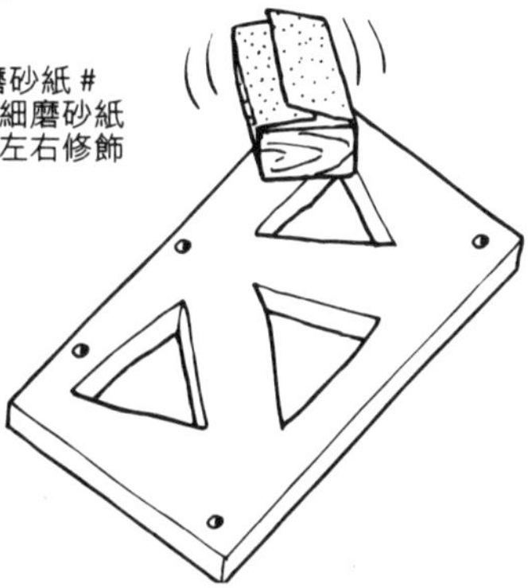

5 全部用砂紙打磨。

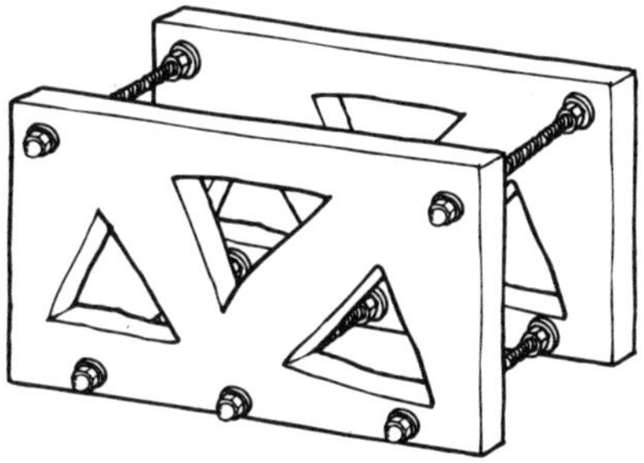

6 將長形螺絲穿入洞中，再用螺帽、螺母、墊圈固定。以本尺寸來說，長形螺絲長200毫米左右，電鑽頭大小為 ϕ6～8毫米。

盆栽吊架

裝飾在柱子或牆壁上的吊架。使用厚的木板，感覺比較豪華，前面可以雕刻一些花紋。可以配合手邊現有的花盆大小來製作。

完成圖

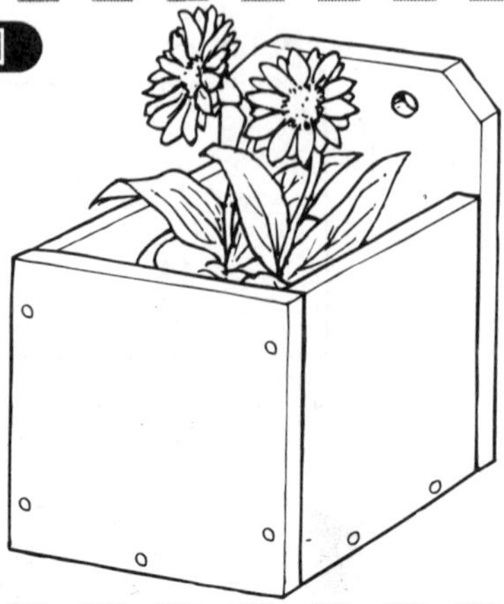

展開圖

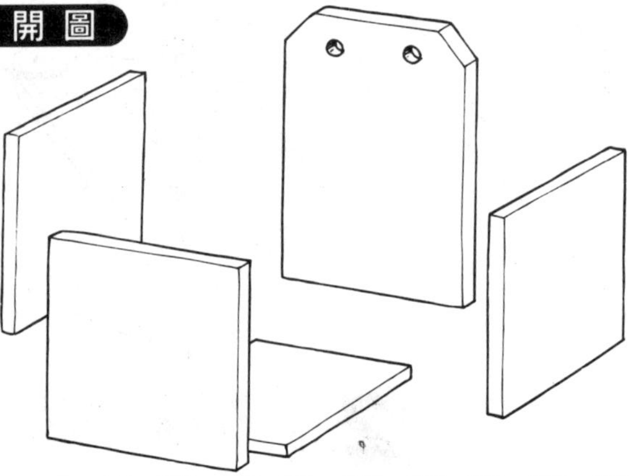

木材切割圖

600×450 木板厚12毫米

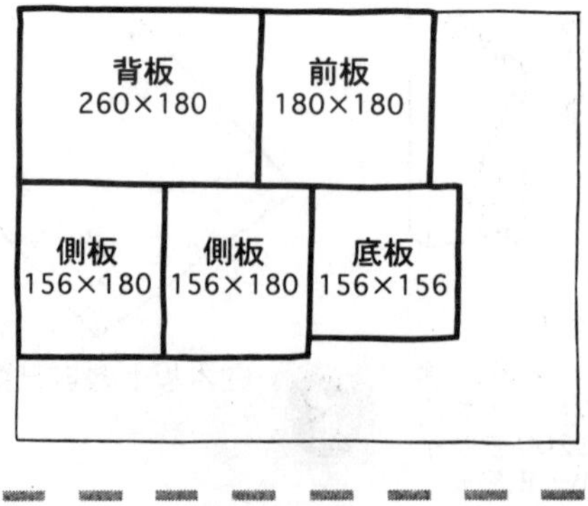

背板
260×180
前板
180×180
側板
156×180
側板
156×180
底板
156×156

●材料

木板（柳安膠合板、杉木等）、螺絲釘

●主要工具

鋸子、電鑽、砂紙、木工用接著劑

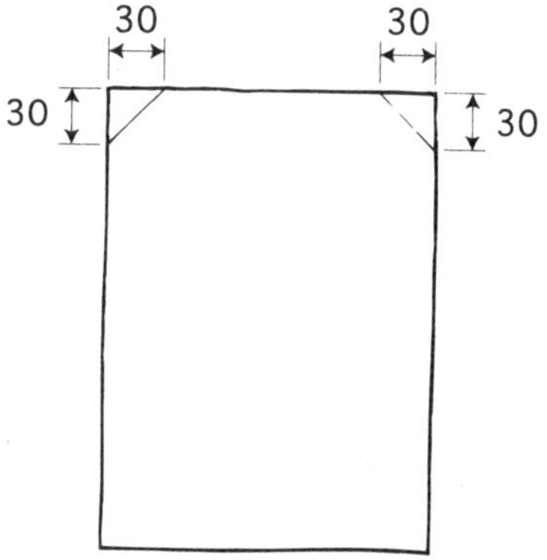

1 鋸下木板之後，如圖所示，背板的角畫線。

2 用鋸子鋸掉角。

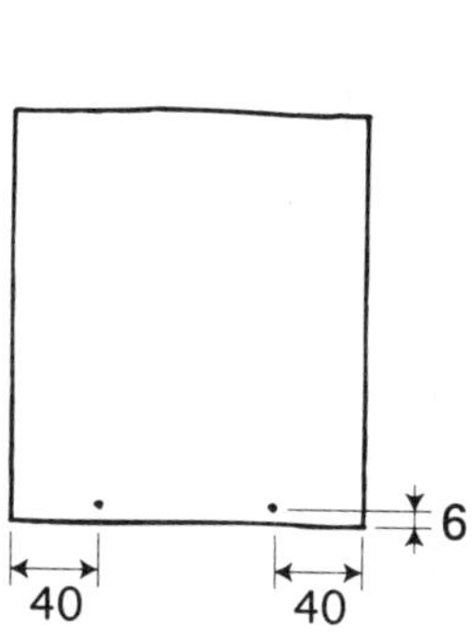

3 如圖所示，側板在釘螺絲釘的位置畫上記號。

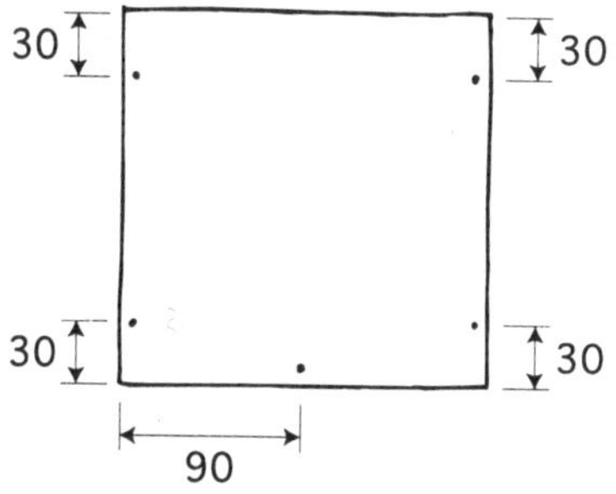

4 前板也要在如圖所示的位置畫上記號。

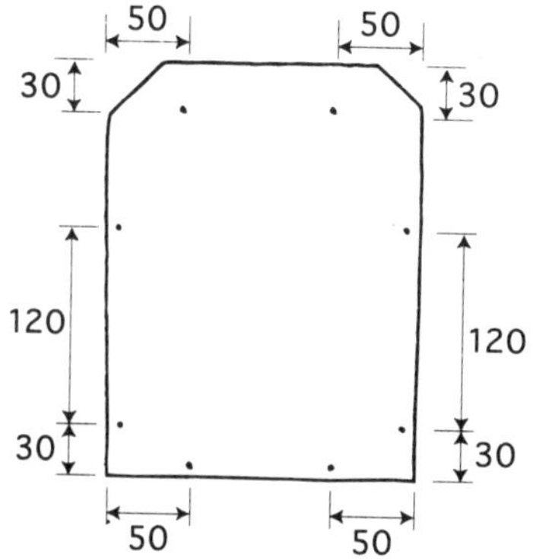

5 同樣的，背板也要畫記號。

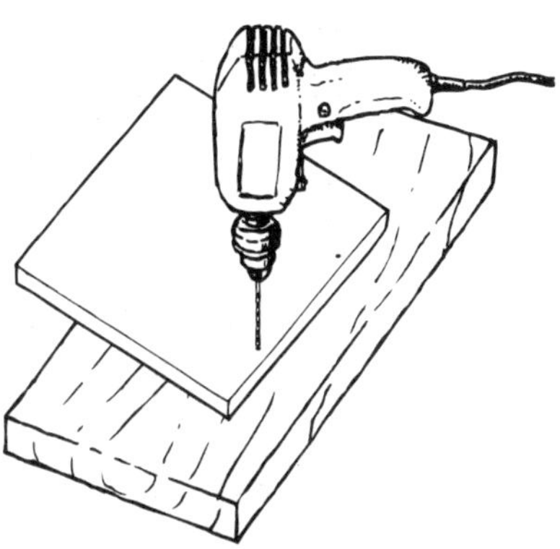

6 所有的記號都用電鑽頭 ϕ2毫米的電鑽鑽洞。

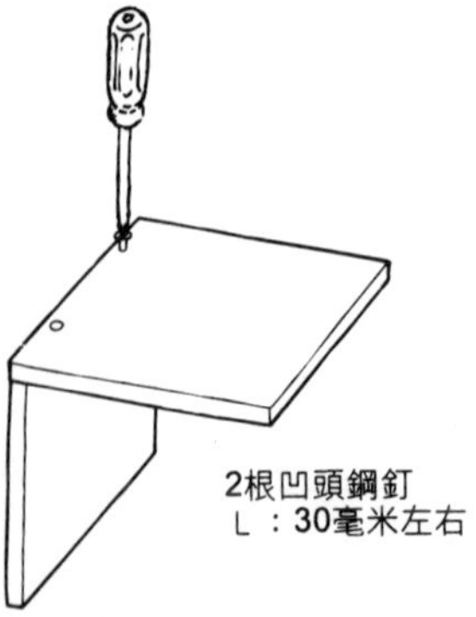
2根凹頭鋼釘
L：30毫米左右

7 將側板固定於底板。事先塗抹木工用接著劑再釘上螺絲釘會更堅固。

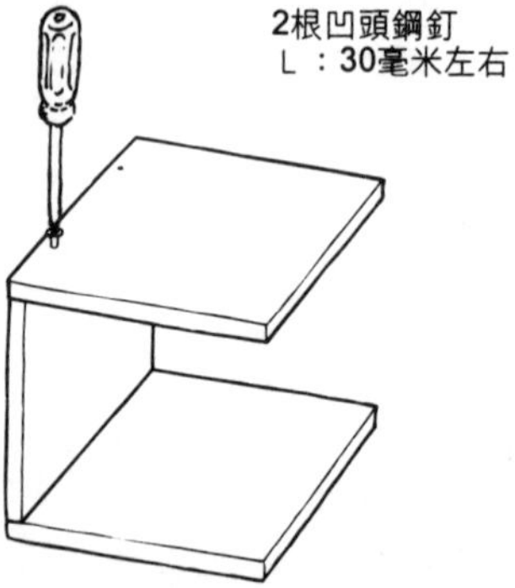
2根凹頭鋼釘
L：30毫米左右

8 相反側的側板也以同樣的方式固定。

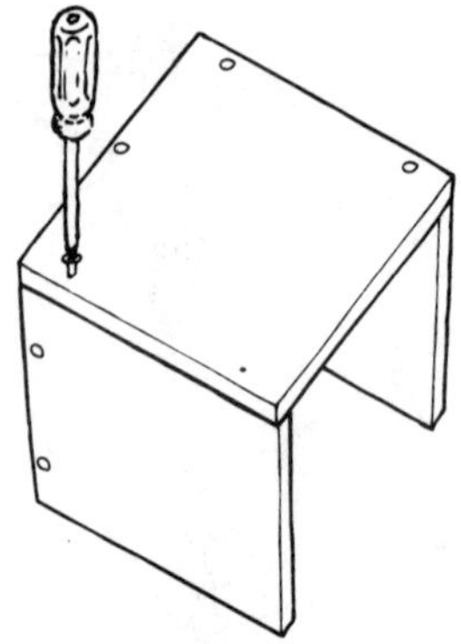

9 固定前板。

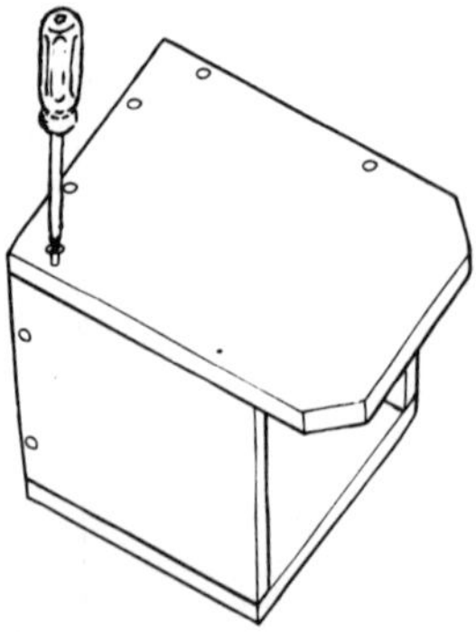

10 最後從背面固定背板。

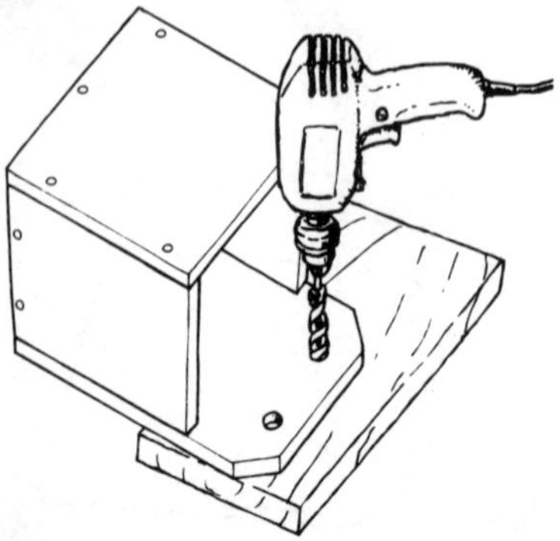

11 為了掛在牆壁上，可以先用電鑽頭 ϕ5～10毫米的電鑽鑽洞。

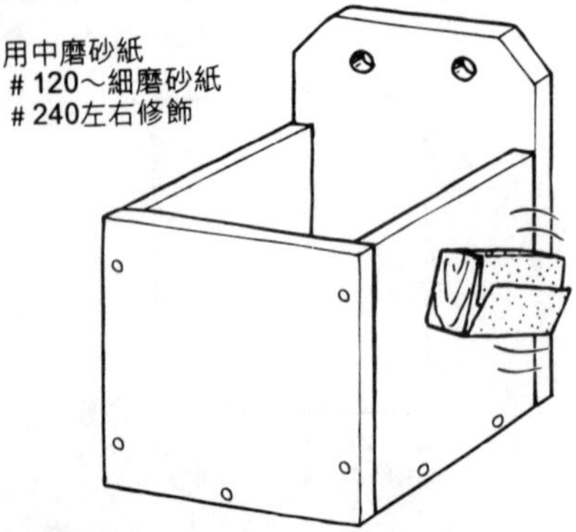
用中磨砂紙
＃120～細磨砂紙
＃240左右修飾

12 全部用砂紙略微打磨或塗抹耐水性的塗料。

完成圖

展開圖

盆栽架

裝飾室內的小盆栽。製作馬克杯形的盆栽架。把手的加工比較困難，其他的部分都很簡單，只要用木工用接著劑即可製作。也可以自行設計圖案。

木材切割圖

450×300　木板厚9毫米

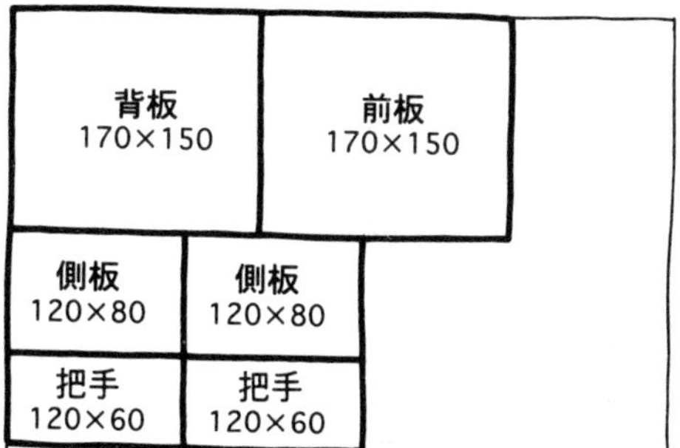
背板
170×150
前板
170×150
側板
120×80
側板
120×80
把手
120×60
把手
120×60

●材料

木板（杉木、雲杉等）

●主要工具

鋸子、線鋸、砂紙、木工用接著劑

1 鋸好木板之後，前板和背板的兩個下端使用盤子等畫出弧形。

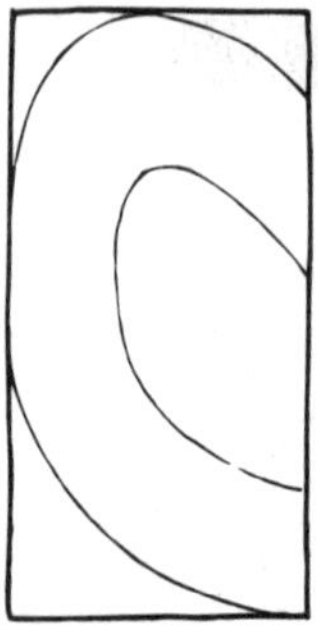

2 在把手用的木板上，畫出把手的圖形。

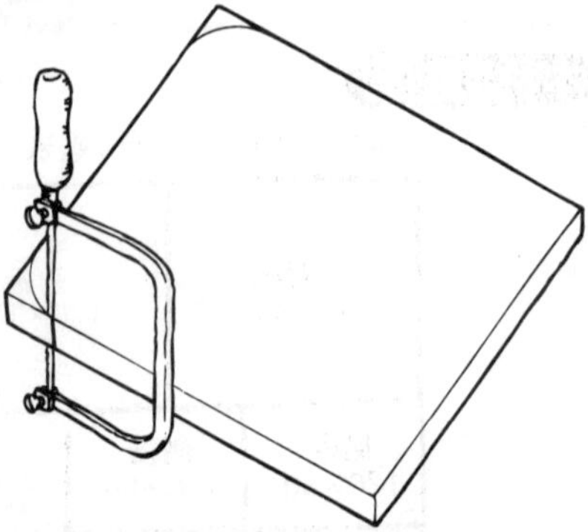

3 用線鋸鋸開前板、背板的弧形。

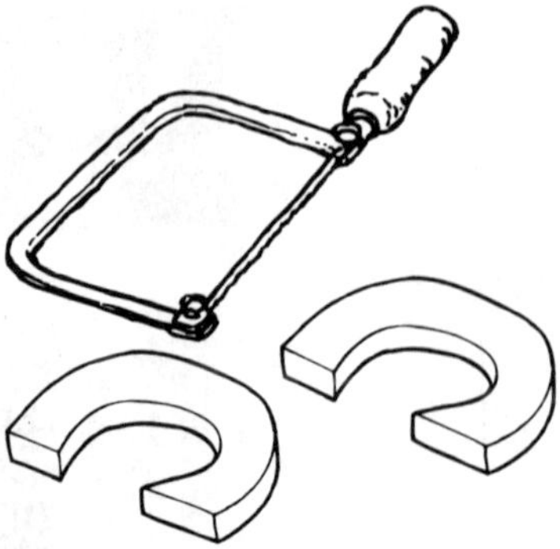

4 用線鋸鋸出把手的形狀。

5 想要在前板上雕刻圖案，則這個階段就要完成。若是要使用油漆，則等到最後才使用。

用中磨砂紙＃120～
細磨砂紙＃240左右修飾

6 前板、背板、把手都要用砂紙打磨。

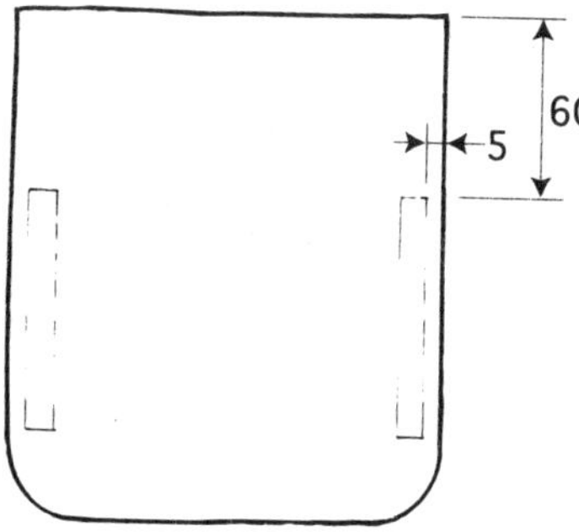

7 如圖所示，在前板和背板內側安裝側板的位置做上記號。

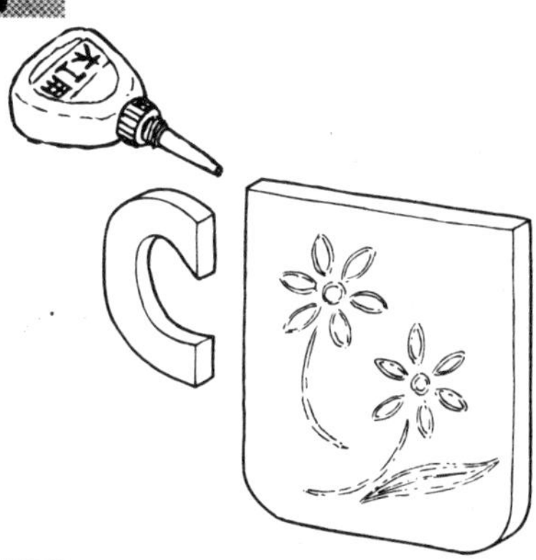

8 首先用木工用接著劑將二個把手安裝在前板和背板上。

9 如圖所示，最好用繩子等固定，擱置數小時使其完全黏合。

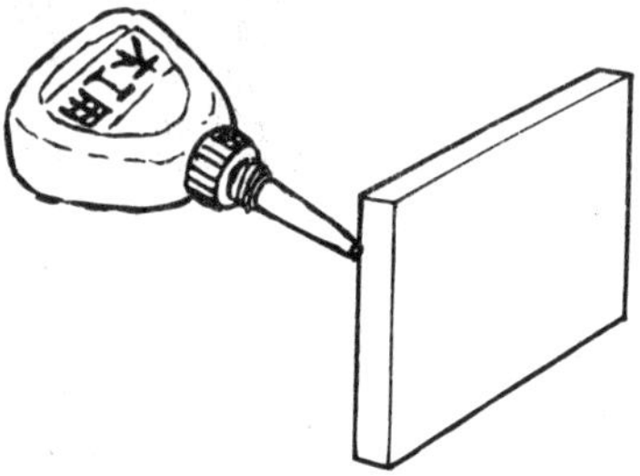

10 側板塗抹木工用接著劑，豎立在背板上。

11 在其上鋪上前板，用力壓緊。

12 用繩子固定，擱置數小時。

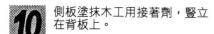

園藝工具箱

喜歡園藝，當然會增加一些工具。將工具放入這個箱子之後，只要攜帶這個箱子，作業就非常輕鬆了。可自行刷上油漆。

完成圖

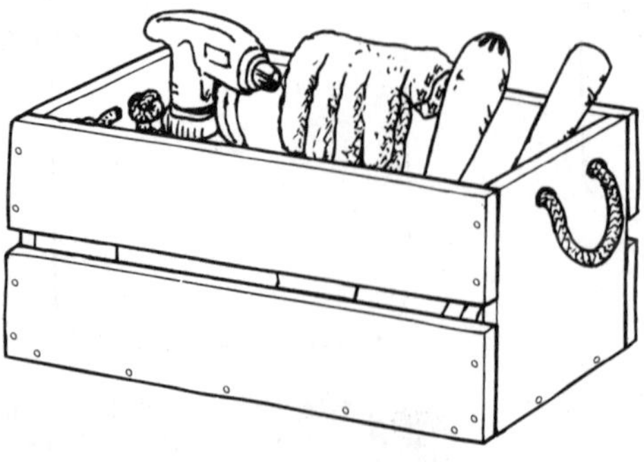

展開圖

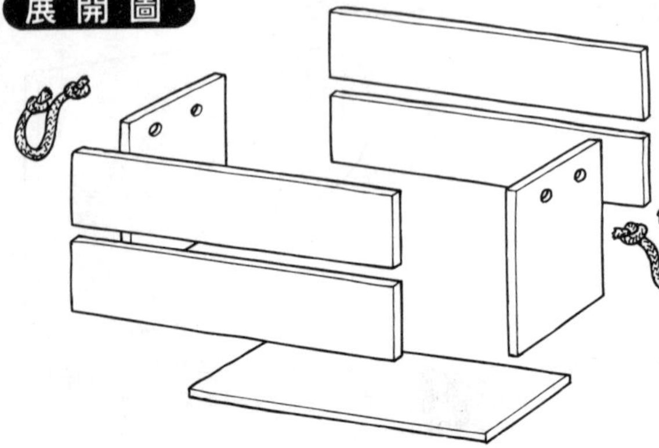

木材切割圖

900×450　木板厚15毫米

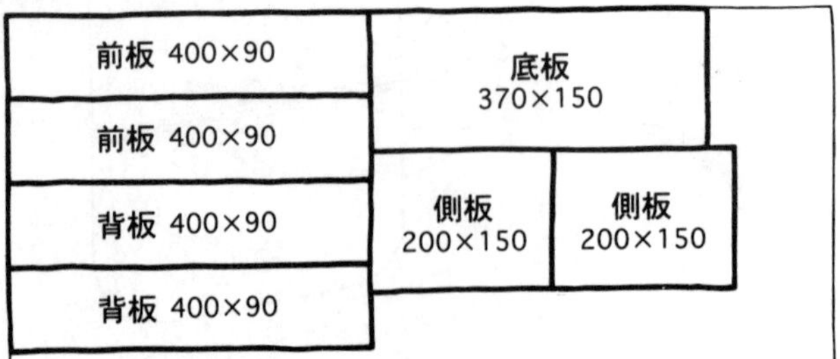

前板 400×90
前板 400×90
背板 400×90
背板 400×90
底板 370×150
側板 200×150
側板 200×150

●材料

木板（柳安膠合板、杉木等）、螺絲釘、繩子

●主要工具

鋸子、電鑽、木工用接著劑

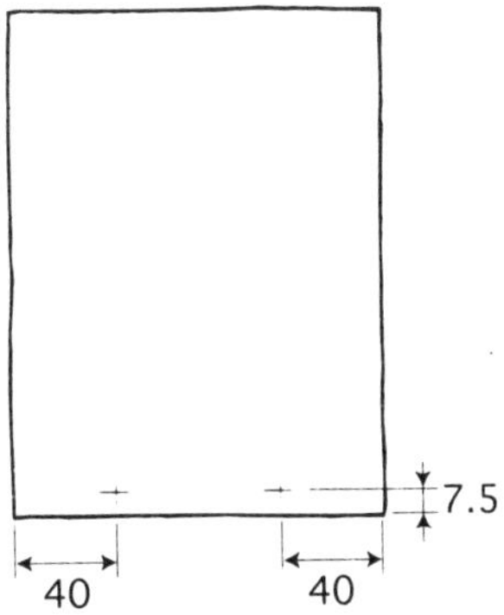

1 決定好側板的螺絲釘位置。由下往上算起7.5毫米處，從左右往內側算起40毫米處畫上記號。

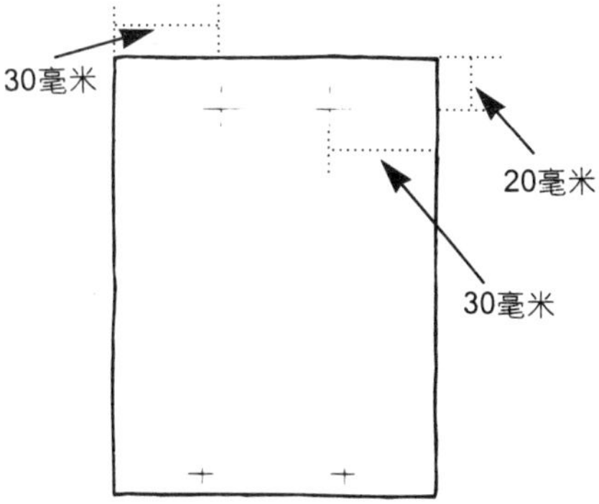

2 決定好上方穿過繩子的洞的適當位置。

3 安裝於上方的前板和背板要畫上螺絲釘位置的記號。從左右算起7.5毫米，上下朝內側15毫米處畫上記號。

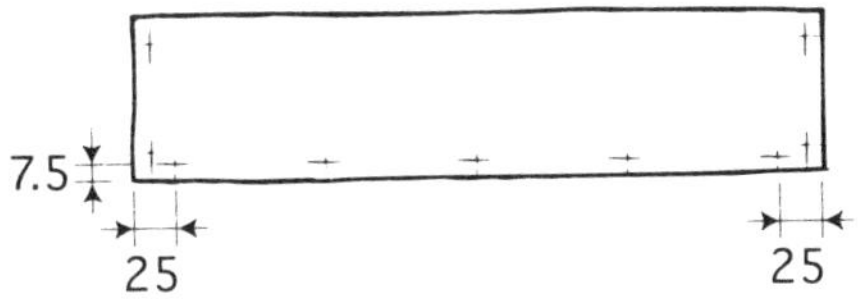

4 同樣的，安裝於下方的前板和背板也要畫上螺絲釘位置的記號。固定底板的螺絲釘位置在左右往內側25毫米處，總共要安裝三個。

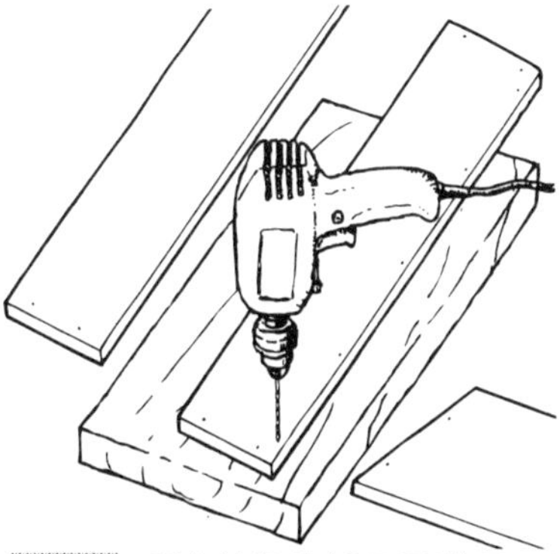

5 所有的記號都用電鑽頭 ϕ2毫米的電鑽鑽洞。

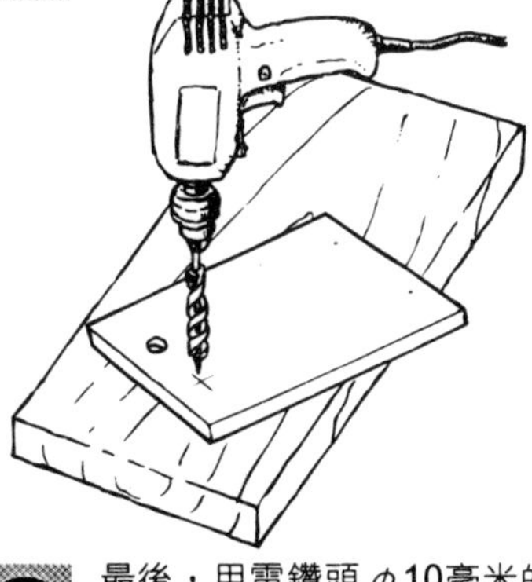

6 最後，用電鑽頭 ϕ10毫米的電鑽在側板上鑽繩子用的洞。

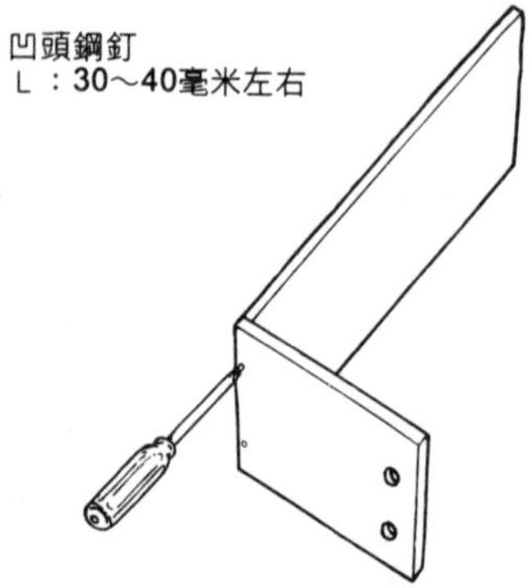
凹頭鋼釘
L：30～40毫米左右

7 首先將側板固定於底板上。最好併用木工用接著劑。

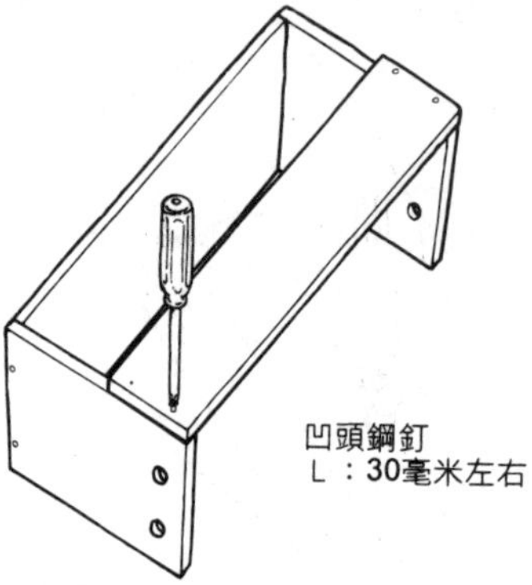
凹頭鋼釘
L：30毫米左右

8 前板固定於上部。

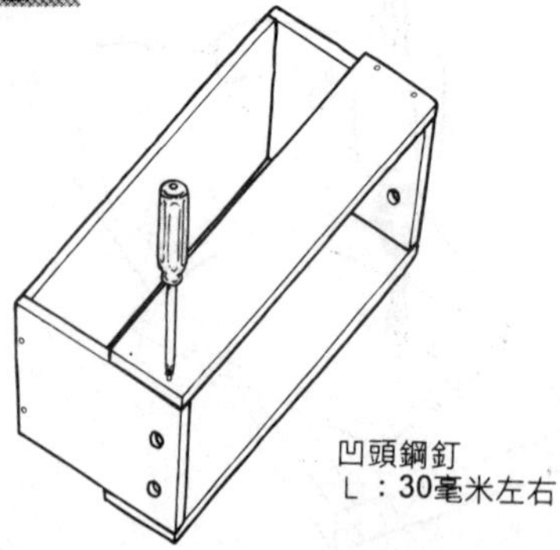
凹頭鋼釘
L：30毫米左右

9 翻面，固定上部的背板。

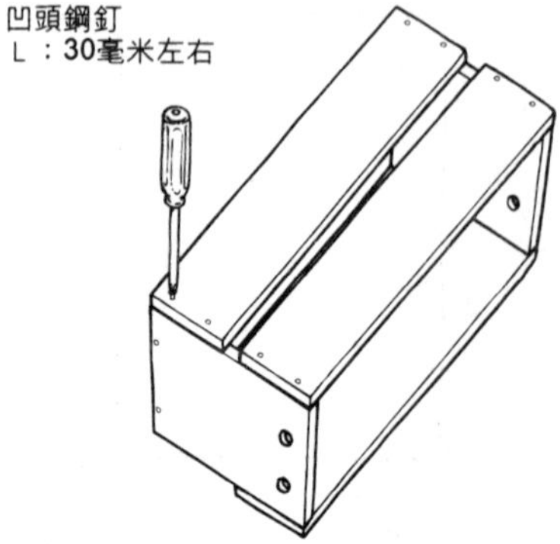
凹頭鋼釘
L：30毫米左右

10 在其下方固定下部的背板。

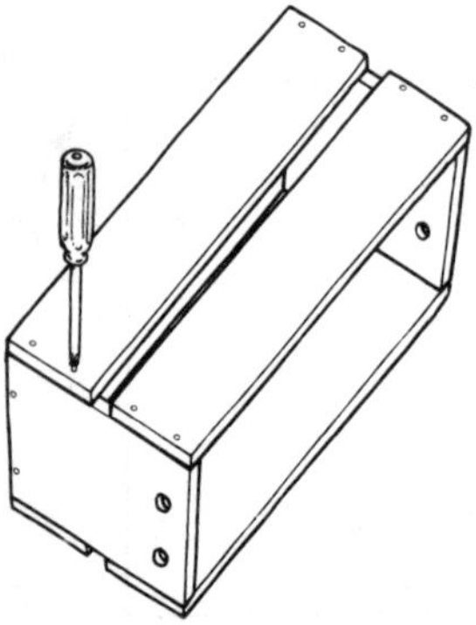

11 翻面，固定下部的前板。

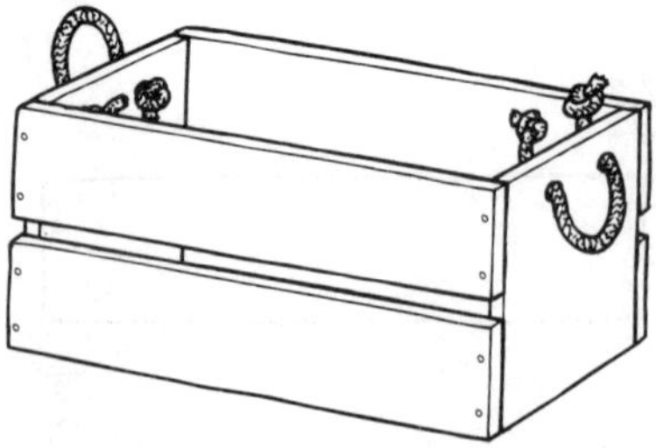

12 穿過繩子，兩側打結即可。

第5章

方便的家具

簡易小凳子

工作時真想有個小凳子可以坐坐。這時立刻就可以做出簡單的凳子。只要用半塊膠合板就夠了，費用非常便宜，坐起來很舒服。

●材料

木板（柳安膠合板、級木膠合板等）、螺絲釘

●主要工具

鋸子、電鑽、木工用接著劑、砂紙

完成圖

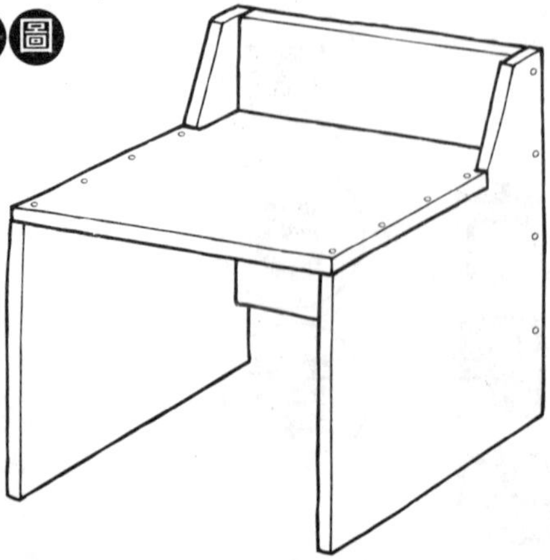

展開圖

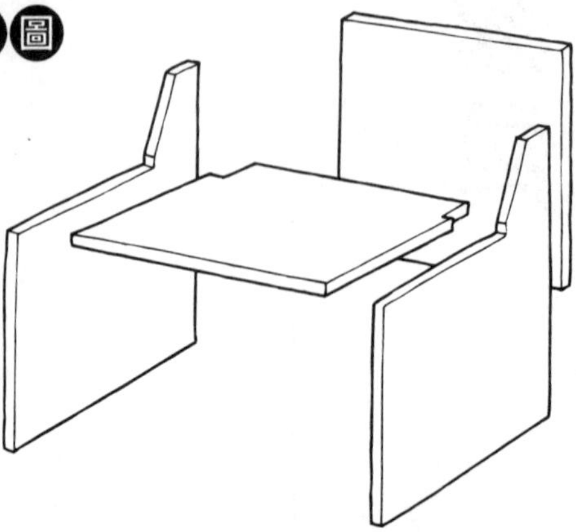

木材切割圖

910×910　木板厚18毫米

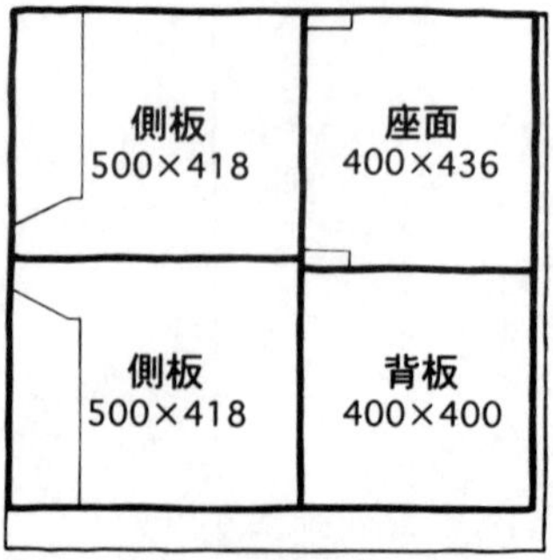

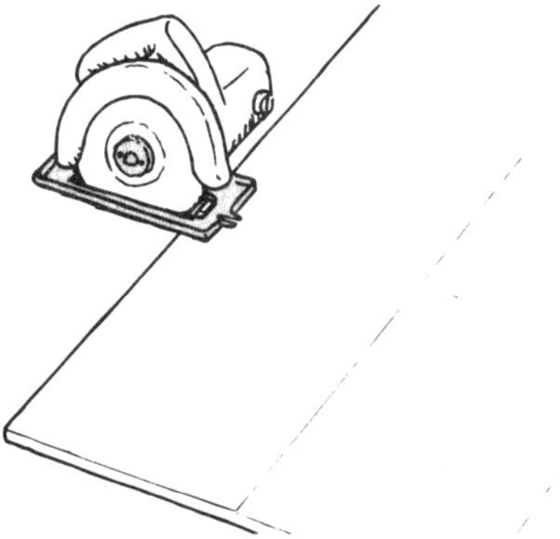

1 首先鋸木板，因為比較厚，最好使用圓鋸。

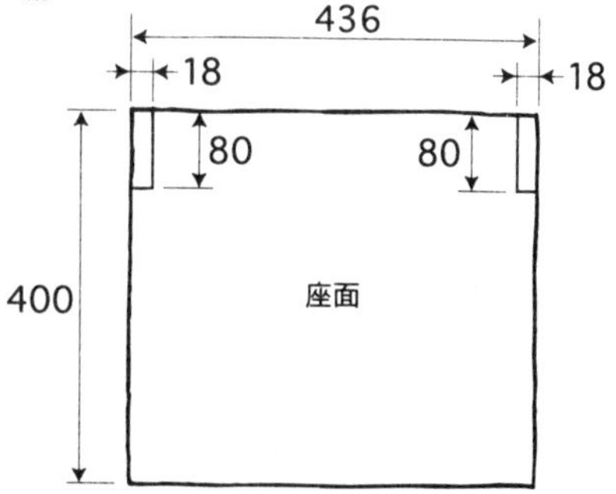

2 如圖所示，在400×436毫米的座面畫出截斷線。

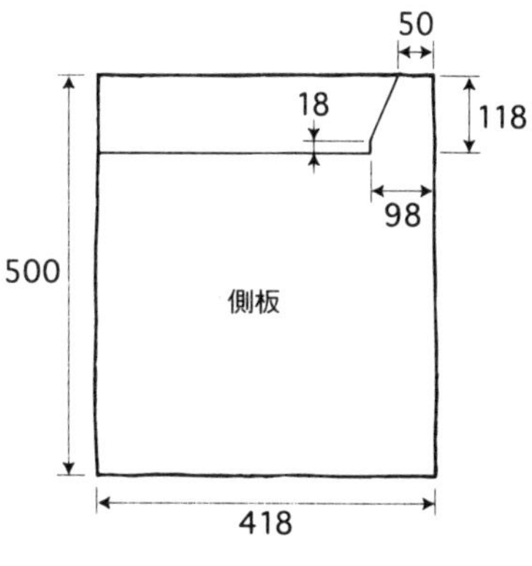

3 如圖所示，在500×418毫米的側板畫線。

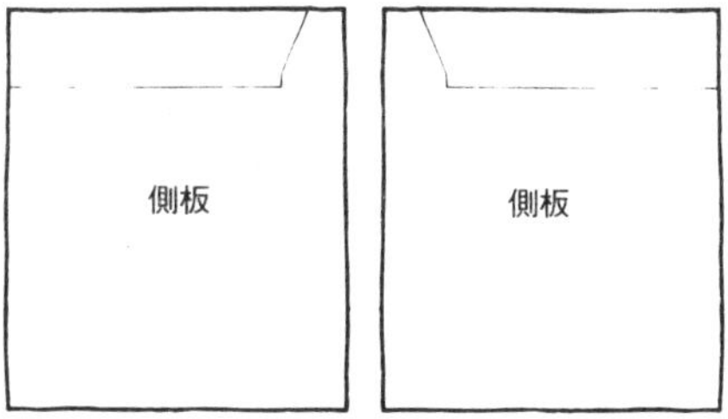

4 側板左右對稱。

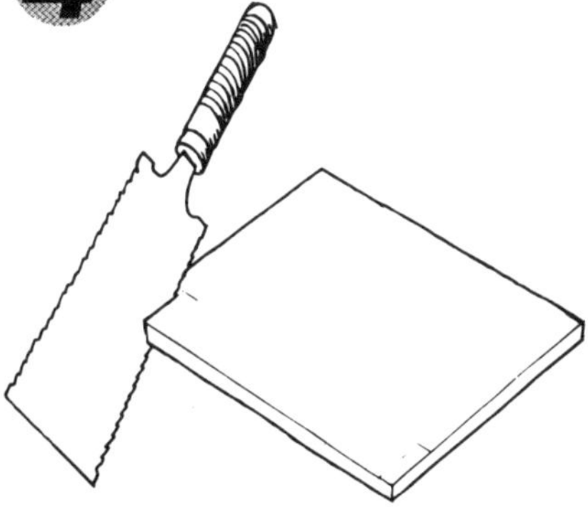

5 座面沿著線鋸開。

6 側板沿著線鋸開，鋸掉斜線部分。

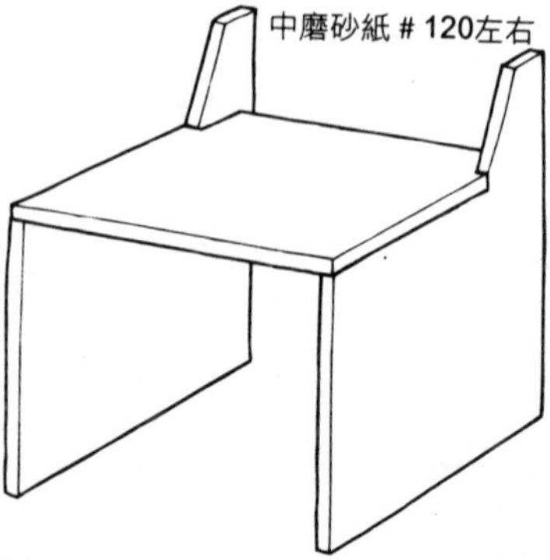
中磨砂紙＃120左右

7 先做一組試試看，如果無法順利接合，就必須用砂紙打磨修飾。

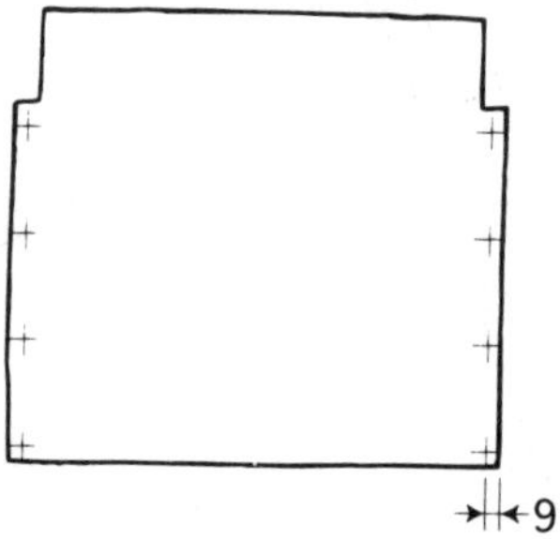
9

8 決定座面的螺絲釘位置，做上記號。從左右往內側算起的9毫米處做上記號。

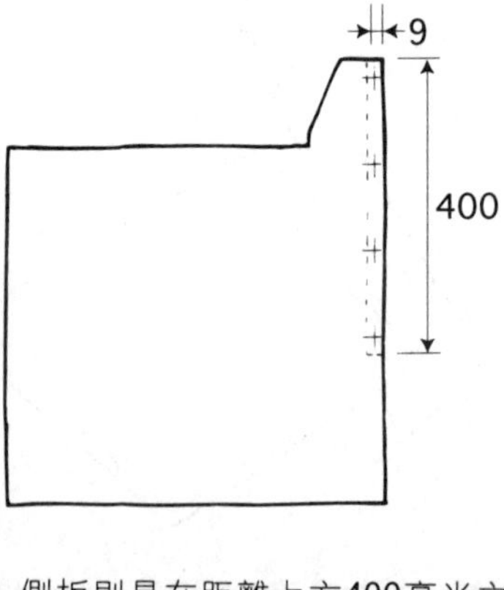
9
400

9 側板則是在距離上方400毫米之間有四處要釘螺絲釘。從背面往內側算起的9毫米處做上記號。

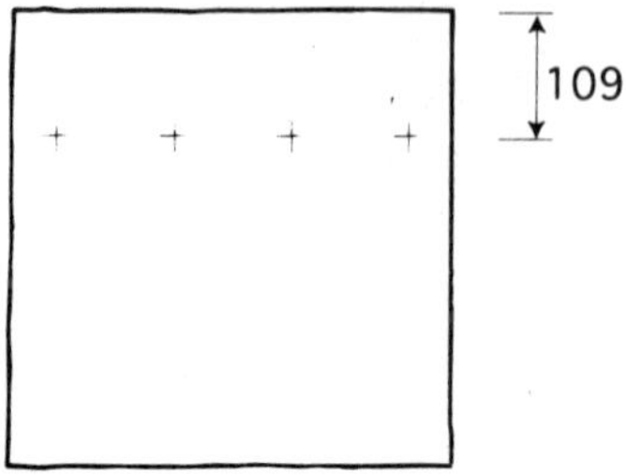
109

10 背板距離上方109毫米處做四個記號。

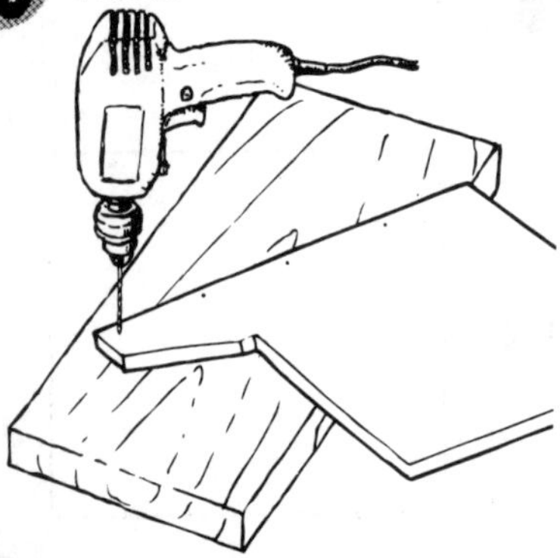

11 各木板的記號用電鑽頭 φ2毫米的電鑽鑽洞。

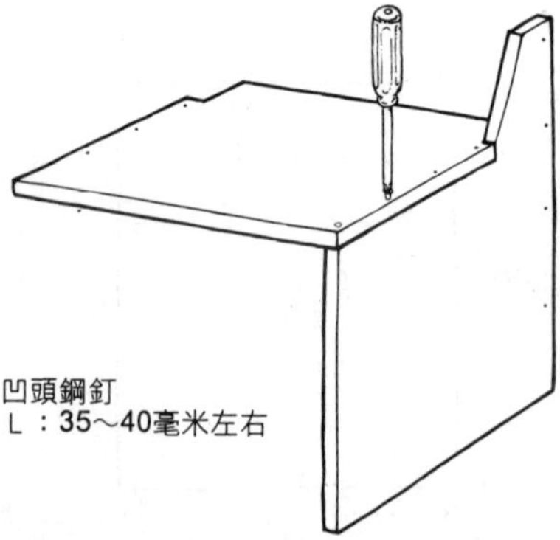
凹頭鋼釘
L：35～40毫米左右

12 組合起來，首先把座面安裝在側板上，塗抹木工用接著劑再安裝較為堅固。

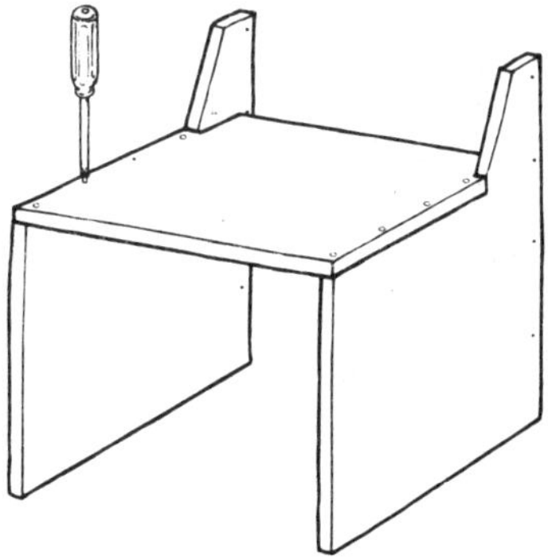

13 安裝相反側的側板。

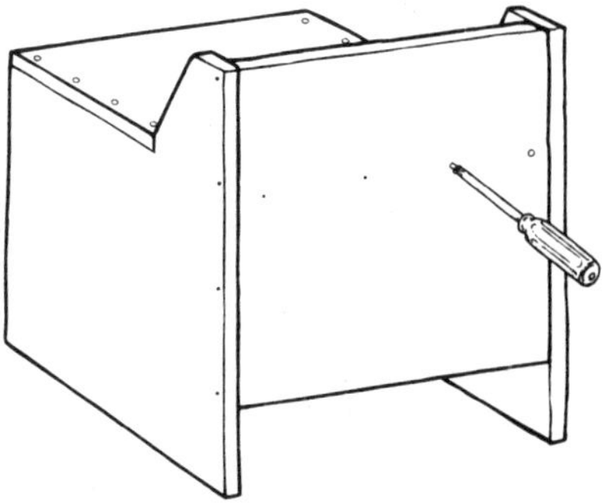

14 翻面，在側板之間嵌入背板，用螺絲釘固定。

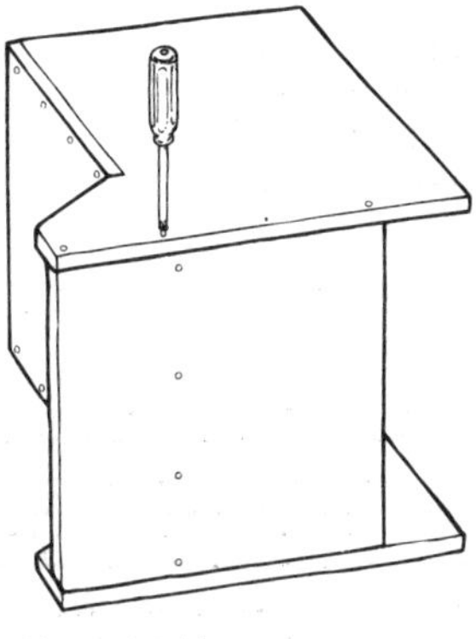

15 側板側也用螺絲釘固定。

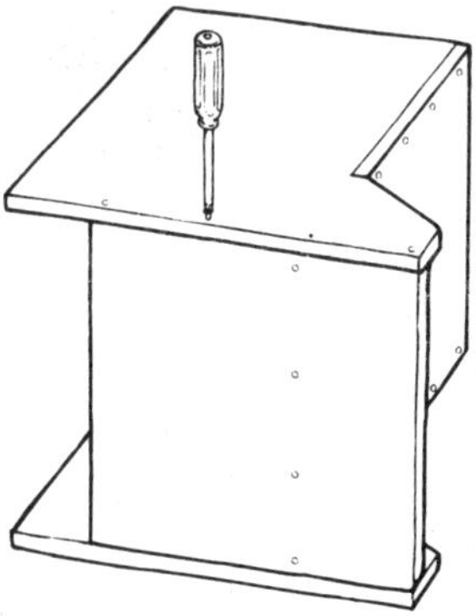

16 相反側的側板也要固定。

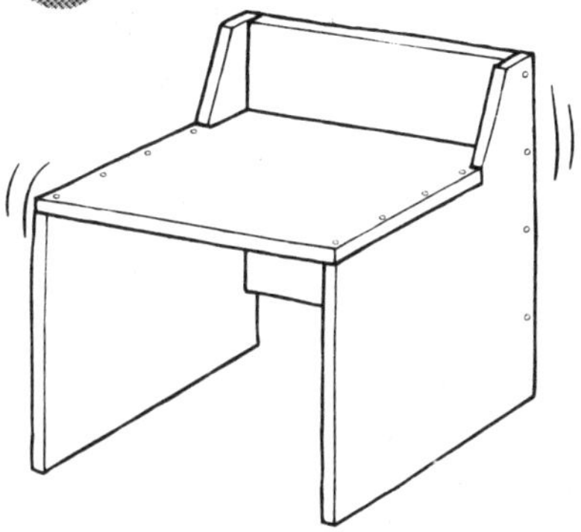

17 豎立起來，檢查是否會搖晃。

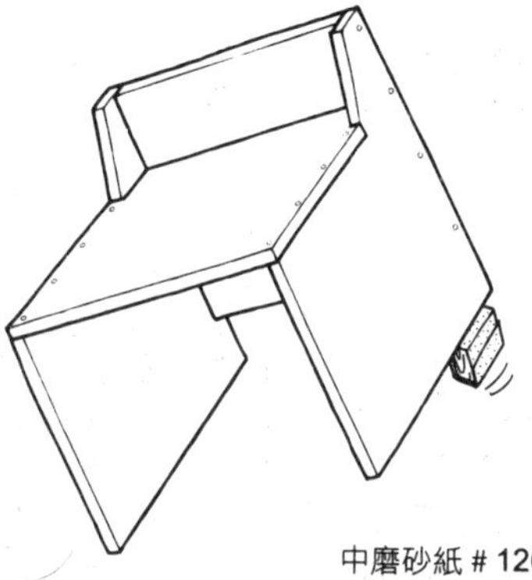

18 若是會搖晃，就要用砂紙打磨修飾。

涼椅

用木方材做成的小型涼椅。有了這樣的涼椅，夏天時手拿啤酒邊吃毛豆邊乘涼，的確非常棒。外行人在製作這種簡單的涼椅時，最好使用L字型的金屬零件。

完成圖

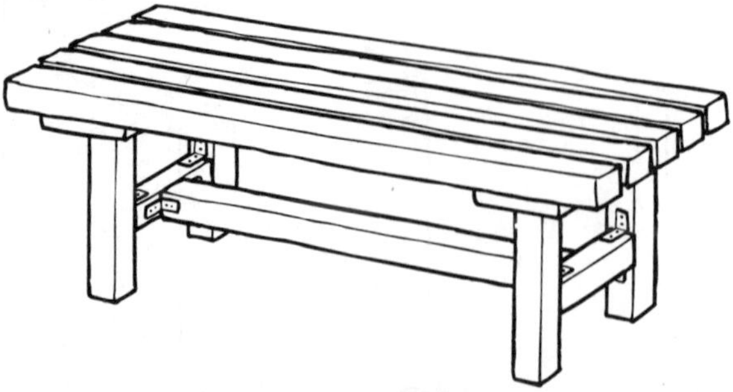

展開圖

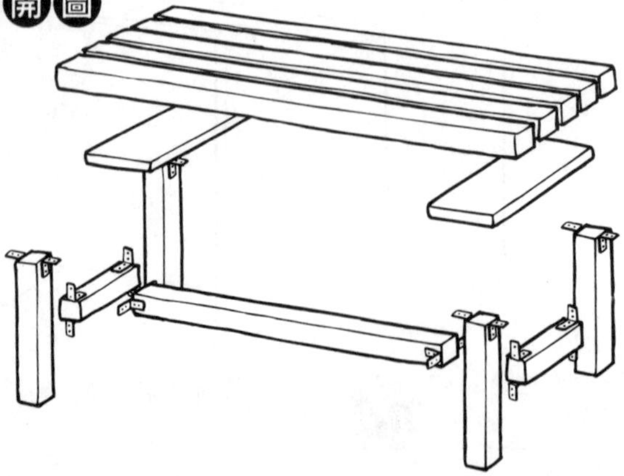

木材切割圖

600×300 木板厚20毫米

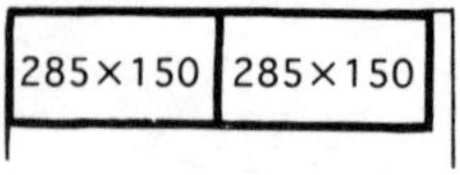
285×150
285×150

木方材　445×45毫米　長1820毫米×5根

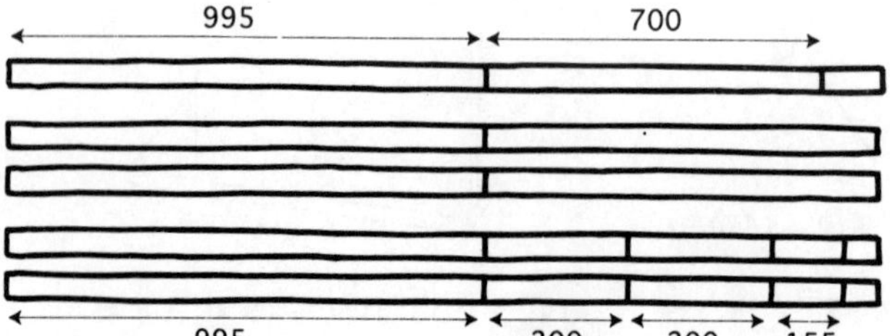
995
700
995
300
300
155

●材料

木板（杉木等）、木方材、螺絲釘、L字型金屬零件

●主要工具

鋸子、電鑽、木工用接著劑、砂紙

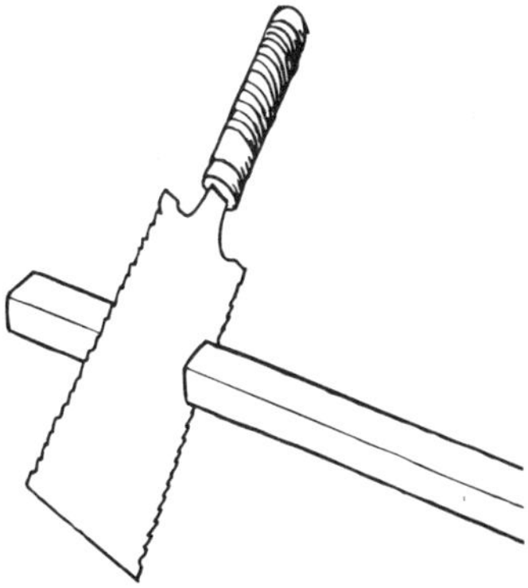

1 鋸木方材。腳的長度不正確就會搖晃。

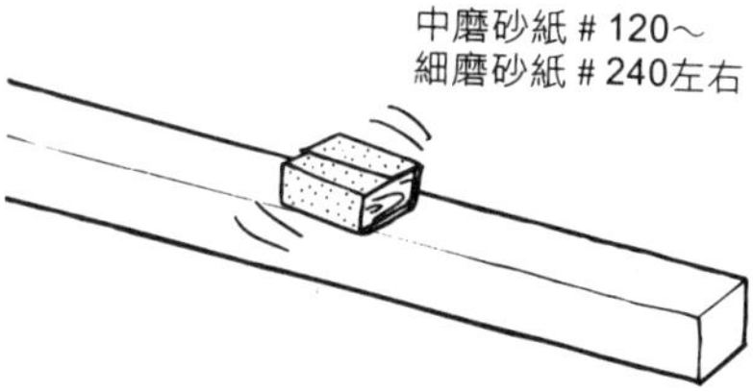

2 先用砂紙打磨座面用的995毫米木方材。

3 鋸木板。

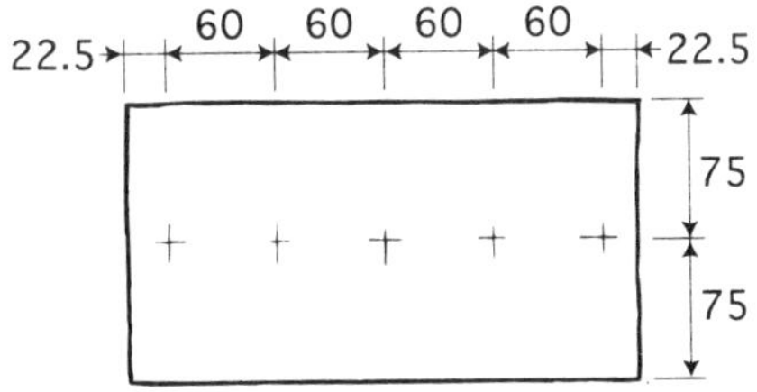

4 先製作座面。如圖所示，木板的中央做上將螺絲釘釘在木方材上的位置記號。

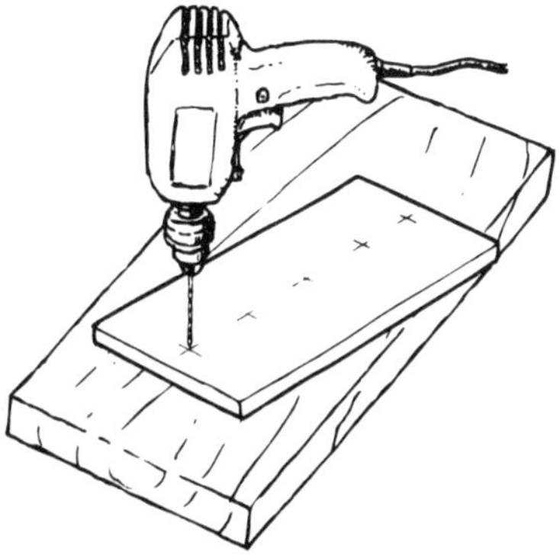

5 沿著記號，用電鑽頭 φ2～3毫米的電鑽鑽洞。

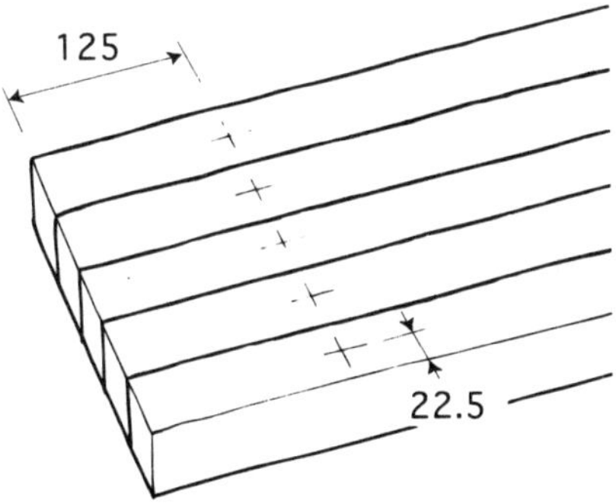

6 將木方材並排在一起，在兩端朝內側125毫米處畫上記號。

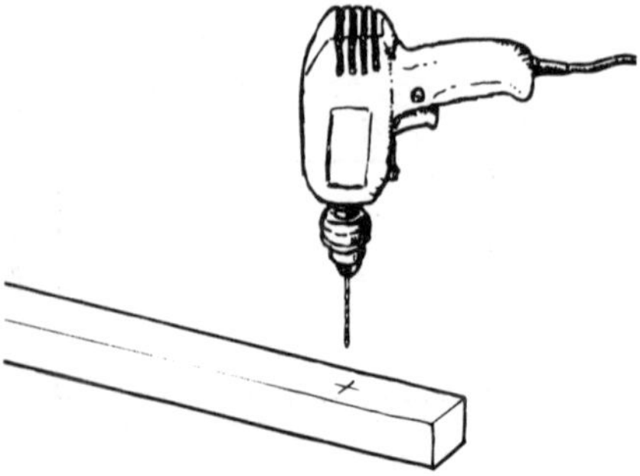

7 為了避免貫穿各木方材，要先用電鑽頭 ϕ2毫米的電鑽鑽洞。

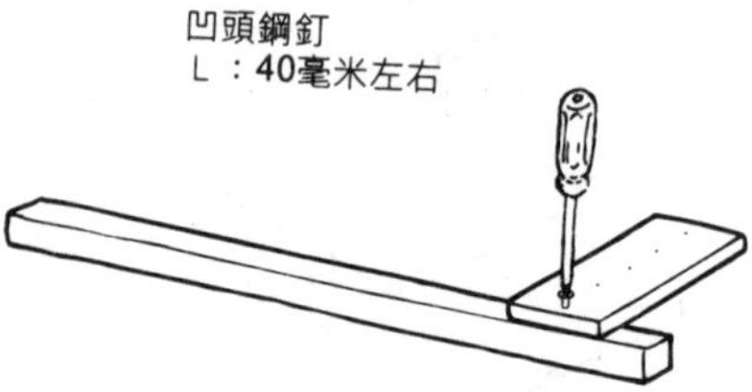

8 用釘子將木板釘在最旁邊的木方材上。最好併用木工用接著劑。

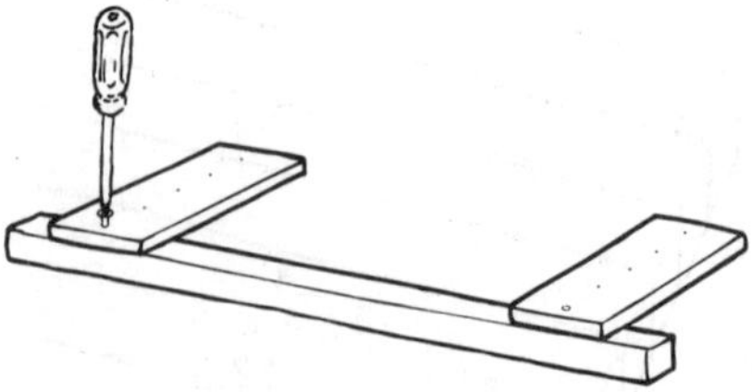

9 相反側也要釘上木板。

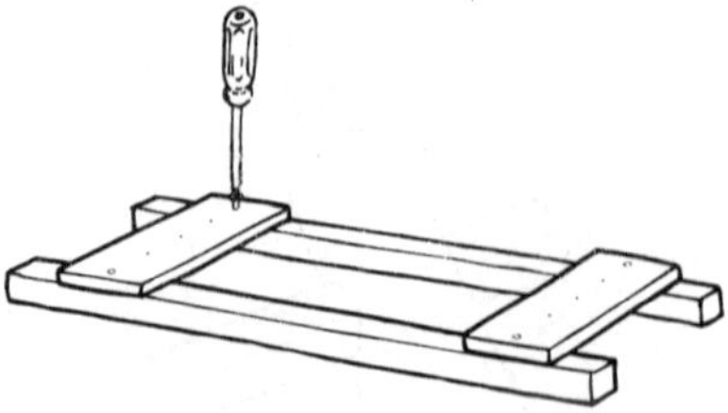

10 另一端以同樣的方式固定木方材。

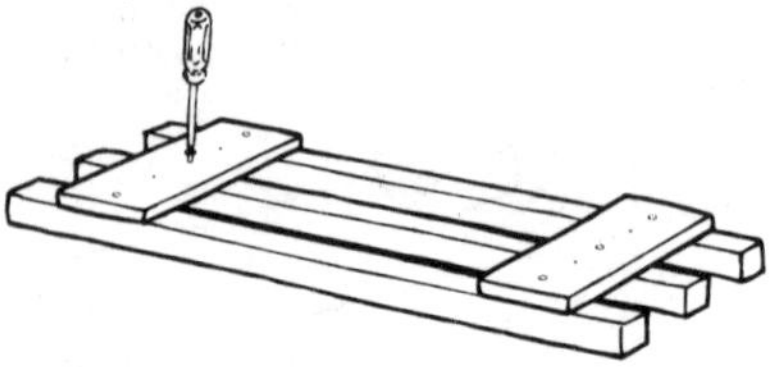

11 固定正中央的木方材。

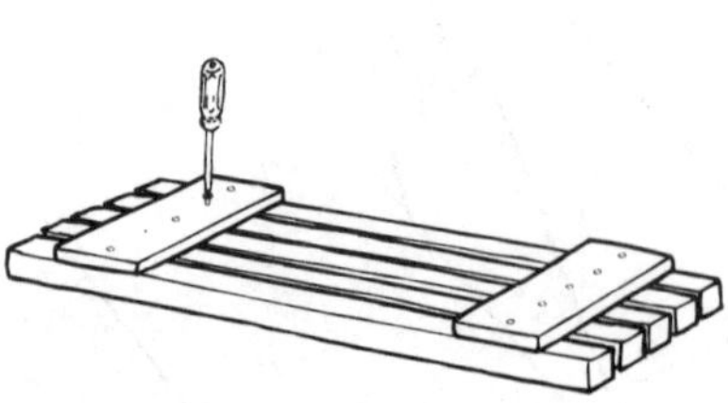

12 木方材與木方材之間插入剩下的二個木方材，用釘子固定。木方材的間隔約15毫米。

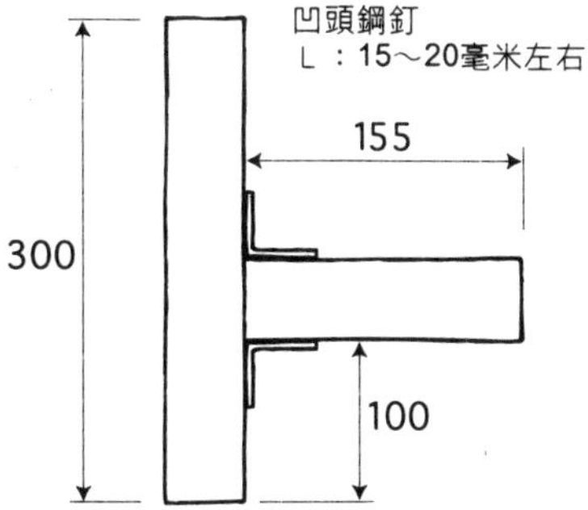
凹頭鋼釘
L ：15～20毫米左右
155
300
100

13 接著製作涼椅腳。用 L 字型金屬零件將155毫米的木方材安裝在300毫米木方材內側100毫米處。要使用20個 L 字型金屬零件。

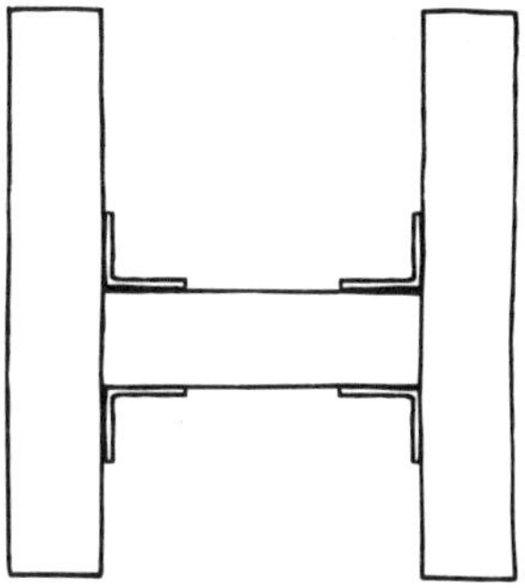

14 相反側也要安裝300毫米的木方材，變成H型。

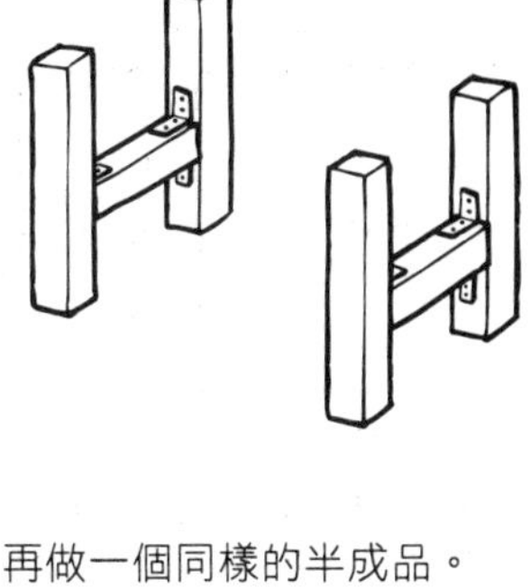

15 再做一個同樣的半成品。

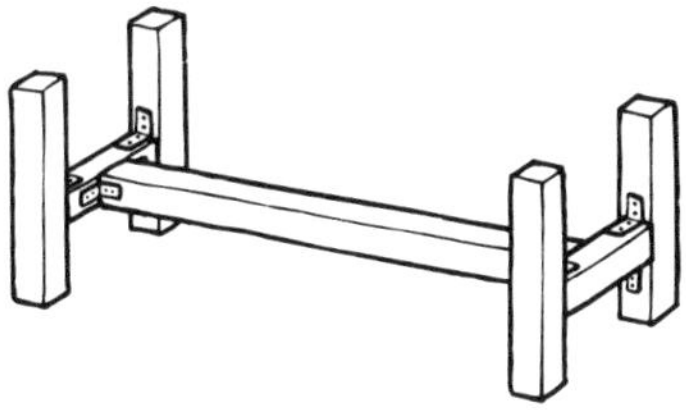

16 二個 H 型之間安裝700毫米的木方材。

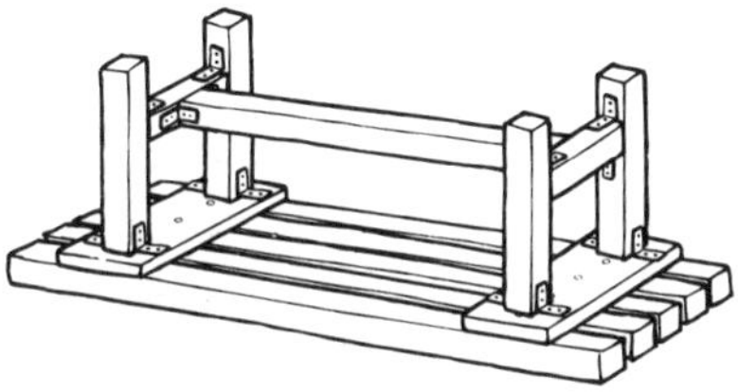

17 座面內側擺上椅腳，用L字型金屬零件固定。

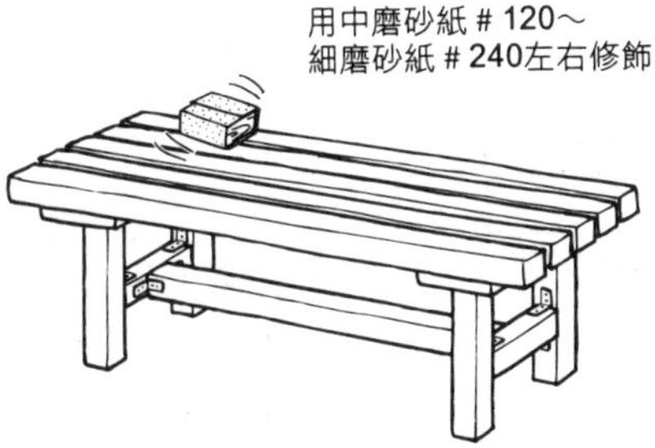
用中磨砂紙＃120～
細磨砂紙＃240左右修飾

18 看看成品是否會搖動，若會搖動，就要用砂紙等修飾，也可以塗抹耐水性的塗料。

咖啡桌

書房裡有這樣的小桌子，則下午茶時間就會非常愜意。只要用二十毫米的木板和木方材，就可以做成這種簡單、時髦的桌子。

完成圖

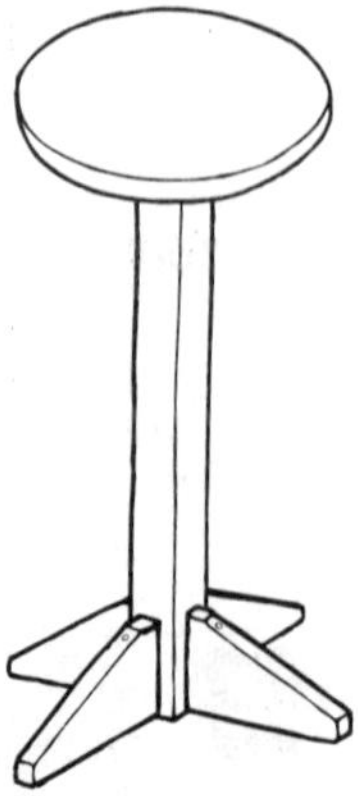

展開圖

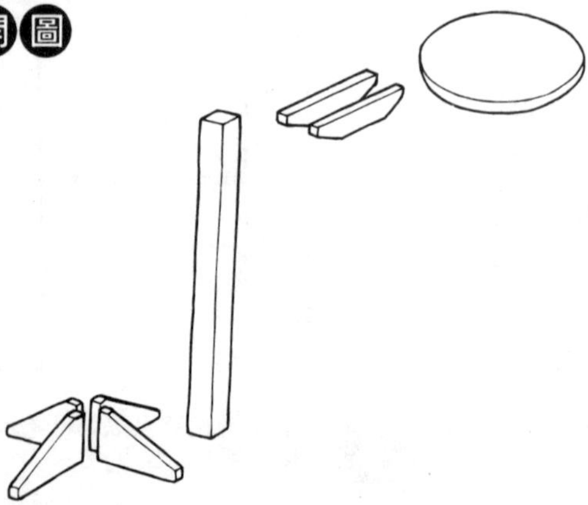

木材切割圖

910×300　木板厚20毫米

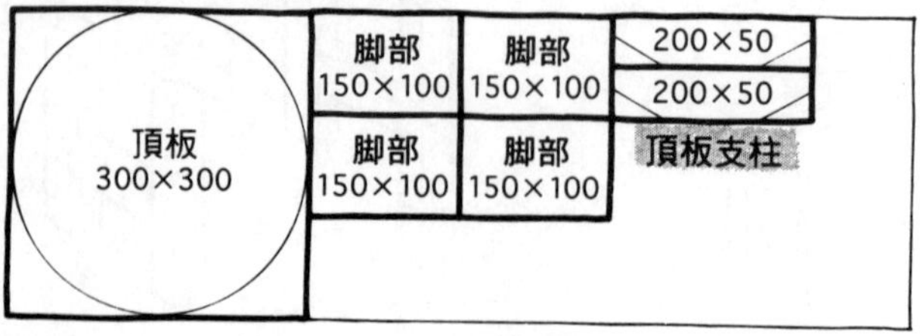
頂板
300×300
脚部
150×100
脚部
150×100
200×50
200×50
脚部
150×100
脚部
150×100
頂板支柱

木方材　45×45毫米　長600毫米　×1根

●材料

木板（杉木、雲杉等）、木方材、螺絲釘

●主要工具

鋸子、線鋸、電鑽、木工用接著劑

1 鋸木板。要預留鋸子的寬度2毫米。

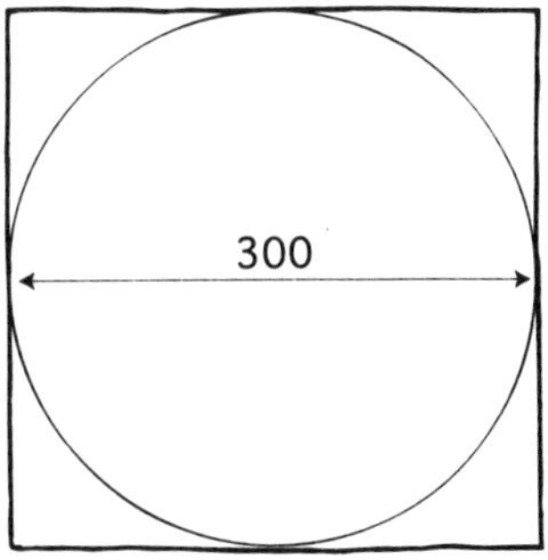

2 在300×300毫米的木板上畫出直徑300毫米的圓。

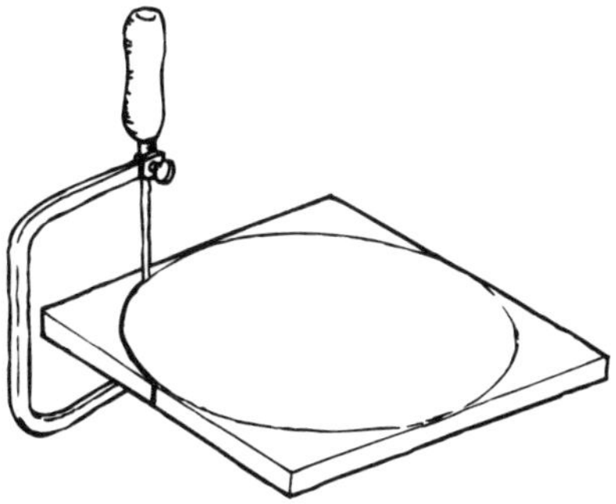

3 用線鋸鋸圓。如果沒有線鋸，就用鋸子慢慢鋸。

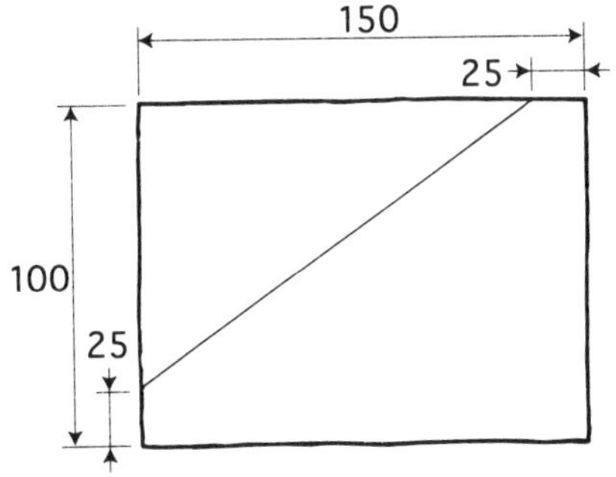

4 在150×100毫米的木板上畫出如圖所示的線。

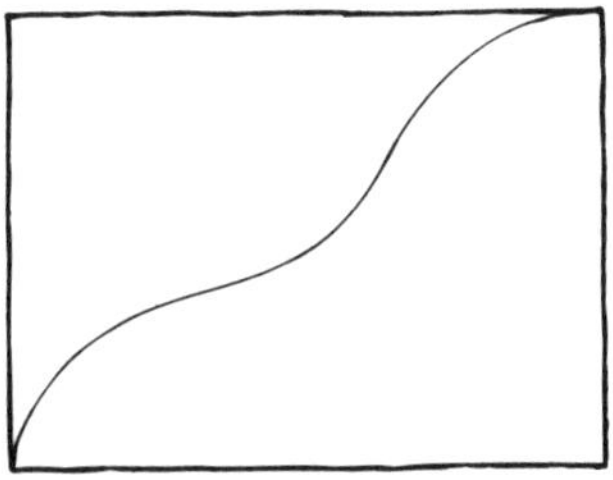

5 如果有線鋸，則畫出這樣的曲線更漂亮。

6 沿著線來鋸木板。

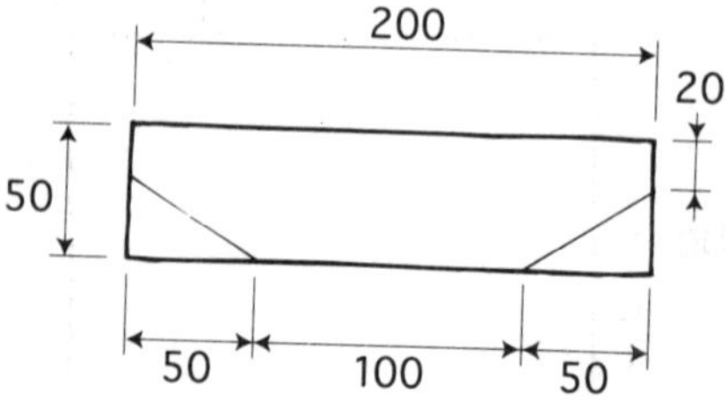
200
20
50
50
100
50

7 在200×50毫米的木板上畫出如圖所示的線。

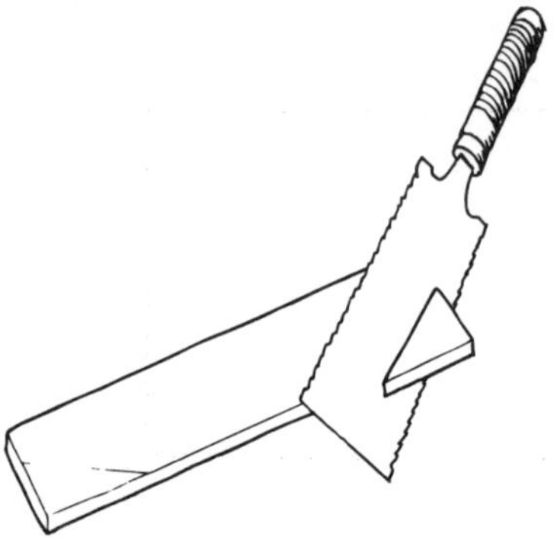

8 沿著線來鋸木板。

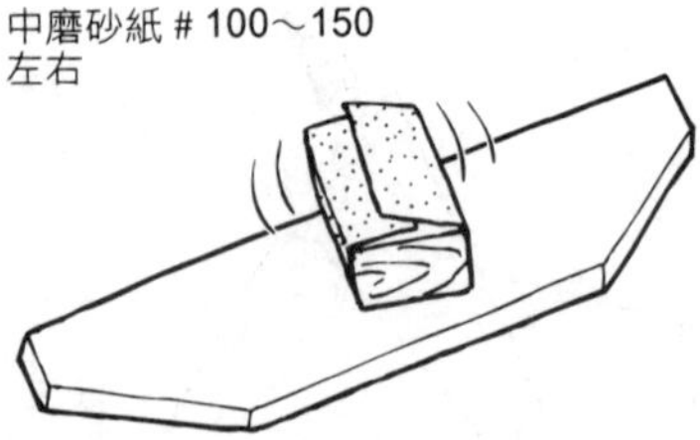
中磨砂紙 # 100～150
左右

9 所有的木板都要用砂紙打磨。

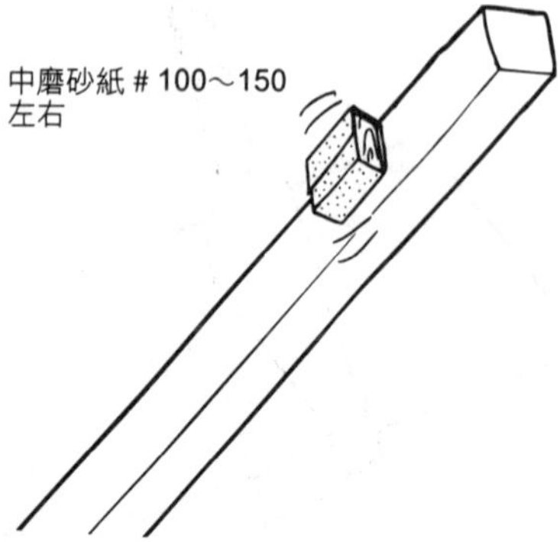
中磨砂紙 # 100～150
左右

10 木方材也要用砂紙事先打磨。

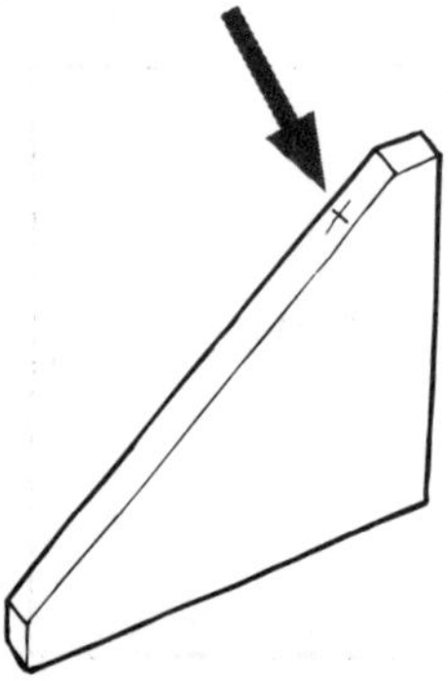

11 當成桌腳的木板畫上螺絲釘位置的記號。

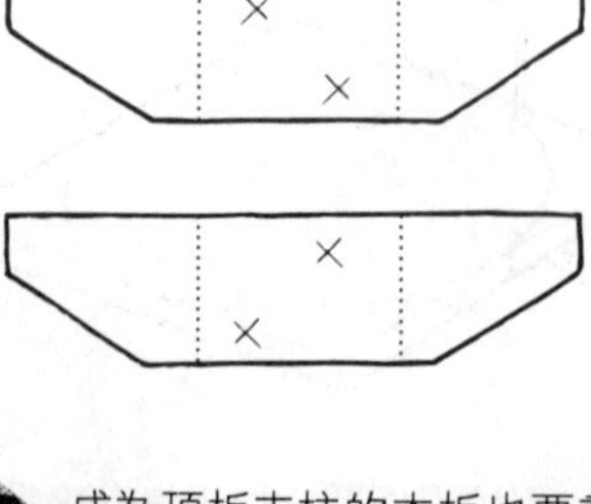

12 成為頂板支柱的木板也要畫上固定在木方材上的螺絲釘位置的記號。

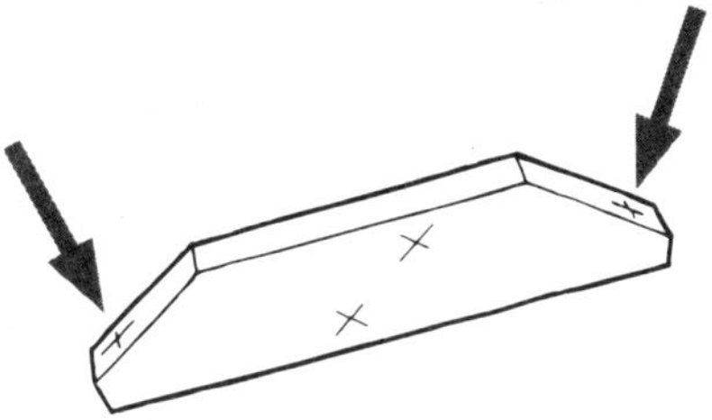

13 別忘了固定在頂板上的螺絲釘位置的記號。

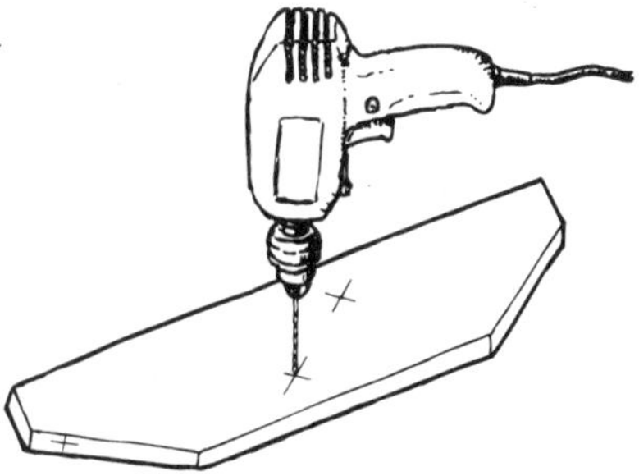

14 所有的記號都要用電鑽頭 ϕ3毫米的電鑽鑽洞。

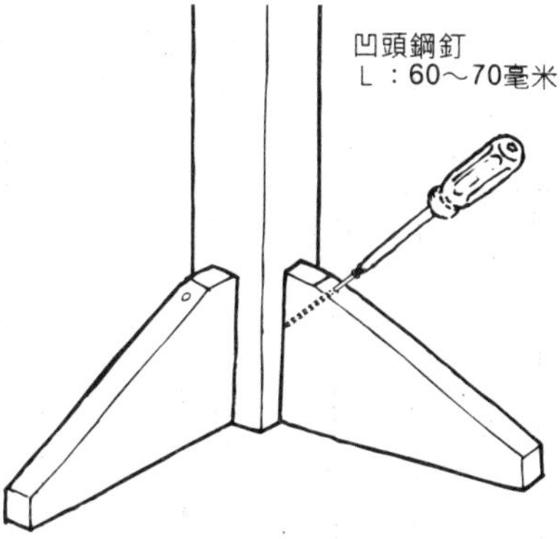

15 先以木工用接著劑黏貼，再用較長的螺絲釘斜向固定。若是不夠堅固，就用二根螺絲釘。

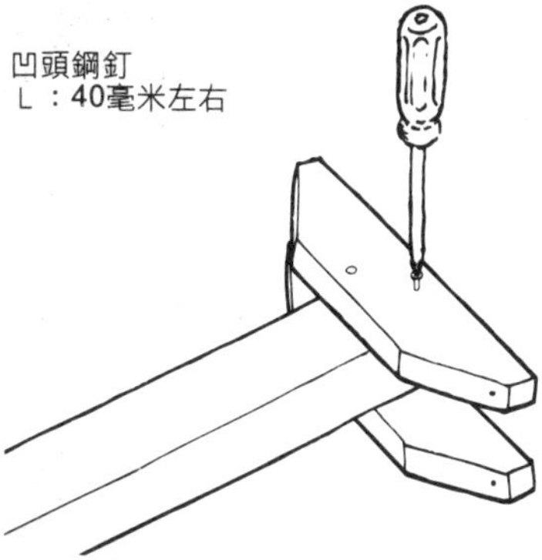

16 頂板的支柱固定在木方材上。

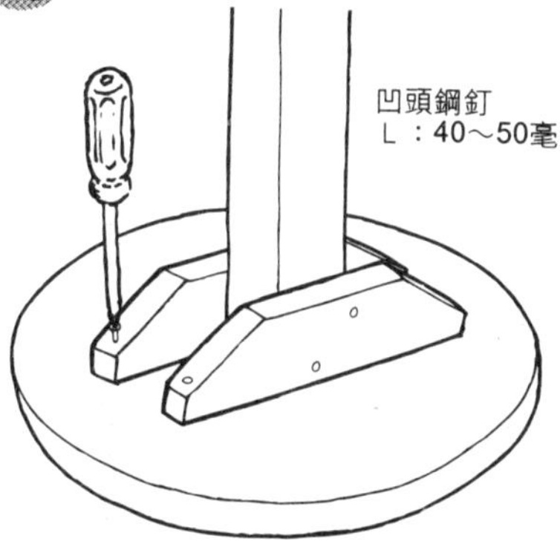
L：40～50毫米左右

17 將桌腳固定在頂板內側。

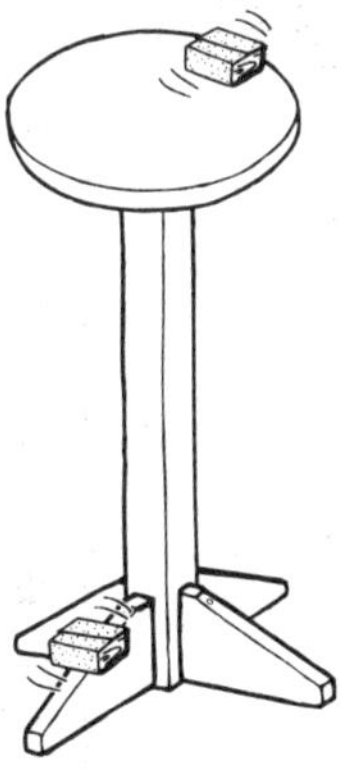
用中磨砂紙 # 150～細磨砂紙 # 240左右修飾

18 直立起來看看是否會搖動，如果會搖動，就要用砂紙打磨調整。

置物櫃

玩具或衣物等日用品不斷的增加。做個華麗的櫃子收拾這些東西。變換尺寸或改變門的數目，則利用的範圍更為廣泛。

完成圖

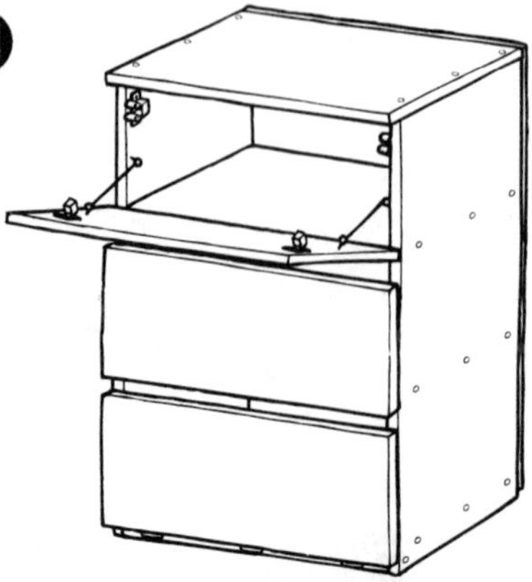

展開圖

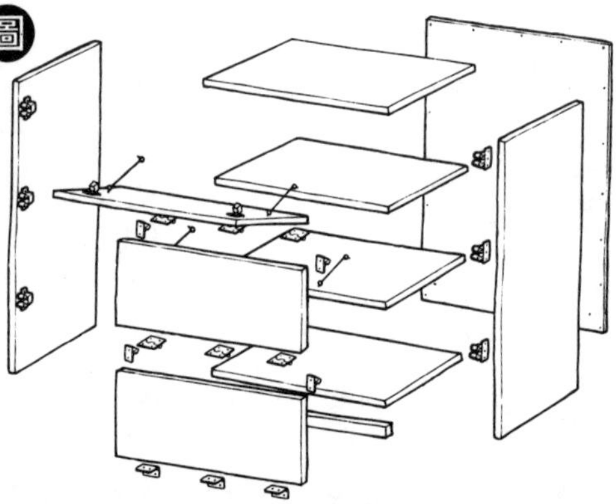

木材切割圖

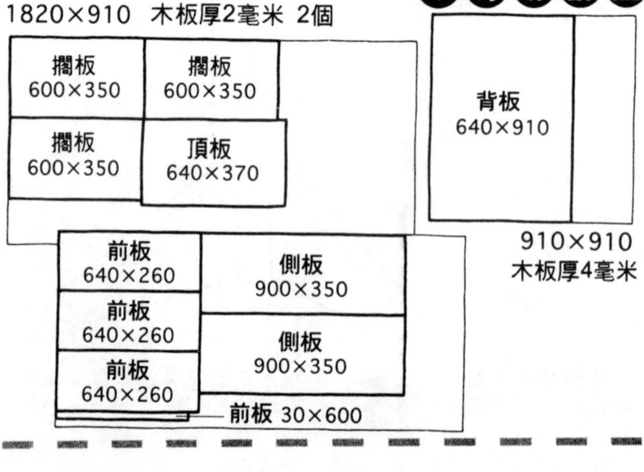

1820×910 木板厚2毫米 2個
擱板 600×350
擱板 600×350
擱板 600×350
頂板 640×370
前板 640×260
前板 640×260
前板 640×260
側板 900×350
側板 900×350
前板 30×600
背板 640×910
910×910
木板厚4毫米

●材料

木板（雲杉、松木等）、膠合板、螺絲釘、鉸鏈、滾輪固定夾、螺絲眼

●主要工具

鋸子、電鑽、砂紙

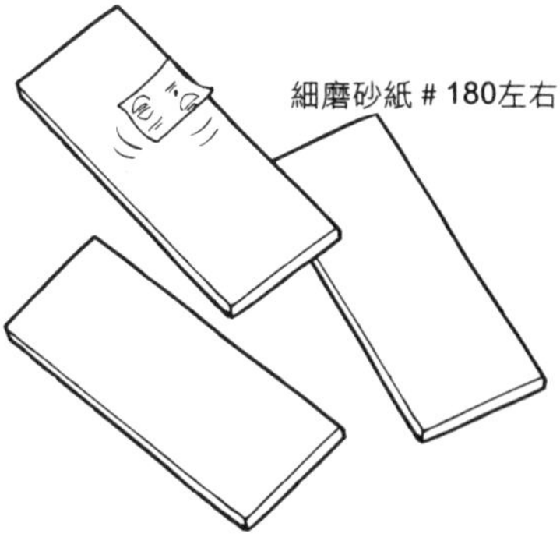
細磨砂紙＃180左右

1 鋸木板，所有的木板都要先用砂紙打磨。

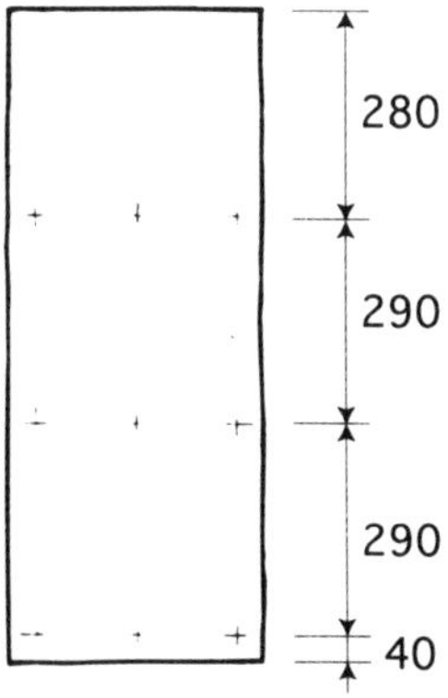
280
290
290
40

2 如圖所示，側板的正面要畫上固定擱板的螺絲釘位置記號。

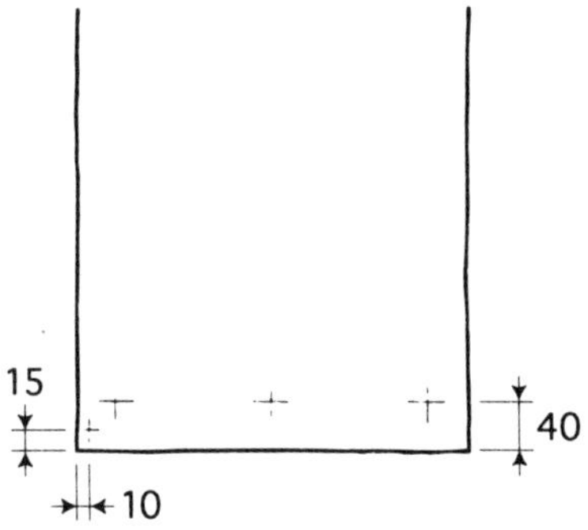
15
40
10

3 最下方的前板也要畫上螺絲釘位置的記號。

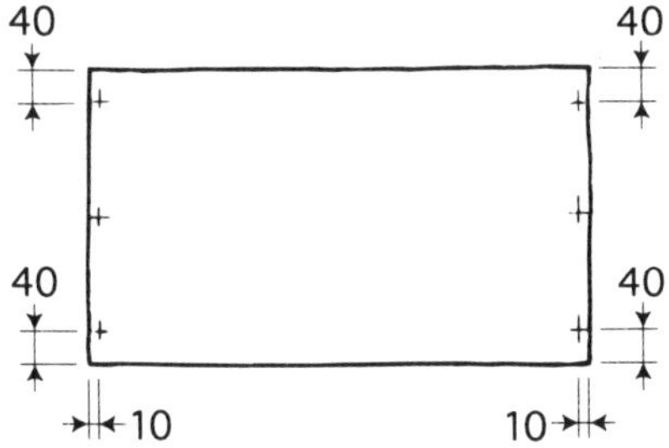
40
40
40
40
10
10

4 頂板也要畫上螺絲釘位置的記號。

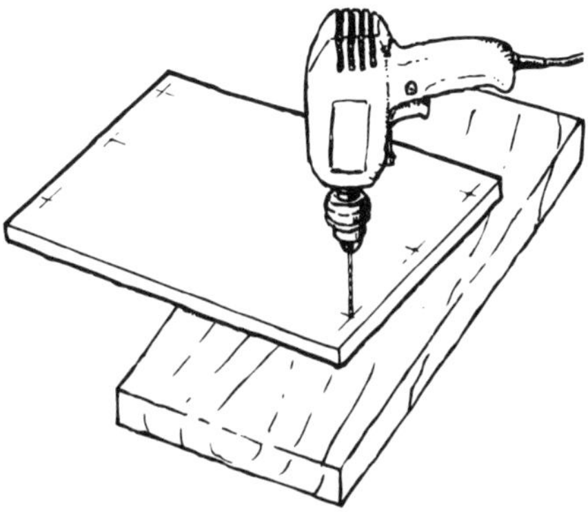

5 所有的記號用電鑽頭 ϕ2～3毫米的電鑽鑽洞。

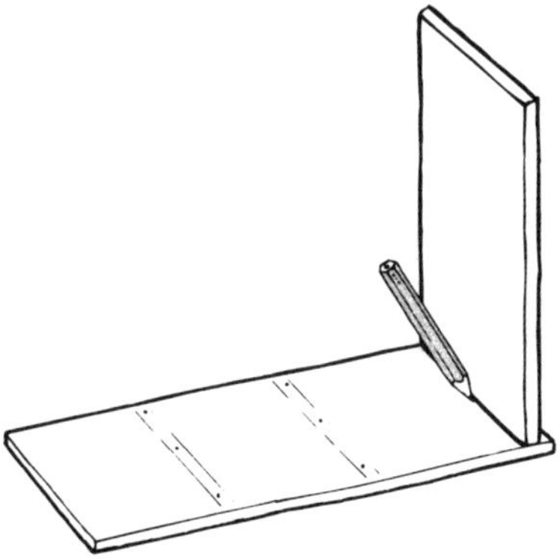

6 擱板擺在側板背面的洞的正上方，朝兩側畫線。

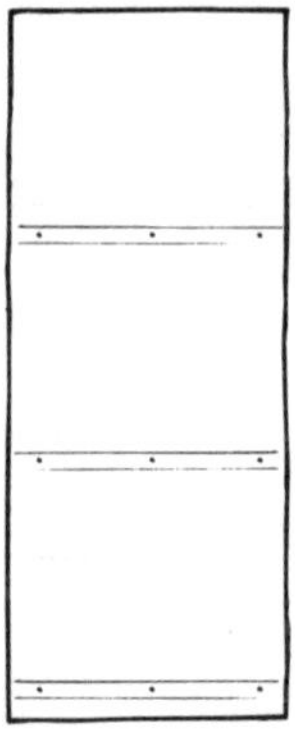

7 在三片擱板上畫出如圖所示的記號。

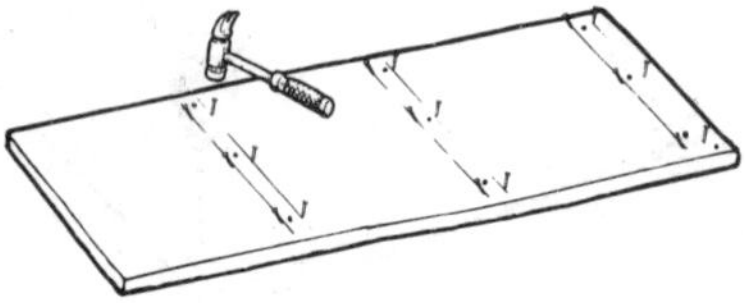

8 在線的兩側釘上導釘。

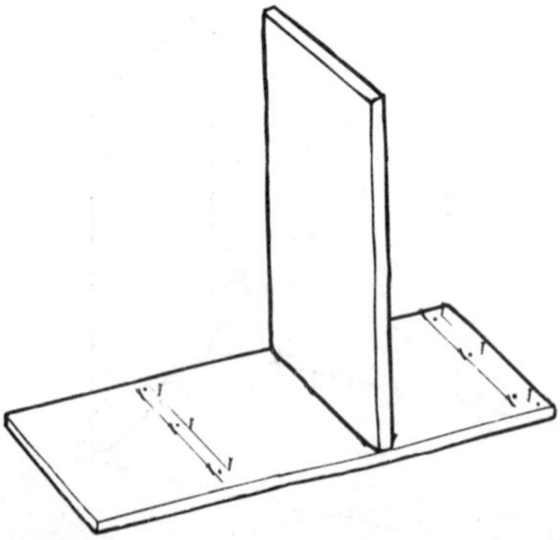

9 正中央的擱板先插在導釘之間。

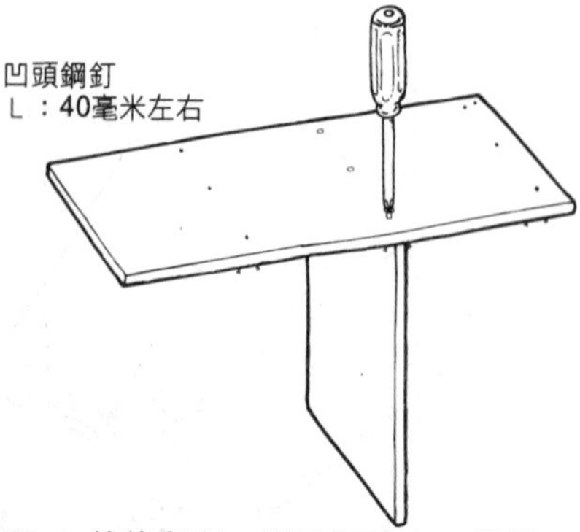

10 然後翻面，從正面固定。最好併用木工用接著劑。

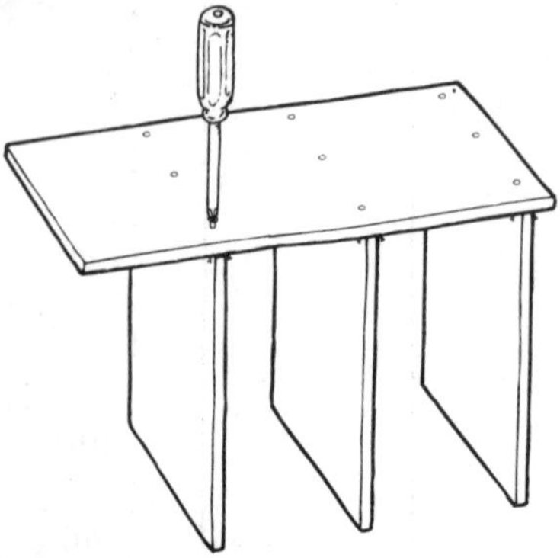

11 以同樣的方式固定三片擱板。

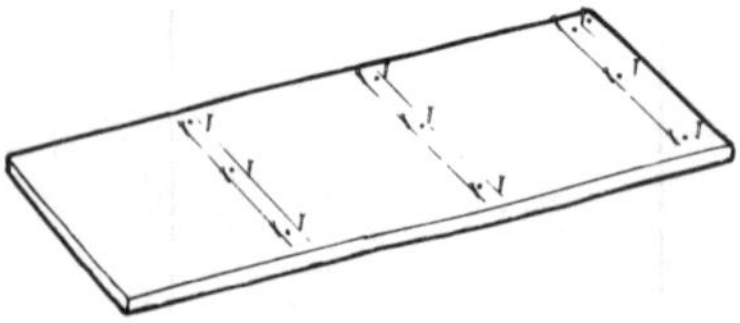

12 相反側的側板也以同樣的方式固定。

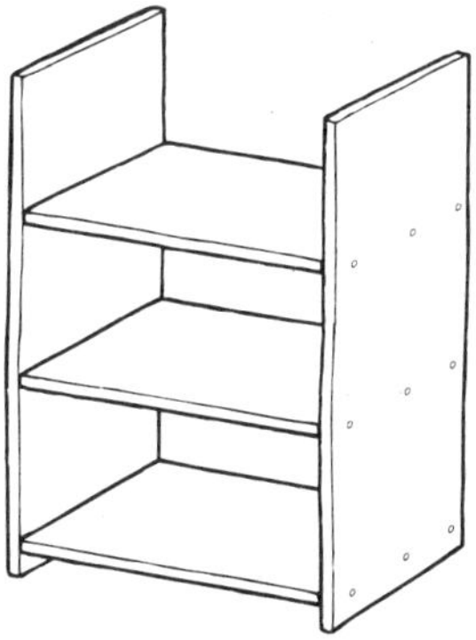

13 組合起來，變成如圖所示的形狀。

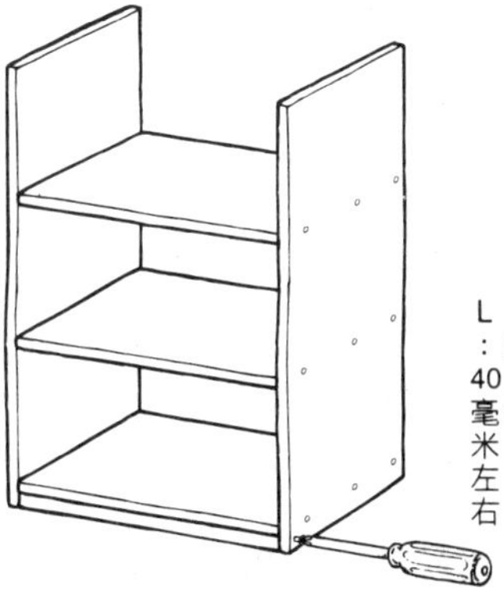

14 嵌入最下方的前板，從側板側固定。

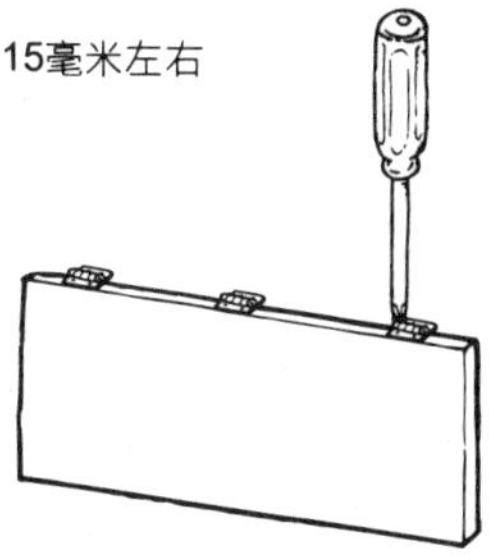

15 用螺絲釘將鉸鏈鎖在前板底部的切面。

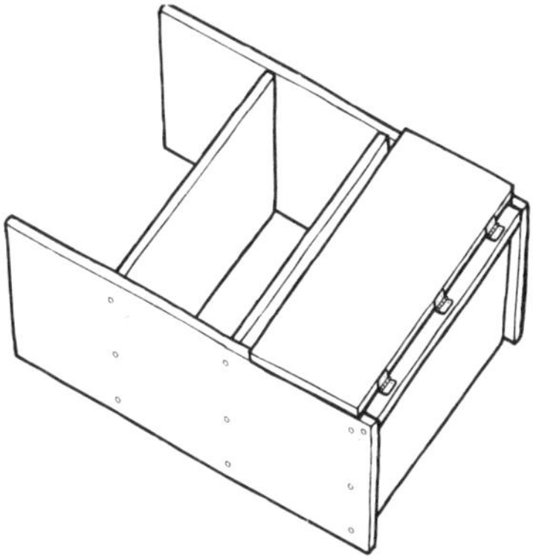

16 然後安裝在最下方的前板前面。

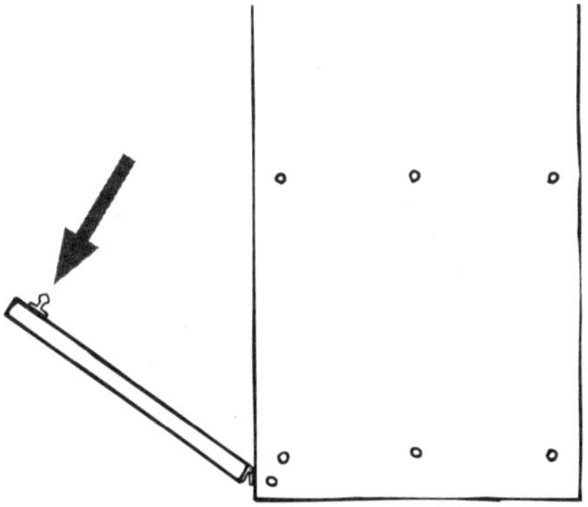

17 前板的背面安裝、插入滾輪固定夾的金屬零件。

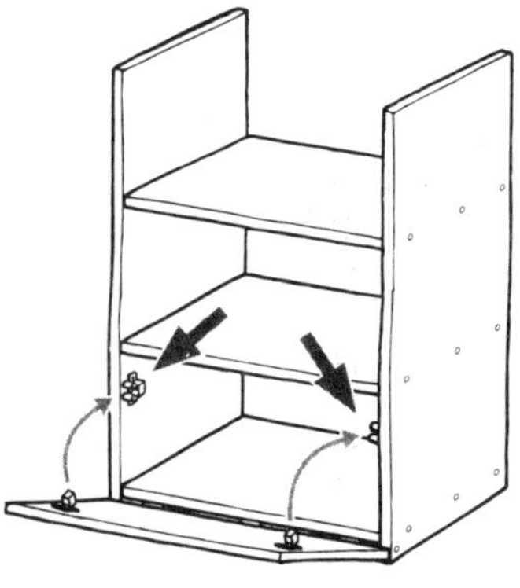

18 關上試試看，並在正確的位置安裝夾住滾輪的固定夾金屬零件。

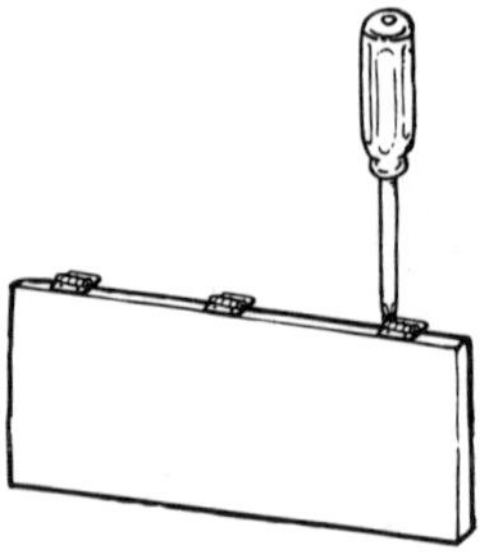

19 其他的前板也安裝鉸鏈。

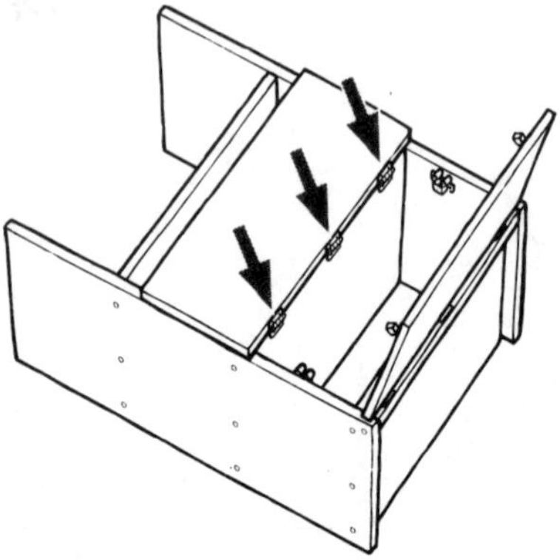

20 將鉸鏈安裝在正中央的擱板背面。

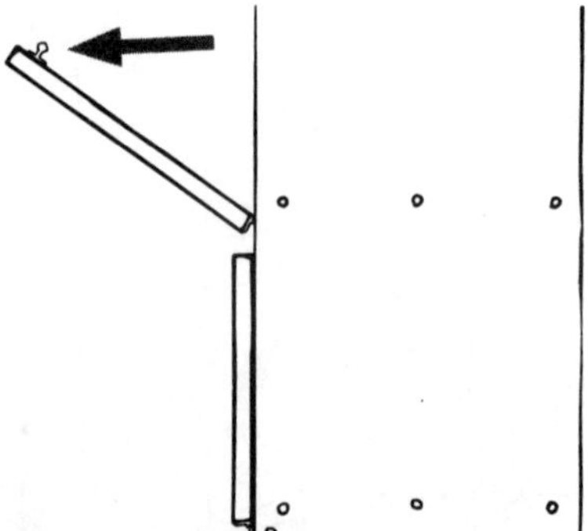

21 前板的背面則安裝滾輪固定夾插入側的金屬零件。

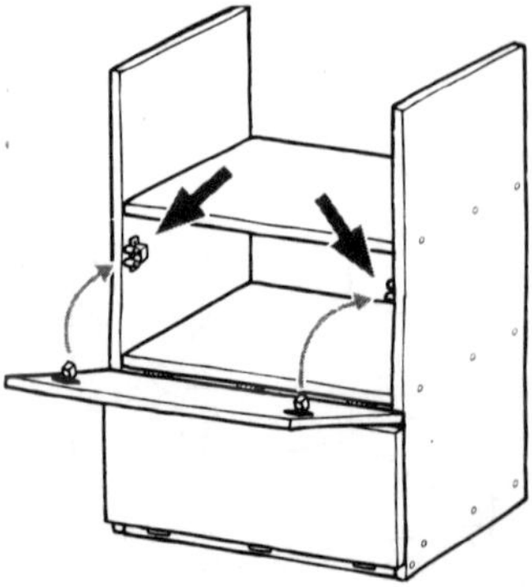

22 關上試試看，並在正確的位置安裝夾住滾輪的固定夾金屬零件。也以同樣的方式安裝在最上方的前板上。

凹頭鋼釘
L：40毫米左右

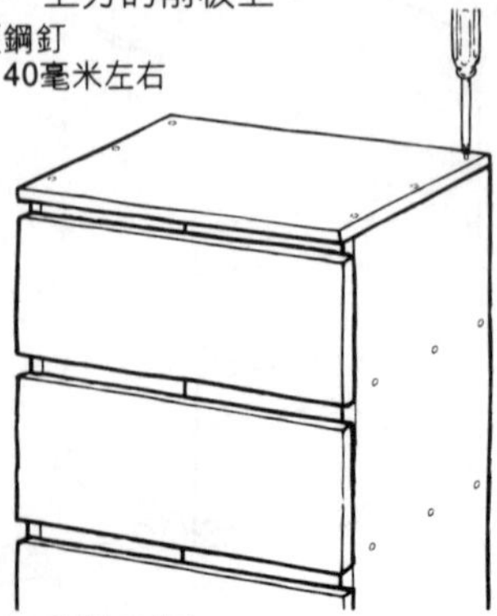

23 安裝頂板。

凹頭鋼釘
L：10毫米左右

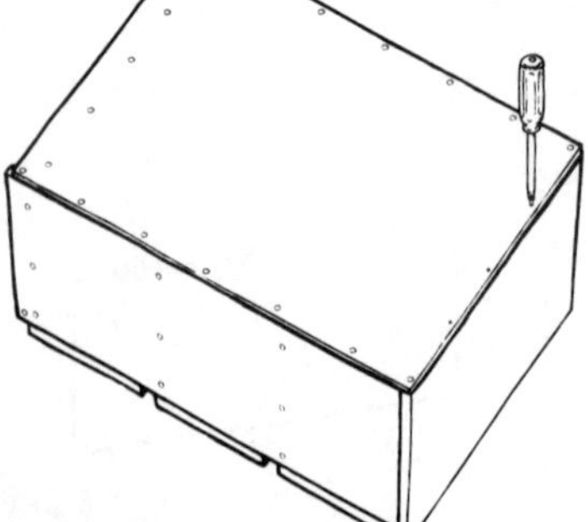

24 最後從背面固定背板。如果上面與中間的門能安裝螺絲眼，就更為堅固了。

第6章

充滿玩心的戶外用品

簡易烤肉桌

正中央可以放入烤肉架，烤肉季節過了之後可以解體收藏，是非常方便的桌子。固定在上面的烤肉架一定要使用七輪型，才能夠好好的隔熱。

完成圖

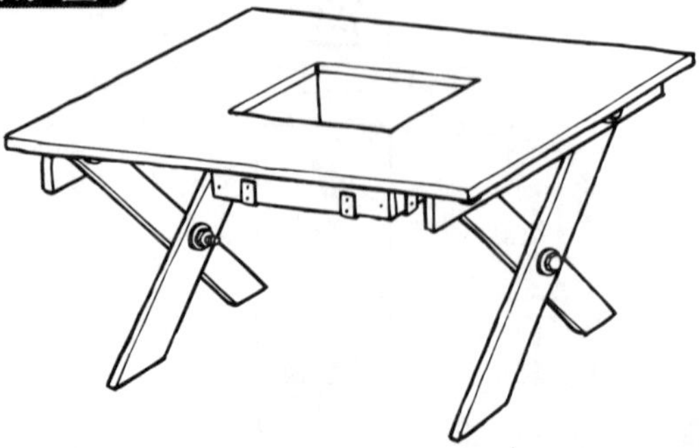

展開圖

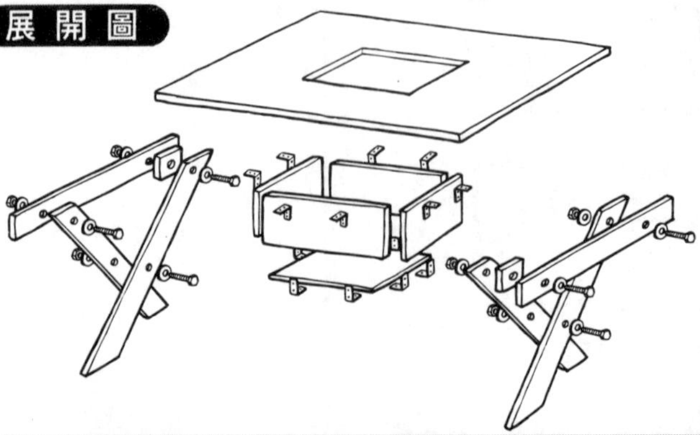

木材切割圖

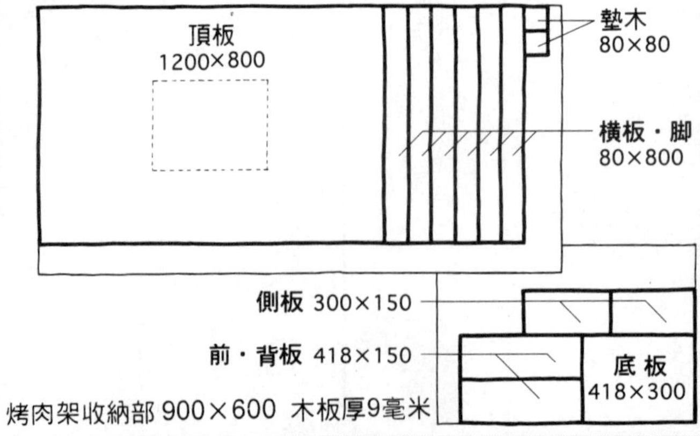

桌子部份　1820×910　木板厚21毫米
頂板
1200×800
墊木
80×80
橫板・脚
80×800
側板 300×150
前・背板 418×150
底板
418×300
烤肉架收納部 900×600 木板厚9毫米

●材料

木板（柳安膠合板、級木膠合板等）、螺絲釘、螺帽、螺母、墊圈、L字型金屬零件

●主要工具

鋸子、電鑽、砂紙、螺絲起子

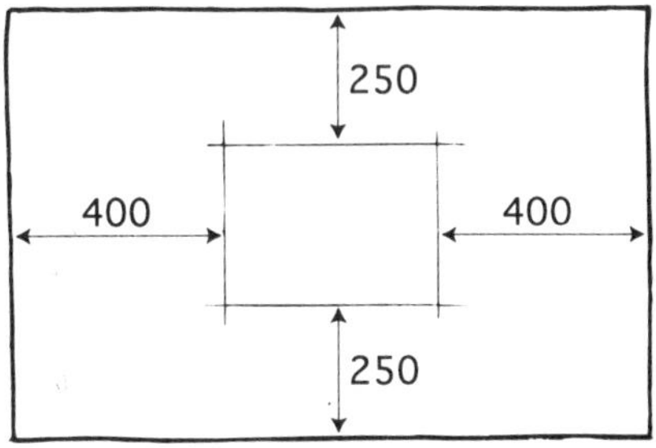

1 如圖所示鋸木板，在頂板上烤肉架洞的位置做記號。

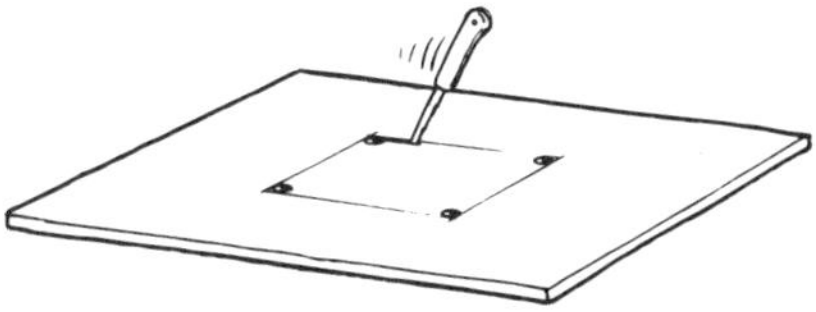

φ10～20毫米左右

2 用電鑽和鋸子鋸開洞。

粗磨砂紙 # 40～60左右
中磨砂紙 # 120左右

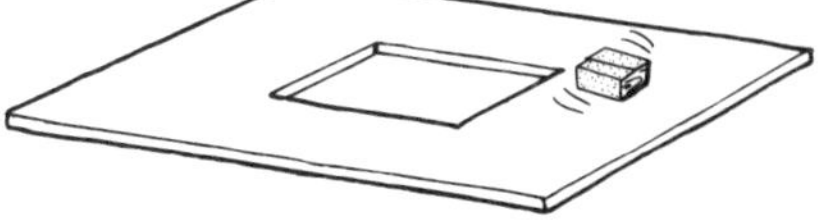

3 截斷口用砂紙打磨去除角。頂板周圍也要打磨。

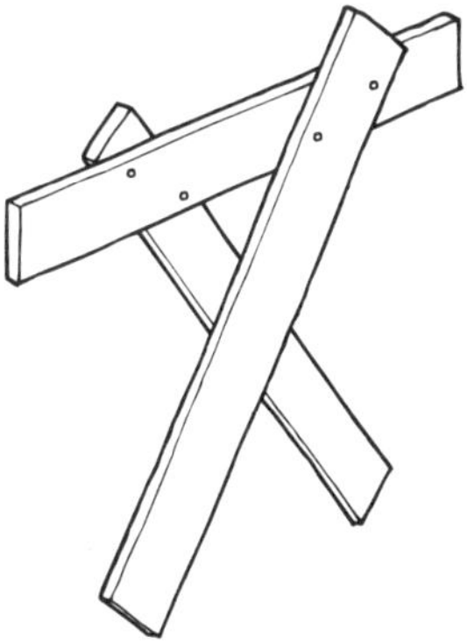

4 暫時固定側板兩側的桌腳，這時就要決定桌子的高度。釘釘子時要避開稍後要打洞的位置

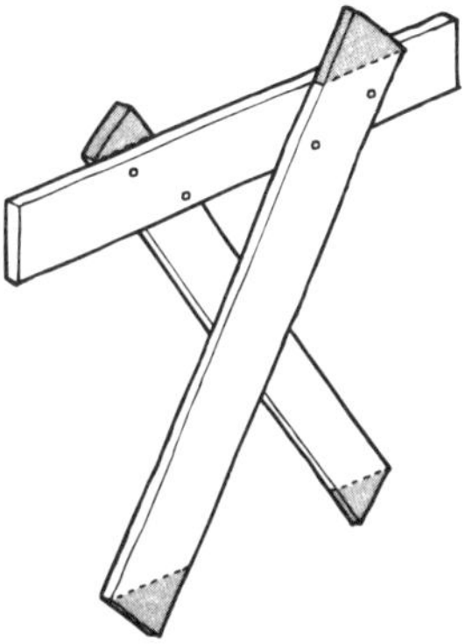

5 去除桌腳多餘的部分。如果上下沒有平行，桌子就不會穩定

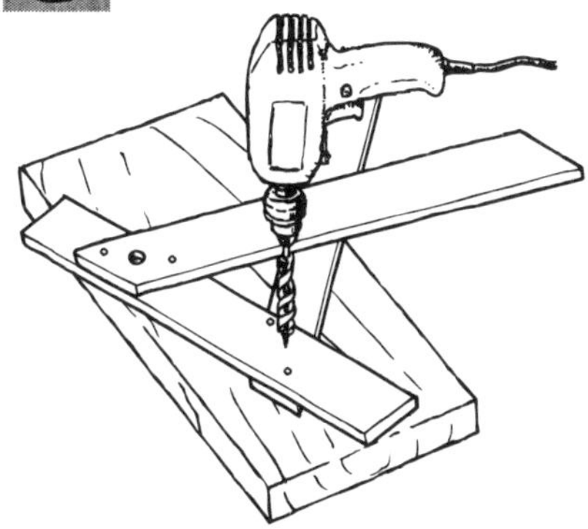

6 用電鑽在橫板和桌腳上鑽烤肉架用的洞。下面要擺墊木。

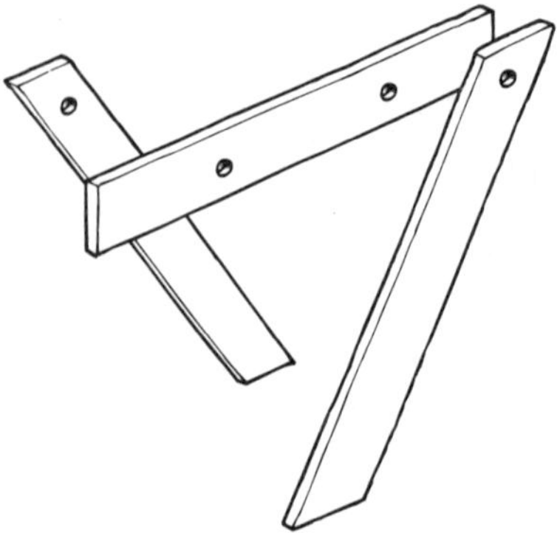

7 拔掉臨時固定的釘子，暫時分開桌腳。

8 將墊木擺在安裝在內側的桌腳上方，用螺絲釘固定。

9 翻面，用電鑽在桌腳的部分打洞，墊木也要打洞。

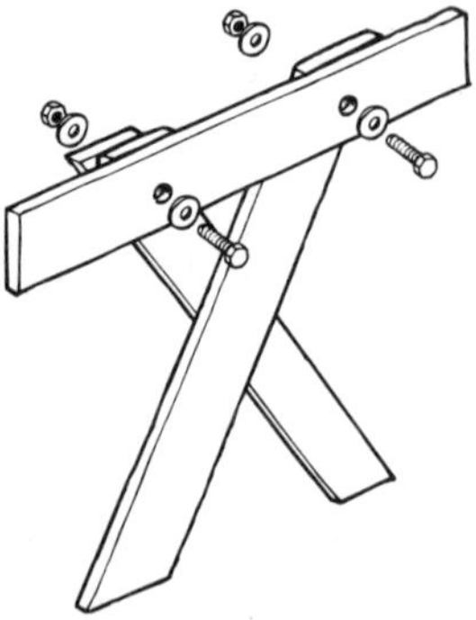

10 利用螺帽和螺母組合桌腳和橫板，方法與暫時固定的組合方式不同，注意二個桌腳都要在橫板的內側。

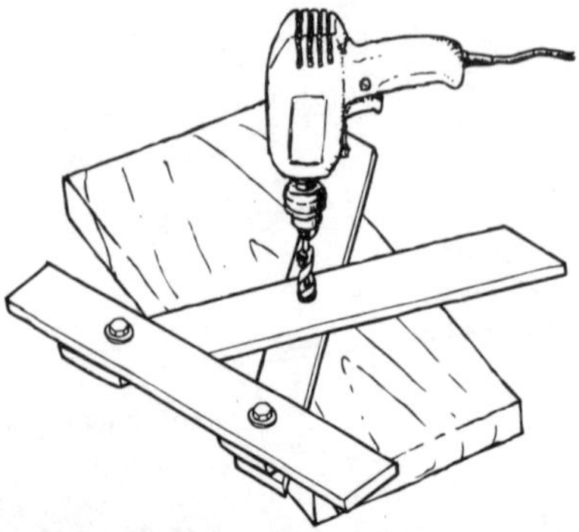

11 用電鑽在桌腳交叉的部分鑽螺帽用的洞，用螺帽固定之後，桌腳就完成了。要確認兩邊是否都穩固。

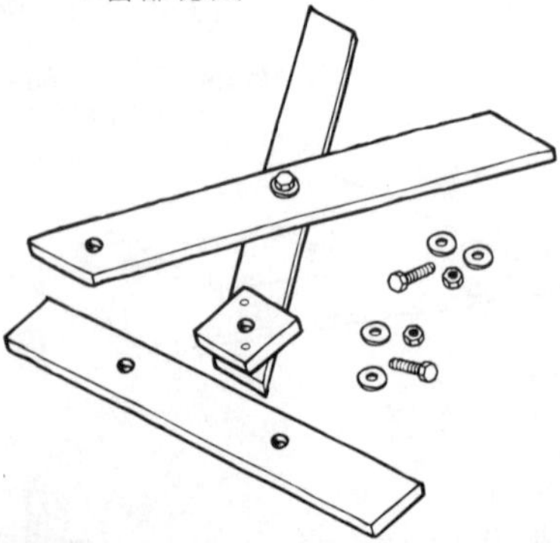

12 先鬆開橫板。

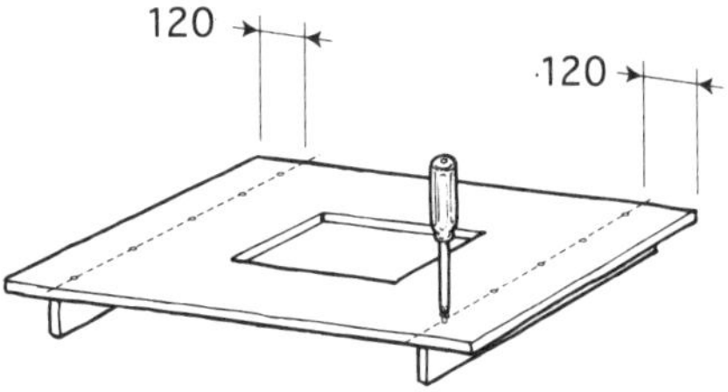
120
120
凹頭鋼釘
L ：40毫米左右

13 用螺絲釘將橫板固定在距離頂板一端120毫米左右處。

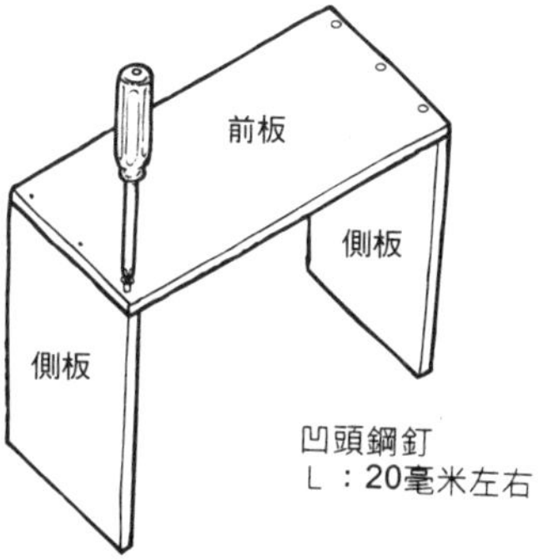
前板
側板
側板
凹頭鋼釘
L ：20毫米左右

14 製作烤肉架收納部。首先用螺絲釘將兩側的側板固定在前板上。

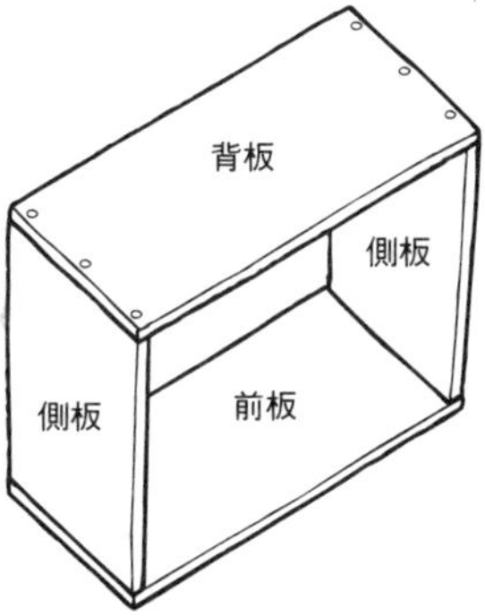
背板
側板
側板
前板

15 固定背板。

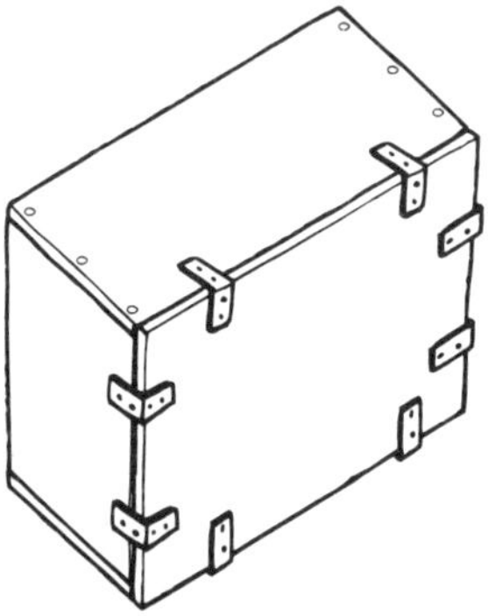

16 嵌入底板，一邊各用二個L字型金屬零件固定。使用9毫米以下的螺絲釘。

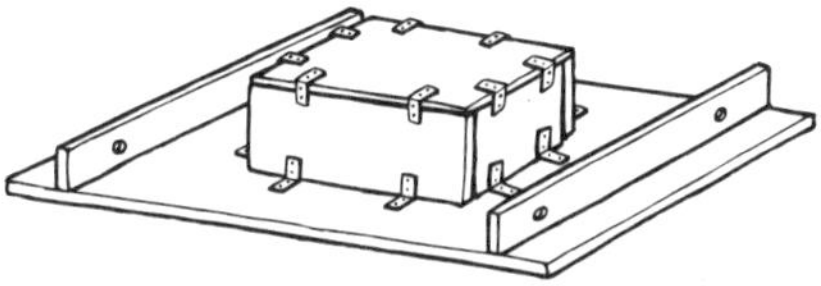

17 頂板和烤肉架收納部翻面，配合頂板的洞，用L字型金屬零件固定。

18 用螺帽和螺母將桌腳的部分固定在橫板上即完成。只要鬆開螺帽和螺母就可以收起桌子。

吊燈架

露營時常常不知道該將燈類擺在哪兒。這時如果有專用的吊燈架，就可以任意挪移。最好配合燈的大小來製做。

●材料

木板（杉木、雲杉等）、木方材、螺絲釘

●主要工具

鋸子、線鋸、電鑽、雕刻刀、螺絲起子、砂紙、木工用接著劑

完成圖

展開圖

木材切割圖

300×300　木板厚30毫米

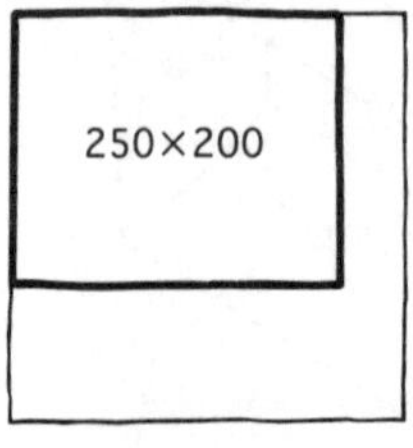

木方材　30×30毫米　長910毫米

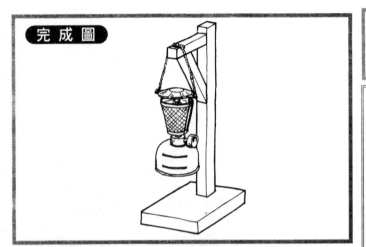

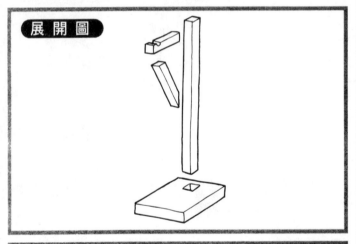

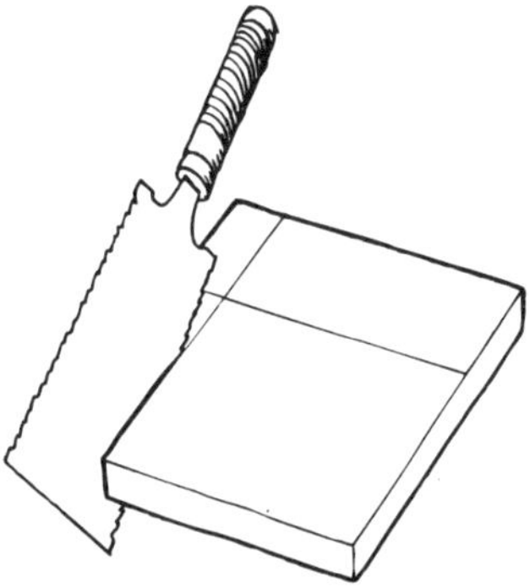

1 鋸底部的木頭。因為比較厚，所以最好用圓鋸來鋸。若是使用普通的鋸子，就要很用力的鋸。

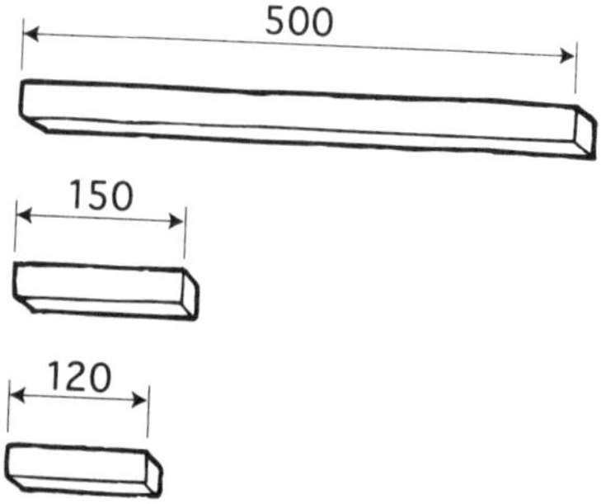

2 將木方材鋸成500毫米、150毫米、120毫米的長度。

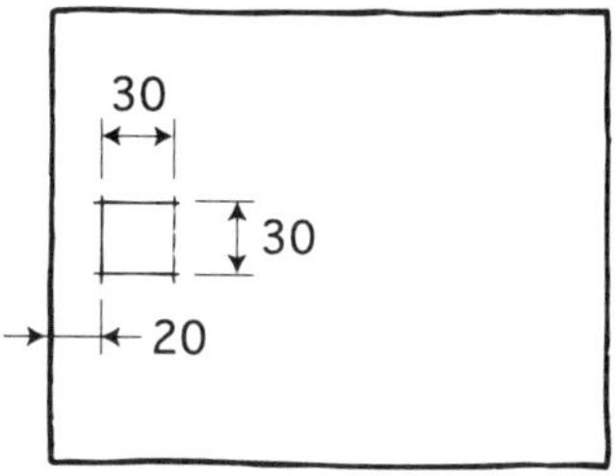

3 如圖所示，在底板上洞的位置做記號。

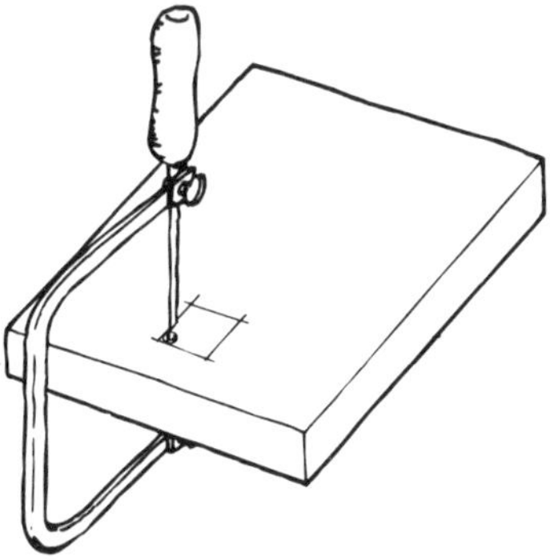

4 首先用電鑽頭 ϕ5毫米的電鑽鑽洞，用線鋸鋸開。

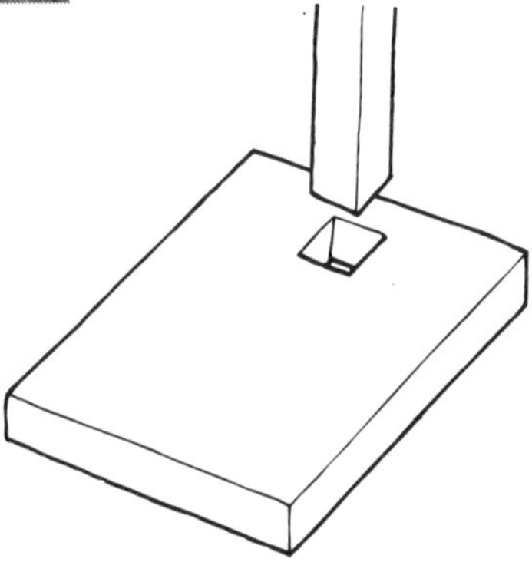

5 豎立成為支柱的500毫米木方材，若是無法放入，就要用細磨砂紙 # 180～240左右打磨。

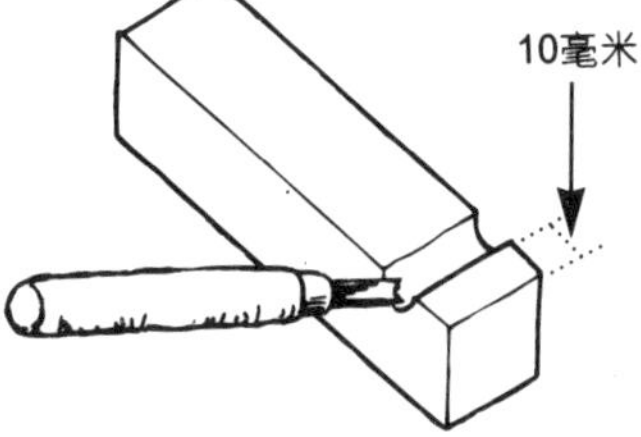

6 120毫米木方材的一端朝內10毫米處，用雕刻刀雕刻掛燈的溝。可以先把手邊的燈掛在上面試試看，再決定溝的深度。

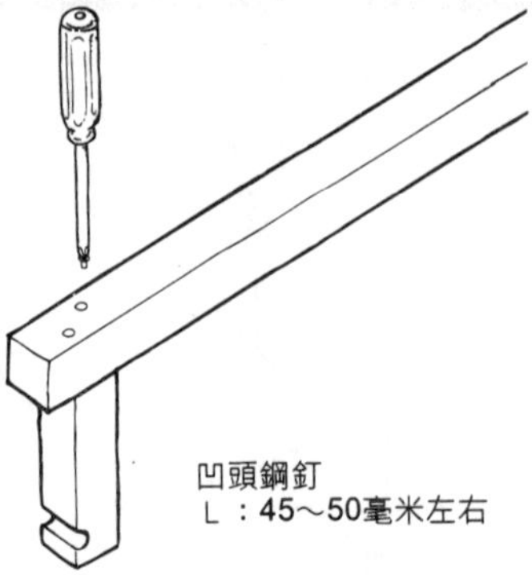
凹頭鋼釘
L：45～50毫米左右

7 以此為支柱，用二根以上的螺絲釘固定。先用電鑽頭 φ2毫米的電鑽鑽洞，接著塗抹木工用接著劑之後再固定。

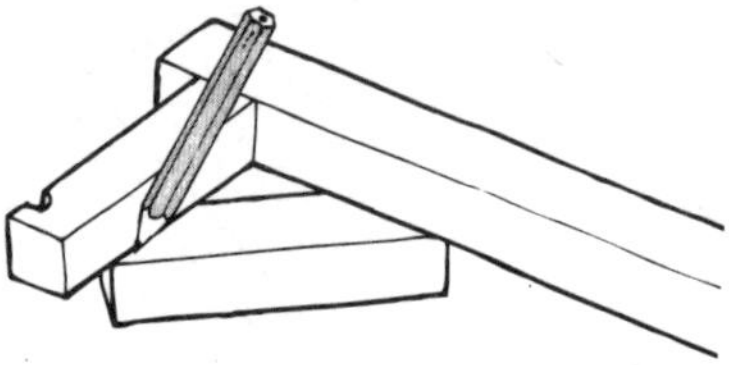

8 完成後擺在150毫米的木方材上，將150毫米木方材多餘的部分畫上記號。

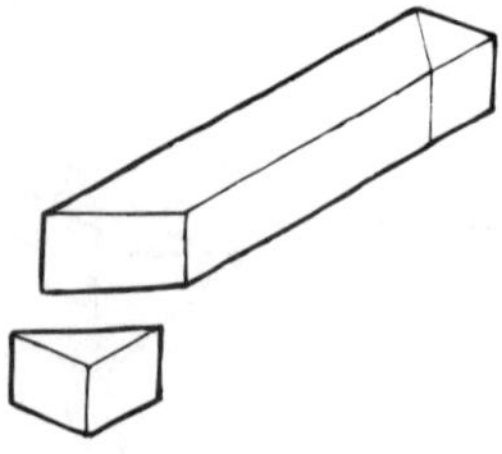

9 鋸掉畫上記號的部分。

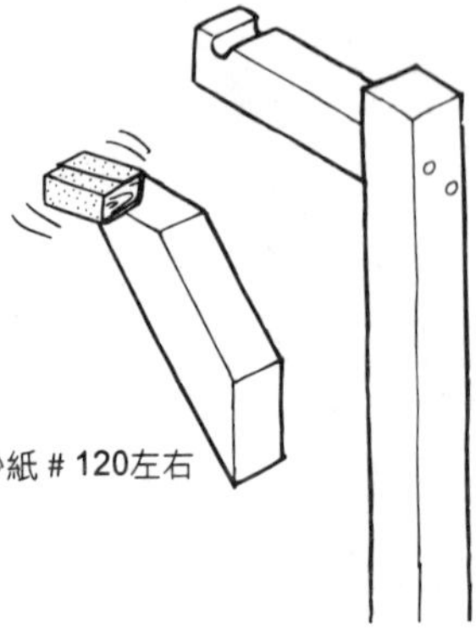
中磨砂紙＃120左右

10 組合看看，用砂紙打磨加以調整。

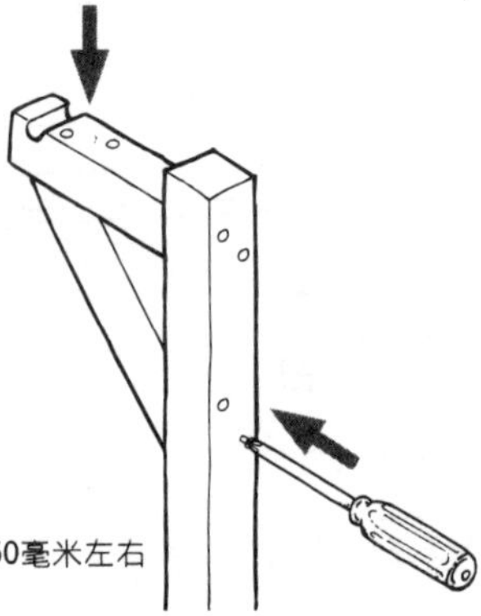
凹頭鋼釘
L：45～50毫米左右

11 用電鑽頭 φ2毫米的電鑽鑽洞，兩側用螺絲釘固定。

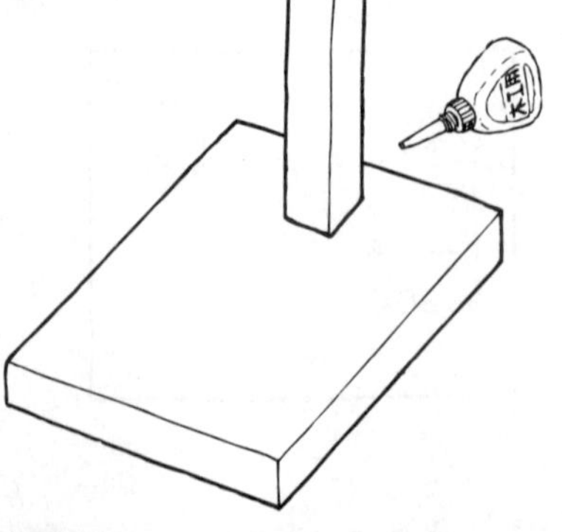

12 用木工用接著劑將支柱固定在底板上，直到乾燥為止。

釣竿吊架

喜歡釣魚的人隨時都想看到釣竿。有了這種釣竿吊架，則美麗的釣竿可以增添屋子的氣氛。

完成圖

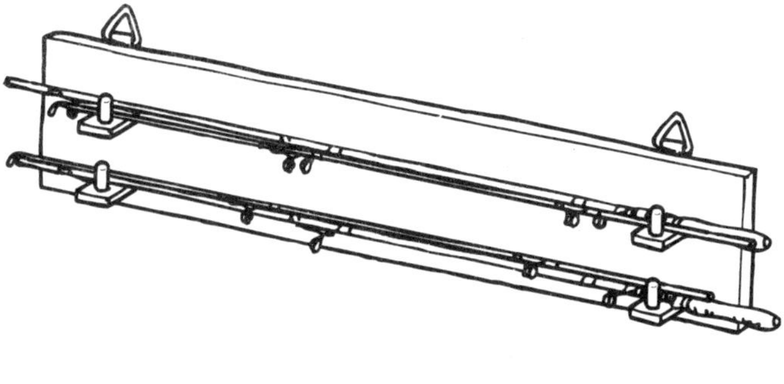

展開圖

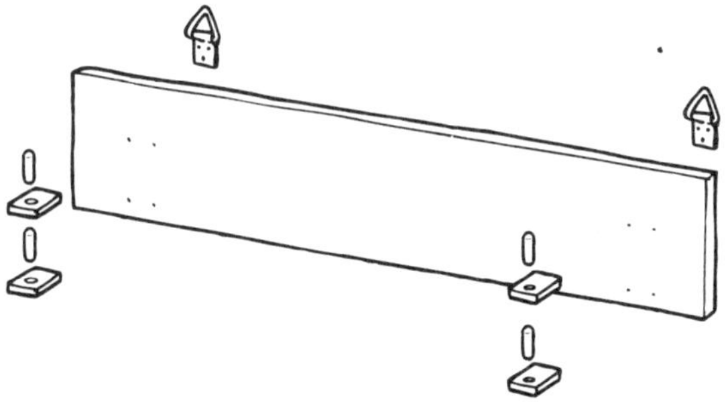

木材切割圖

910×300　木板厚15毫米

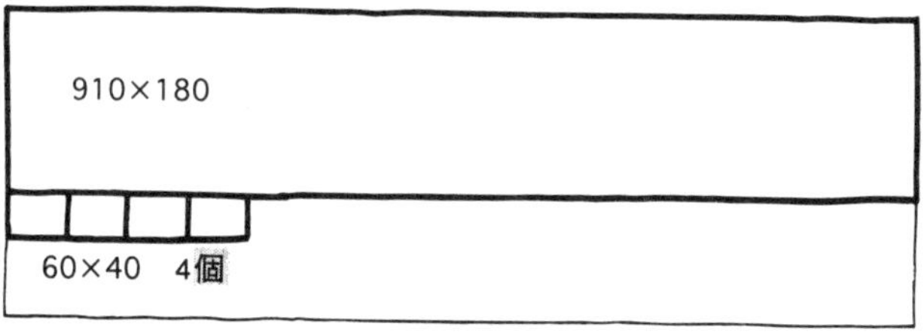

圓棒　直徑10毫米　長35毫米×4根

●材料

木板（杉木、檜木等）、螺絲釘、壁掛用掛鉤

●主要工具

鋸子、電鑽、螺絲起子、砂紙、木工用接著劑

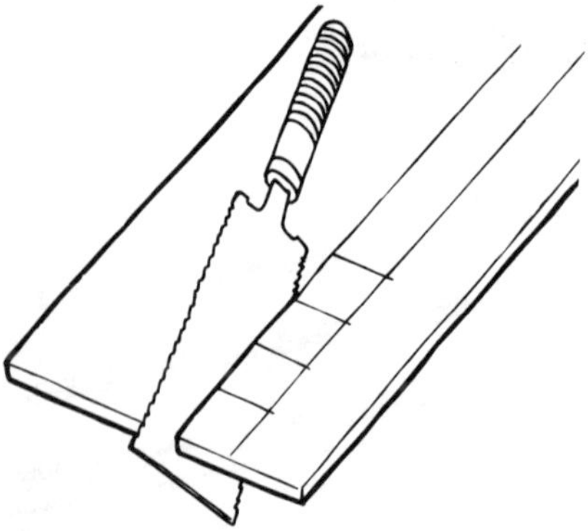

1 首先鋸木板。但要預留鋸子的寬度。

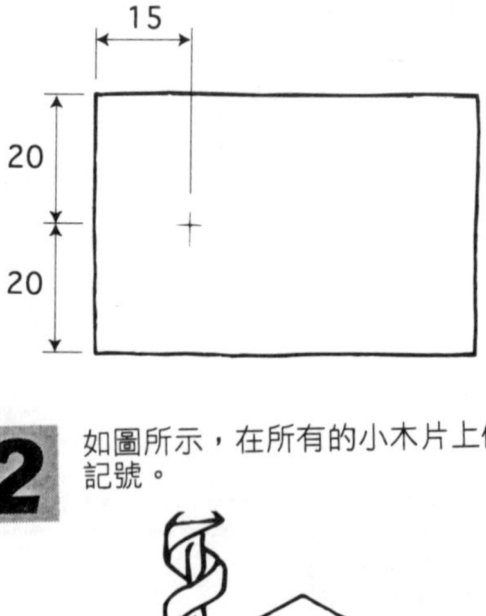
15
20
20

2 如圖所示，在所有的小木片上做記號。

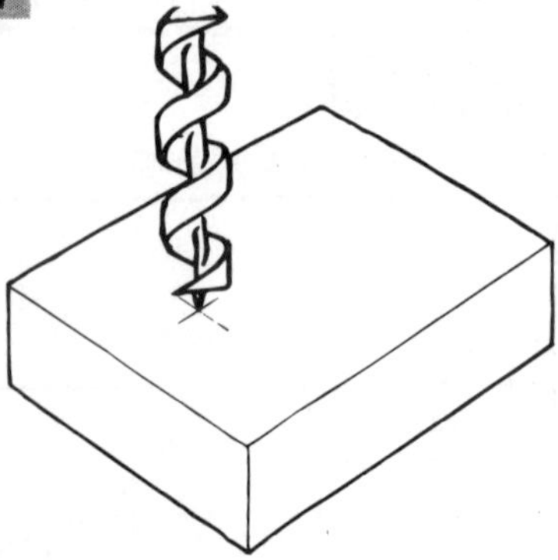

3 以此為中心，用電鑽頭 ϕ10毫米的電鑽鑽洞。

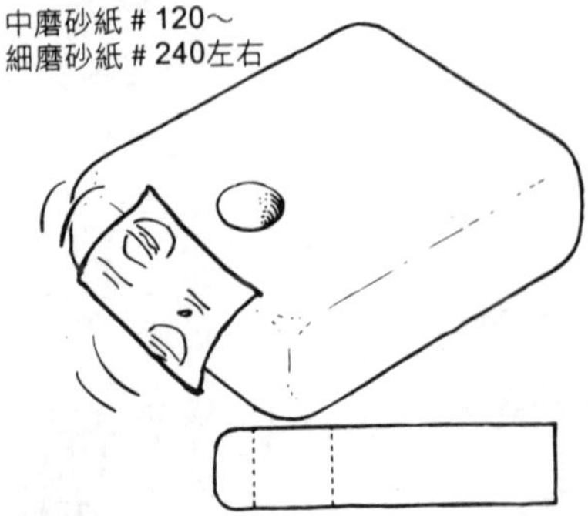
中磨砂紙＃120～
細磨砂紙＃240左右

4 用砂紙打磨，去除角度，成略圓。

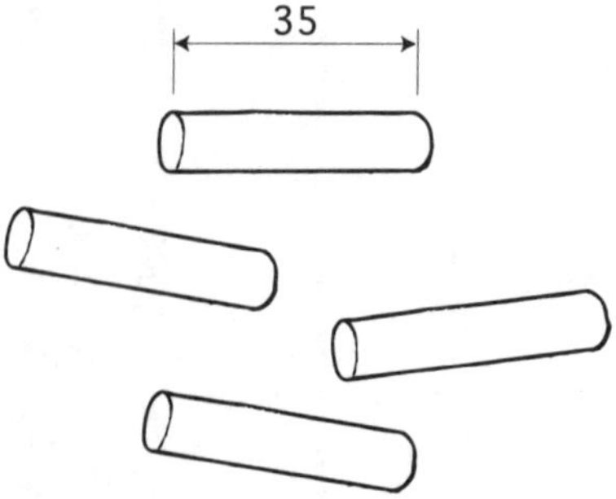
35

5 鋸圓棒，做成四根長度35毫米的圓棒。

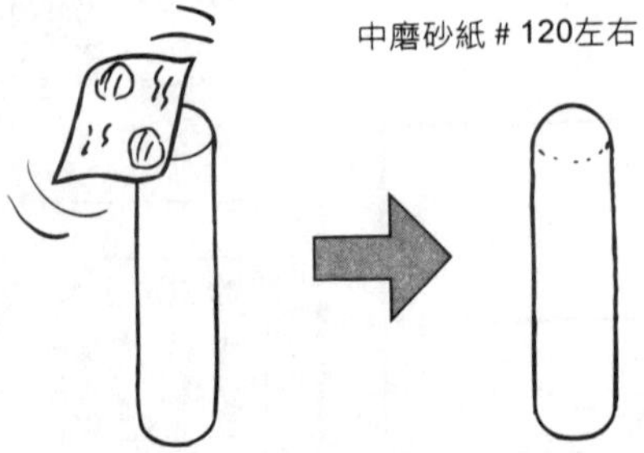
中磨砂紙＃120左右

6 一端用砂紙打磨成圓形。

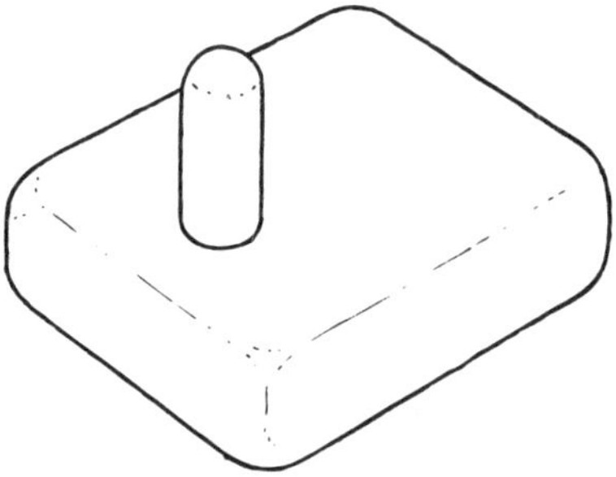

7 插入小木片的洞中試試看，若是無法順利插入，就要用砂紙（細磨砂紙 # 240左右）打磨調整。

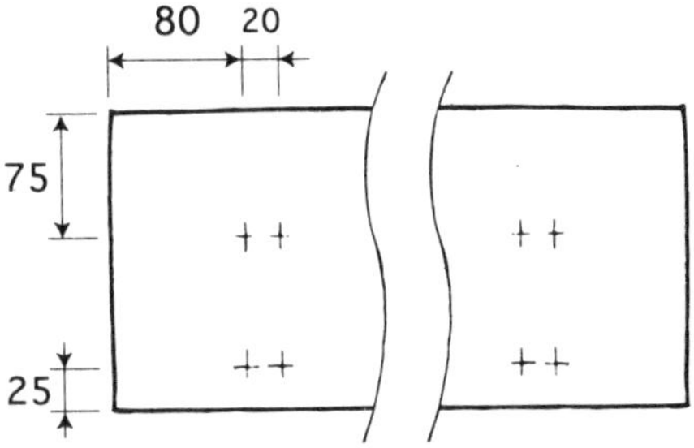

8 背板翻面，在如圖所示的位置做記號。

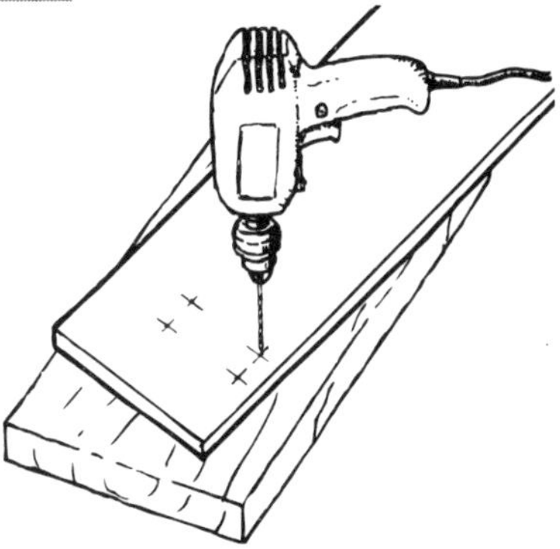

9 背板的內側用電鑽頭 ϕ2毫米的電鑽鑽洞。電鑽稍微鑽出表面時即可停止。

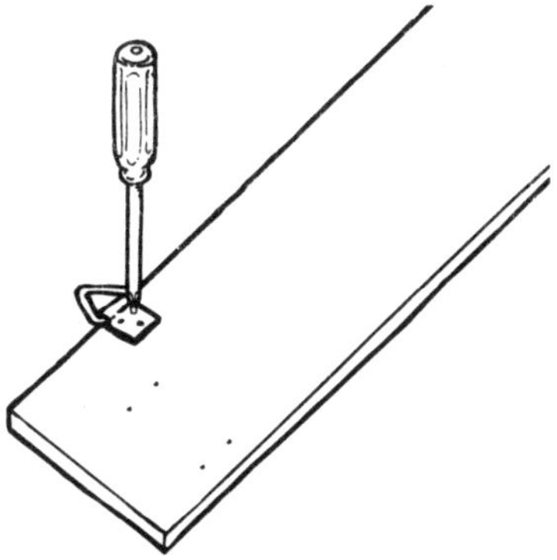

10 製作掛在牆壁上的掛鉤。背板先用電鑽頭 ϕ5～10毫米的電鑽鑽洞。螺絲釘的長度不可以超過木板的厚度。

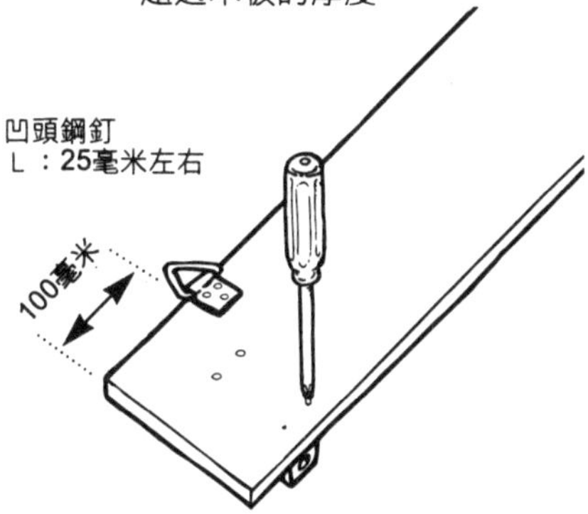

11 用螺絲釘將小木片固定在背板的表側。

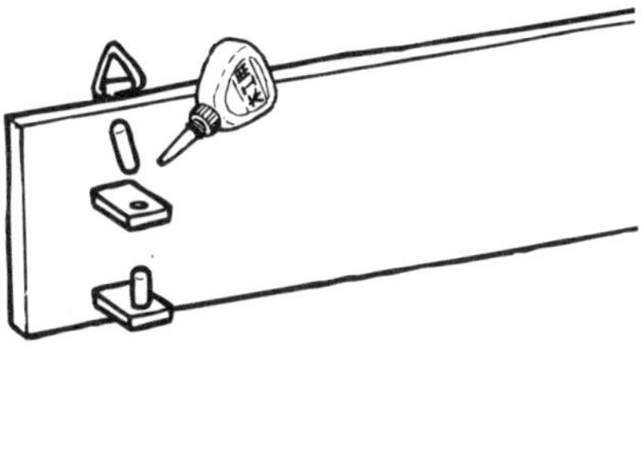

12 用木工用接著劑固定圓棒，擱置一會兒使其乾燥。

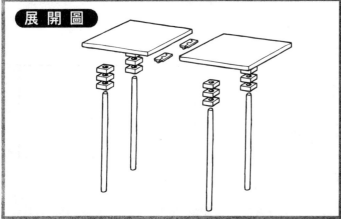

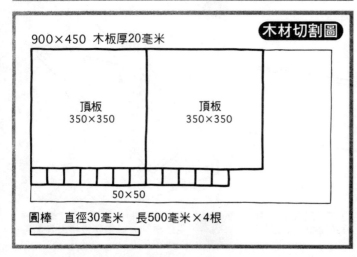

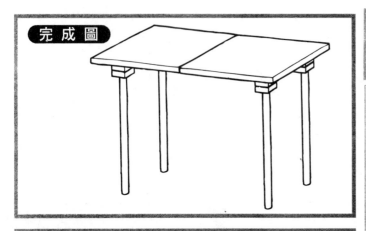

RV用車內桌

帶小孩出遊時，擁有在車內使用的桌子相當方便。若能摺疊成小型的桌子，那就更棒了。首先要測量車子的大小。

完成圖

展開圖

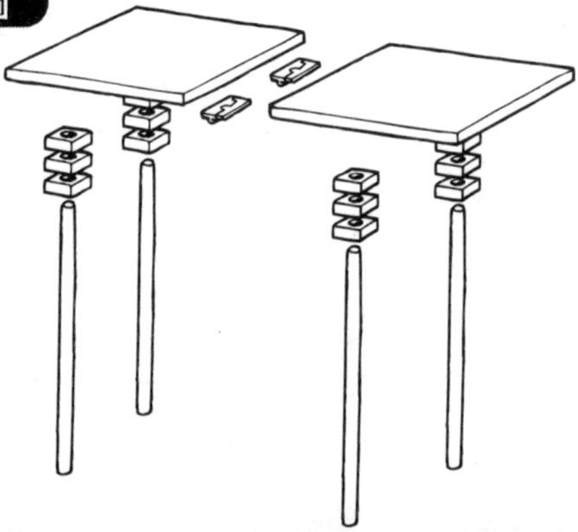

木材切割圖

900×450 木板厚20毫米

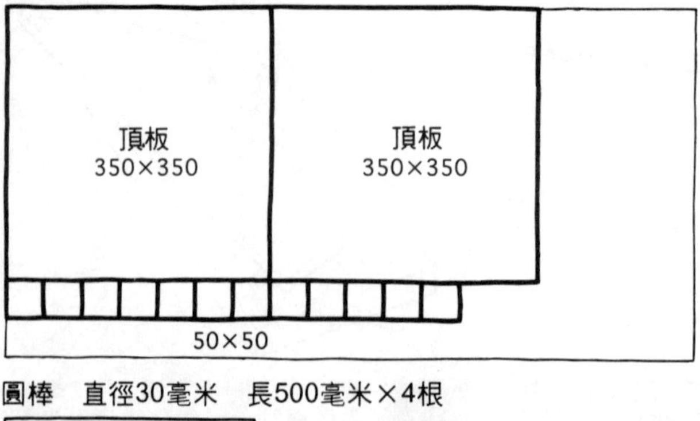

頂板
350×350
頂板
350×350
50×50

圓棒　直徑30毫米　長500毫米×4根

●材料

木板（雲杉等）、圓棒、螺絲釘、鉸鏈

●主要工具

鋸子、電鑽、螺絲起子、砂紙、木工用接著劑

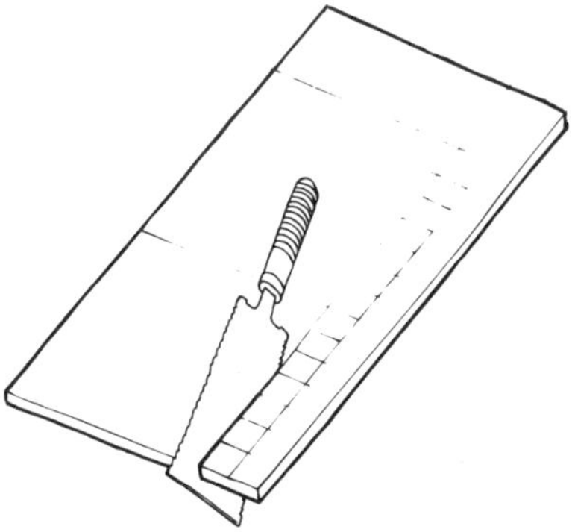

1 木板很厚，最好使用圓鋸來鋸。要預留鋸子的寬度2毫米左右。

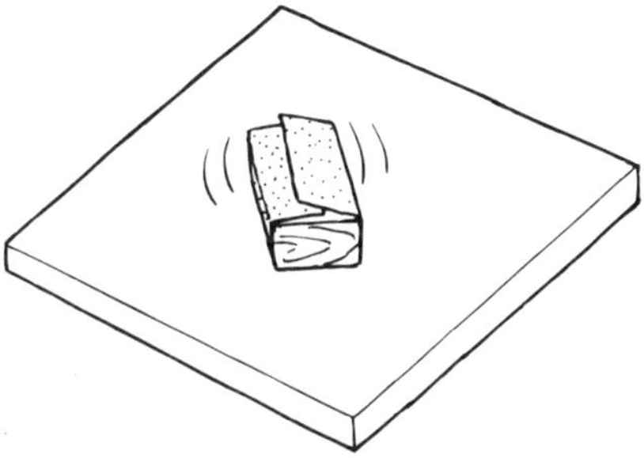

中磨砂紙＃100～150左右

2 頂板成為桌子，所以要用砂紙打磨。

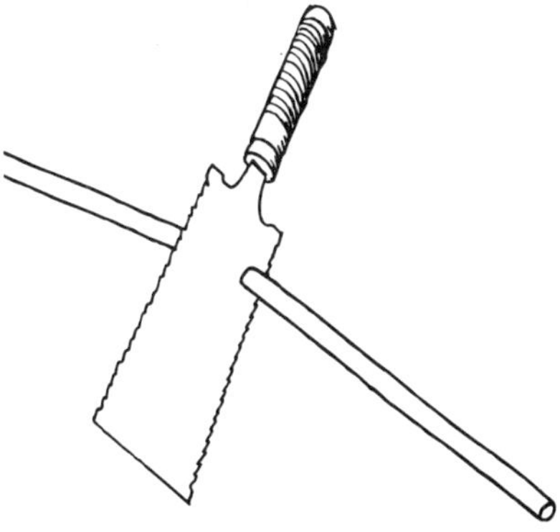

3 鋸圓棒，長度要配合車子。

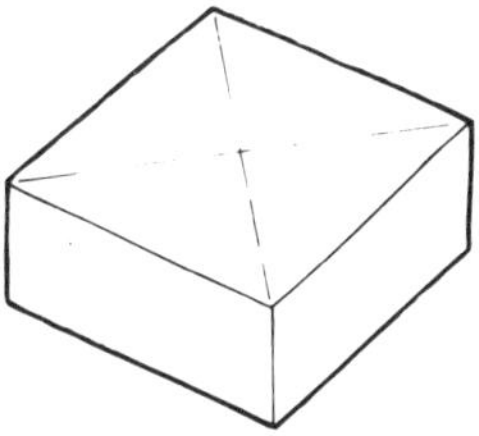

4 所有的小木片畫上對角線。

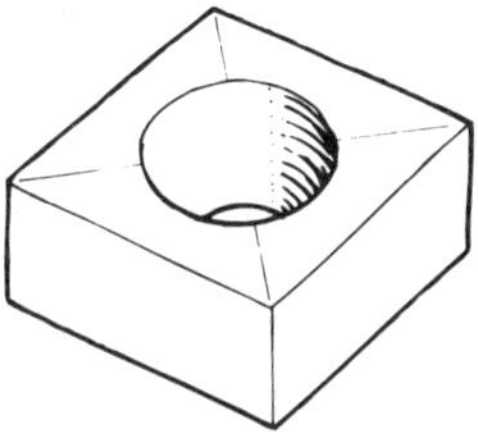

5 以此為中心，用電鑽頭為 ϕ30毫米的電鑽鑽洞。

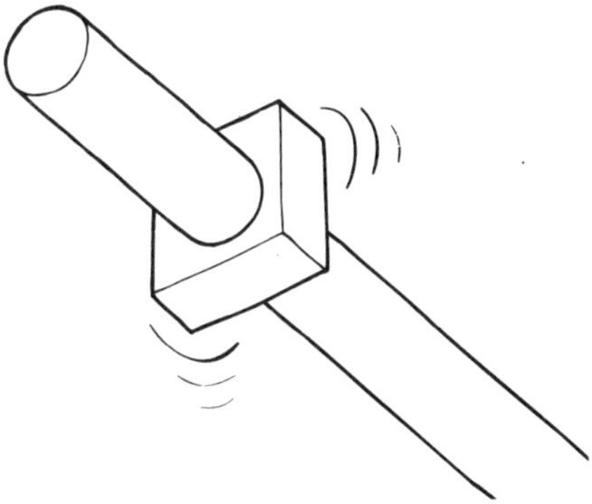

6 試著讓圓棒通過洞，如果太緊，就用砂紙（細磨砂紙＃180～240左右）打磨調整。

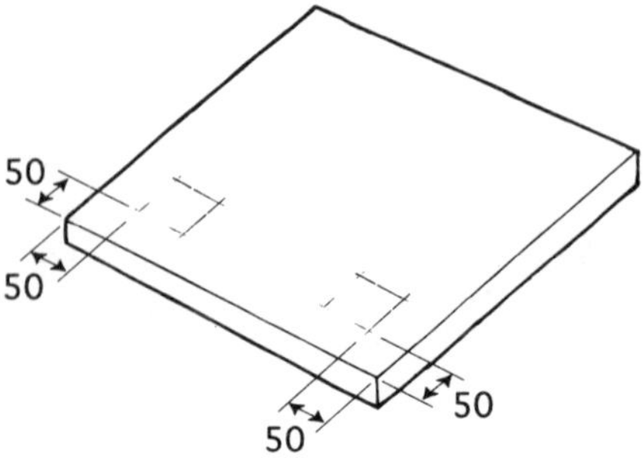

7 如圖所示，在二片頂板背面固定小木片的位置做記號。

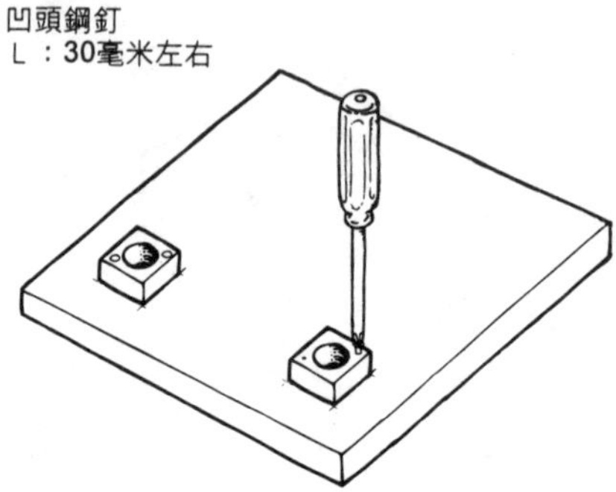

8 塗抹木工用接著劑，用螺絲釘將小木片固定在頂板上。

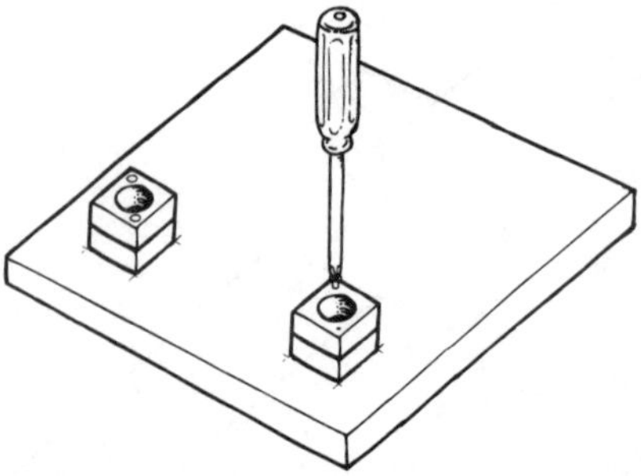

9 重疊小木片再固定。為避免螺絲釘的長度不夠，要從另外一個對角固定螺絲釘。

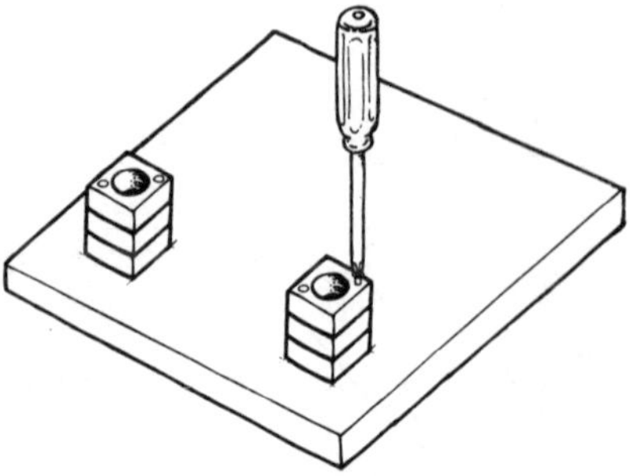

10 同樣的，重疊第三個小木片然後固定。

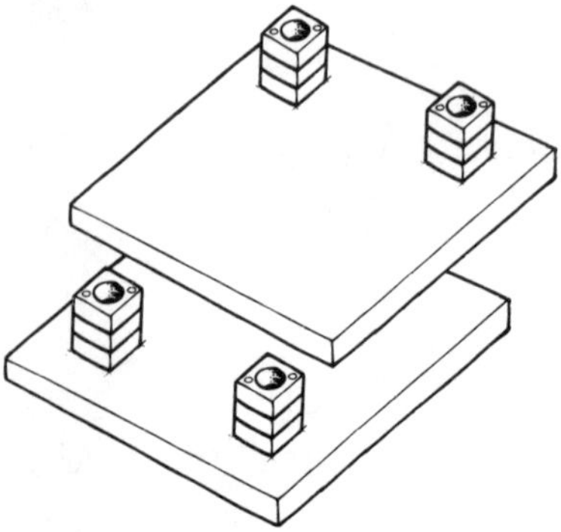

11 另一片頂板也做同樣的處置。必須左右對稱。

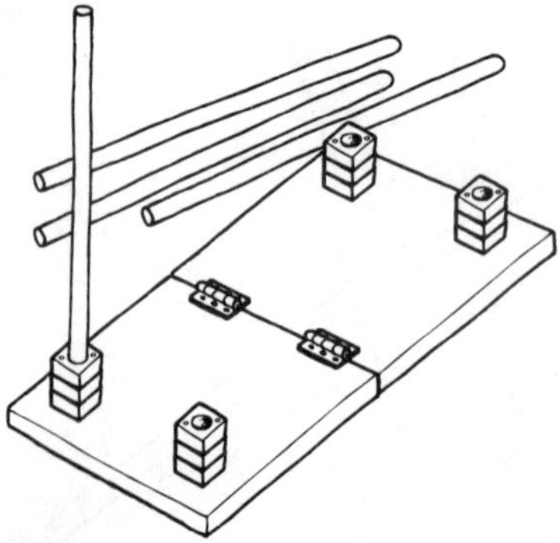

12 用大型的鉸鏈固定二片頂板，插入圓棒即告完成。要使用20毫米以下的釘子。

RV用車內收納箱

有這樣的收納箱，則即使行李再多，露營時也不用擔心。優點是可以上下分割，把後座的椅子疊起來就可以平攤在上面。實際作法比圖示更簡單。

完成圖

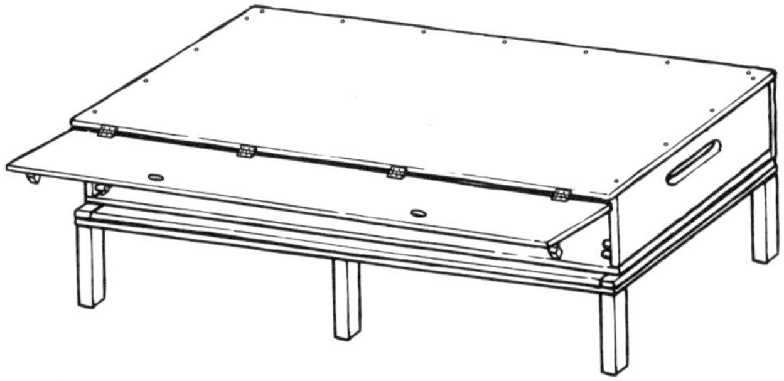

展開圖

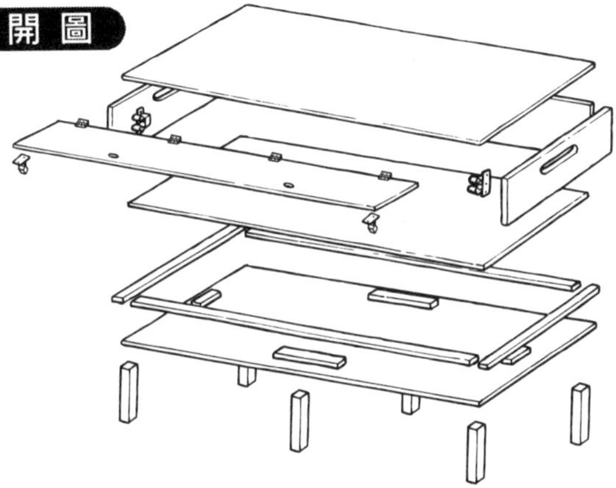

木材切割圖

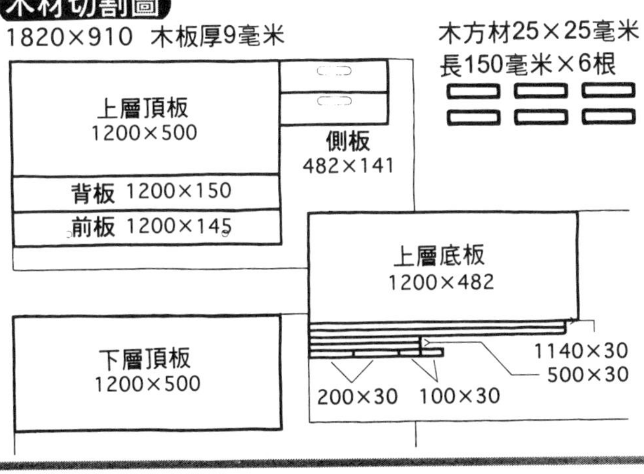
1820×910　木板厚9毫米
木方材25×25毫米
長150毫米×6根
上層頂板
1200×500
側板
482×141
背板　1200×150
前板　1200×145
上層底板
1200×482
下層頂板
1200×500
1140×30
500×30
200×30
100×30

●材料

木板（柳安膠合板、級木膠合板等）、木方材（日本鐵杉等）、螺絲釘、鉸鏈、滾輪固定夾

●主要工具

鋸子、線鋸、電鑽、螺絲起子、木工用接著劑

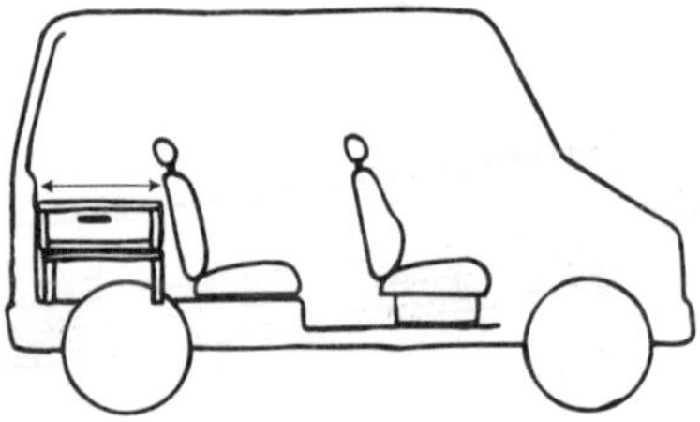

1 先測量車子的尺寸。深度從由下往上算起的30公分處開始測量，要避開左右的輪胎處來測量。

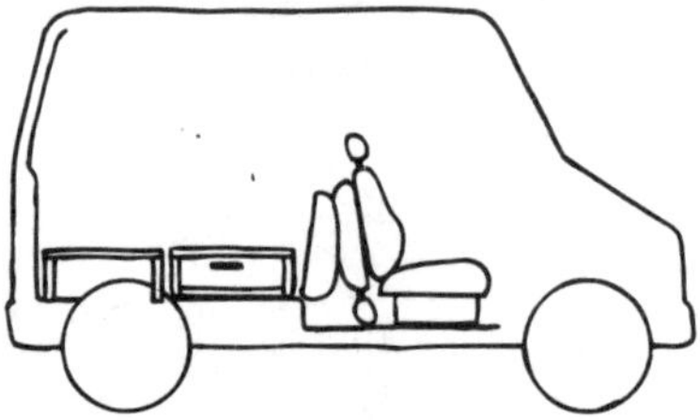

2 將後座的椅子摺疊起來測量深度。這個長度的一半就是收納箱的深度。高度也要列入考慮範圍。

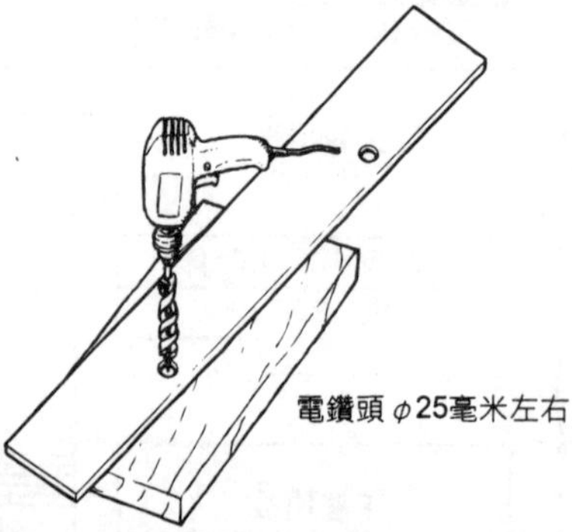
電鑽頭 φ25毫米左右

3 在上層前板的適當位置，用電鑽鑽手指可以放入的洞，再用砂紙（中磨砂紙＃120左右）打磨。

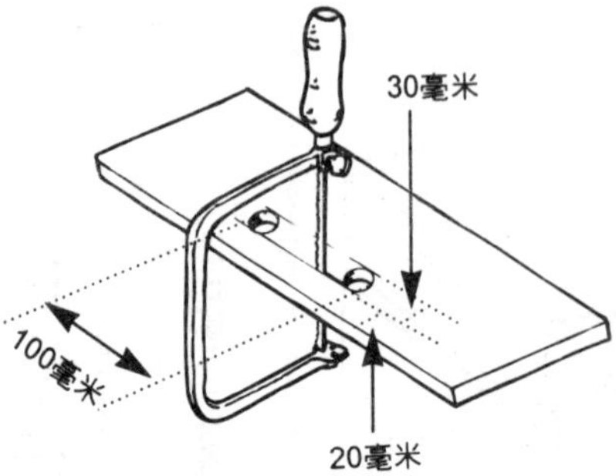
30毫米
100毫米
20毫米

4 上層的側板也要鑽洞。首先用電鑽頭 φ5～10毫米的電鑽鑽洞，然後用線鋸鋸開。也要用中磨砂紙＃120左右打磨。

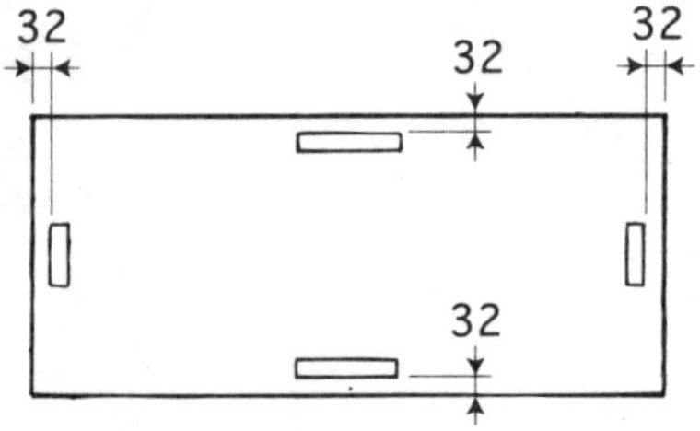
32
32
32
32

凹頭鋼釘
L：15毫米左右

5 如圖所示，用螺絲釘將100毫米和200毫米的木板固定在下層頂板上。

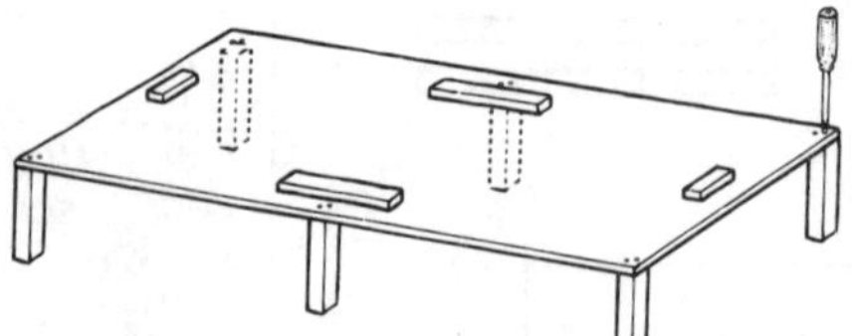

凹頭鋼釘
L：25毫米左右

6 用螺絲釘將桌腳固定在下層頂板上。

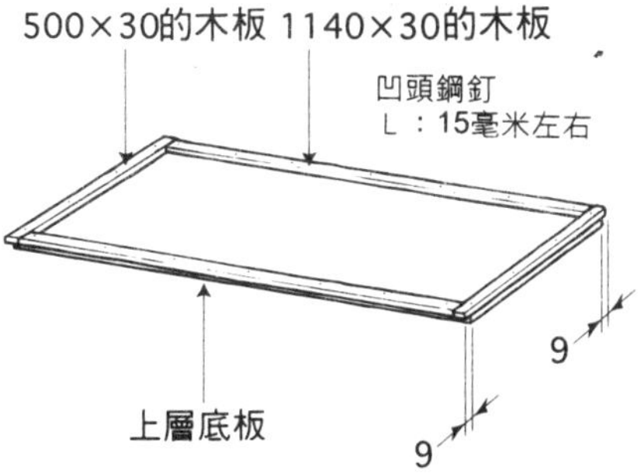
500×30的木板 1140×30的木板
凹頭鋼釘
L：15毫米左右
9
9
上層底板

7 上層底板翻面，如圖所示，用螺絲釘將寬30毫米的木板固定在周圍。

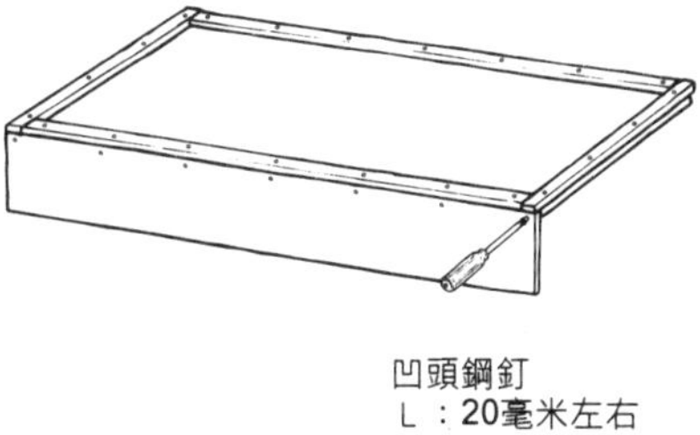
凹頭鋼釘
L：20毫米左右

8 用螺絲釘將背板固定在上層底板上。

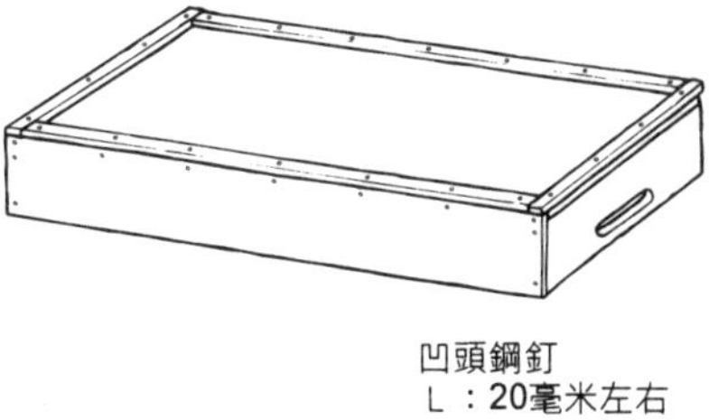
凹頭鋼釘
L：20毫米左右

9 用螺絲釘固定兩側的側板。

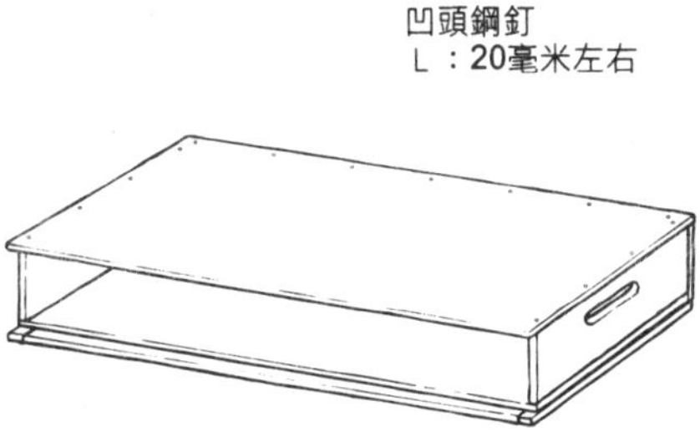
凹頭鋼釘
L：20毫米左右

10 頂板從上面蓋下來，用螺絲釘固定。

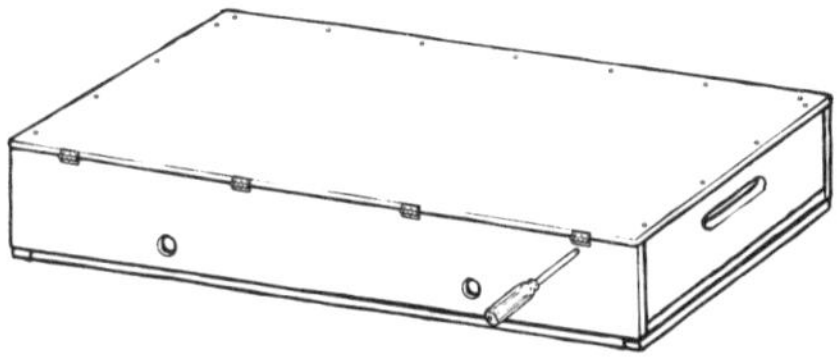

11 用鉸鏈將前板固定在頂板上。螺絲釘的長度9毫米以下。

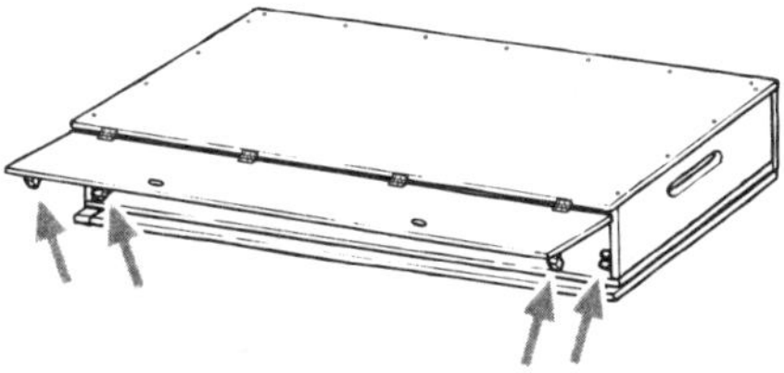

12 在適當的位置安裝滾輪固定夾即告完成。

花園躺椅

親手做做看夏天不可或缺的躺椅。夏天時，拿著啤酒躺在這兒悠閒的度過一天。零件很多，但是作法卻很簡單。

完成圖

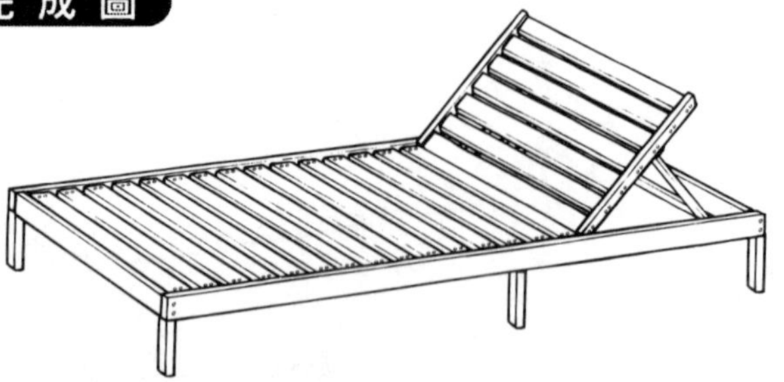

展開圖

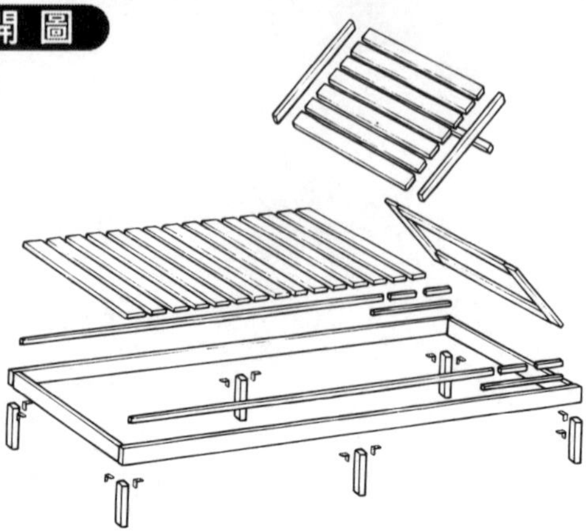

木材切割圖

1820×910　木板厚14毫米

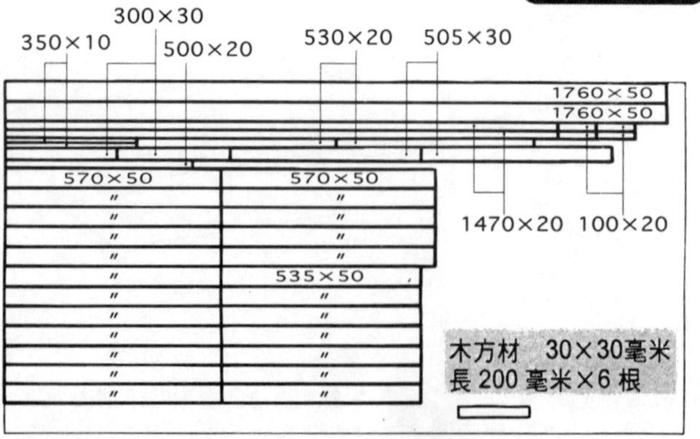

300×30
350×10
500×20
530×20
505×30
1760×50
1760×50
570×50
570×50
″
1470×20
100×20
535×50
木方材　30×30毫米
長 200 毫米×6 根

●材料

木板（杉木、檜木等）、螺絲釘、L字型金屬零件

●主要工具

電動圓鋸、電鑽、螺絲起子、砂紙、木工用接著劑

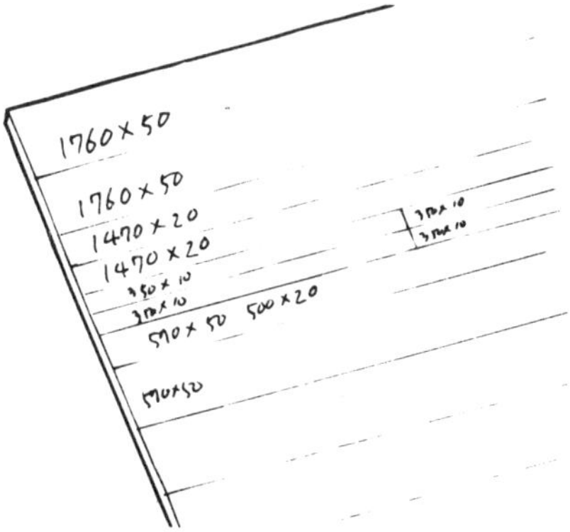
1760×50
1760×50
1470×20
1470×20
570×50
500×20
570×50

1 零件很多，所以別弄錯了，開始鋸之前要在板子上寫下尺寸。

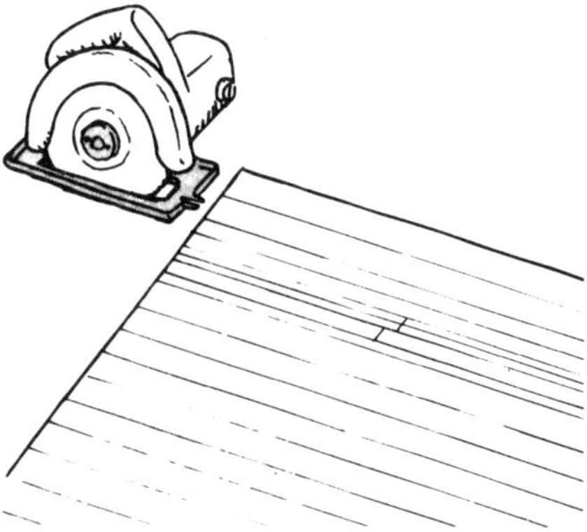

2 使用電鋸來鋸木板。有些木板比較細，要小心的鋸。使用普通鋸子較難鋸好。

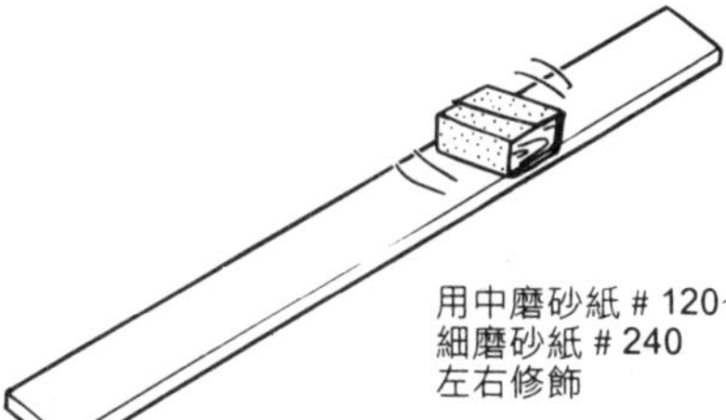
用中磨砂紙 # 120～
細磨砂紙 # 240
左右修飾

3 570 × 50毫米的躺椅部分木板和535 × 50毫米的椅背部分木板都會接觸到身體，所以要用砂紙打磨。

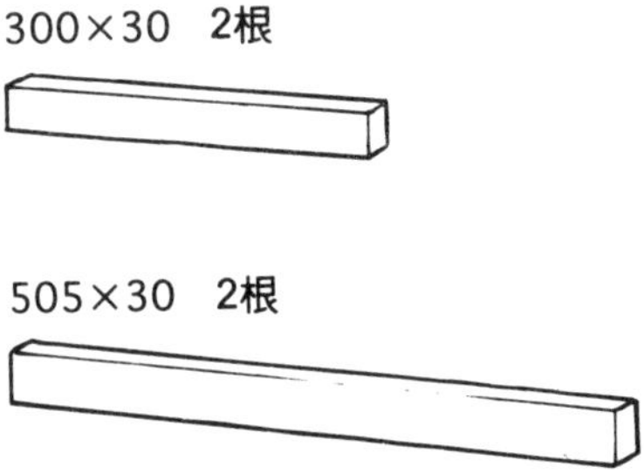
300×30　2根
505×30　2根

4 首先製作支撐椅背的木框。各準備二片505 × 30毫米和300 × 30毫米的木板。

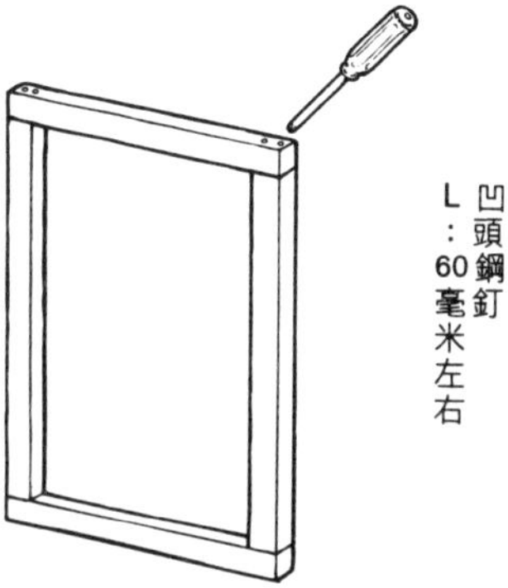
凹頭鋼釘
L：60毫米左右

5 如圖所示，塗抹木工用接著劑之後用螺絲釘固定。

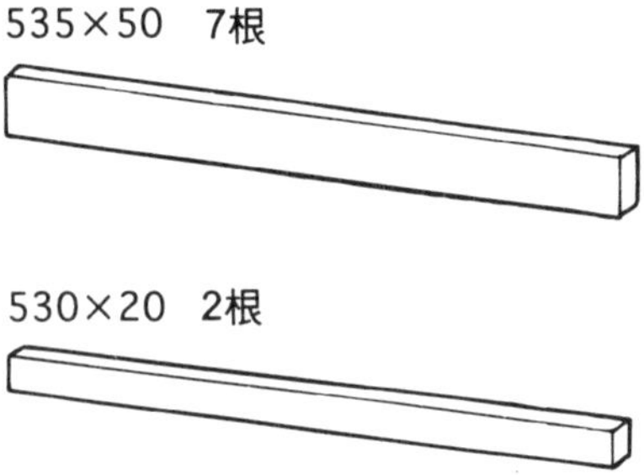
535×50　7根
530×20　2根

6 接著做椅背的部分，需要七根535 × 50毫米和2根530 × 20毫米。

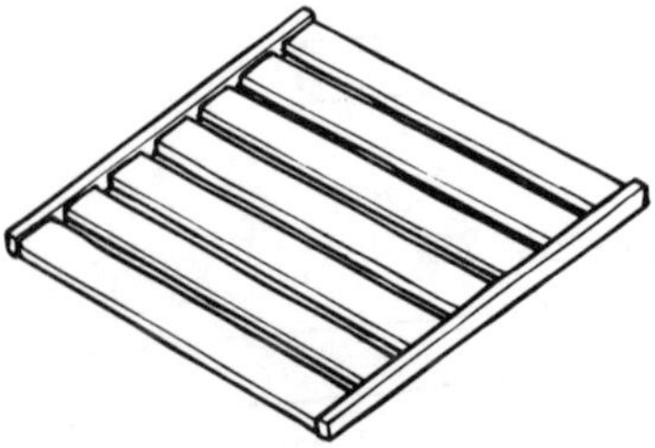

7 如圖所示，先排在地面上，木板與木板之間的間隔為30毫米。

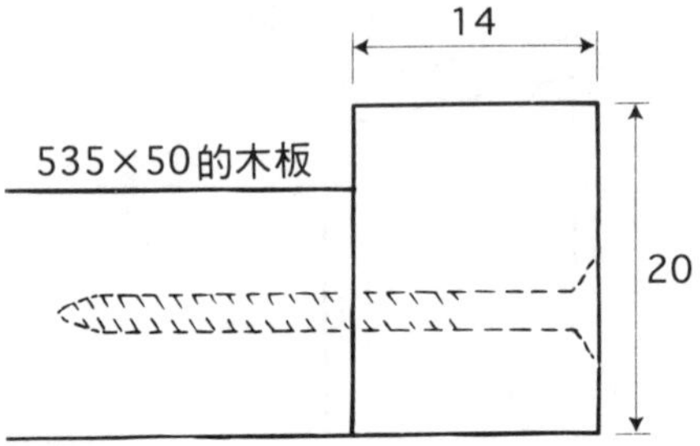
14
535×50的木板
20

8 從正側面看木板時，是採用如圖所示的固定方式。

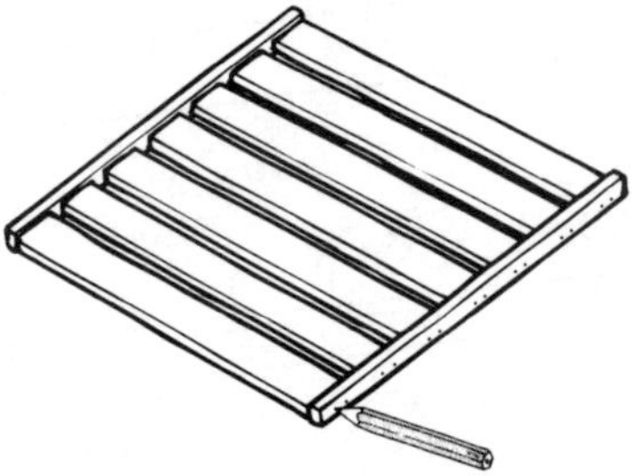

9 排起來沒問題後，接著決定螺絲釘的位置並做上記號。

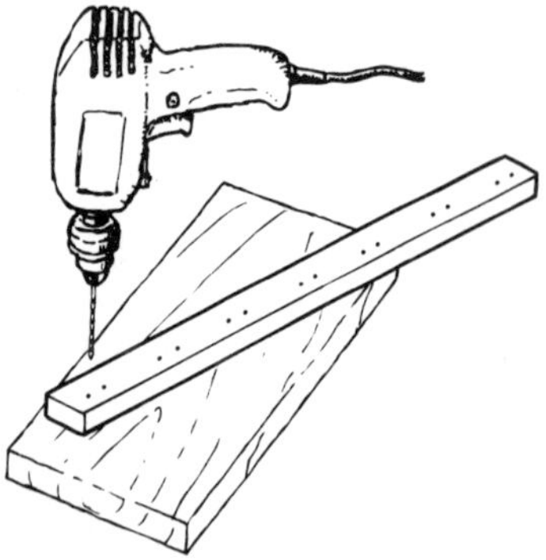

10 按照記號，用電鑽頭 ϕ2毫米的電鑽鑽洞。

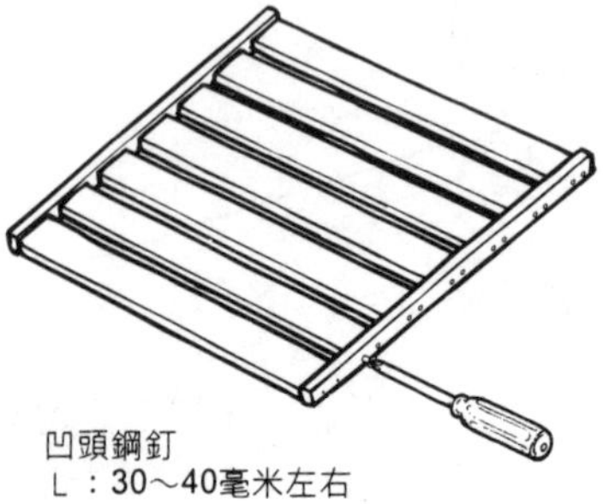
凹頭鋼釘
L：30～40毫米左右

11 用螺絲釘固定，如圖所示完成半成品。

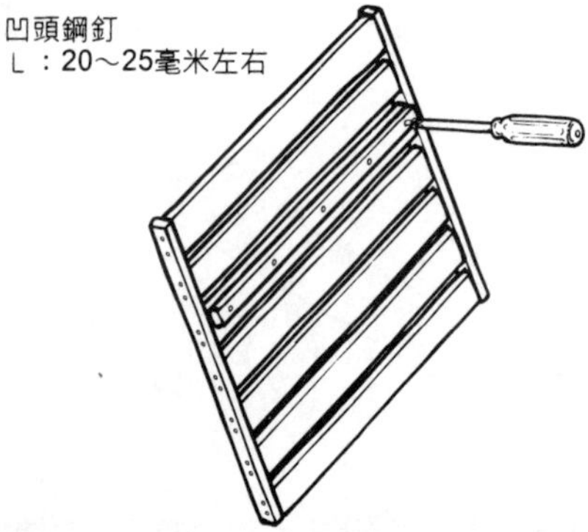
凹頭鋼釘
L：20～25毫米左右

12 準備500×20毫米的木板，將椅背部分翻面，用螺絲釘固定從上面算起第三個木板的上方。

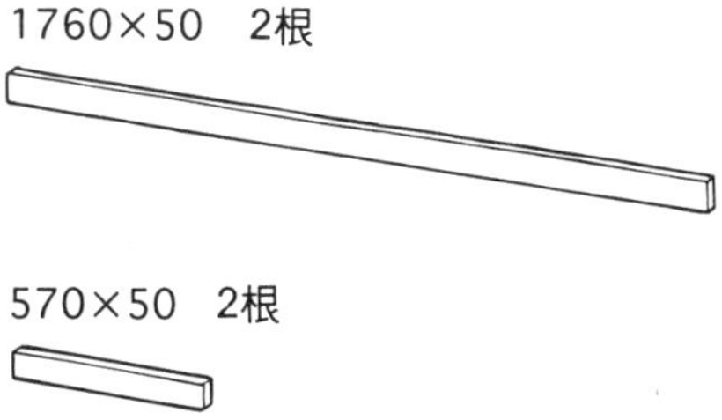
1760×50　2根
570×50　2根

13 做外框。需要二根1760×50毫米的木板和二根570×50毫米的木板。

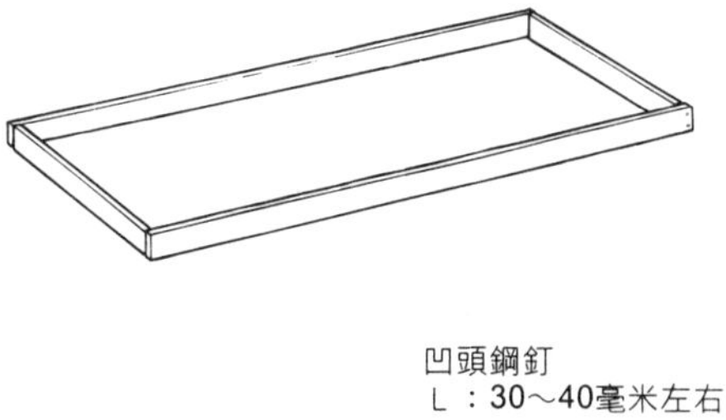
凹頭鋼釘
L：30～40毫米左右

14 如圖所示，使用木工用接著劑和螺絲釘固定。

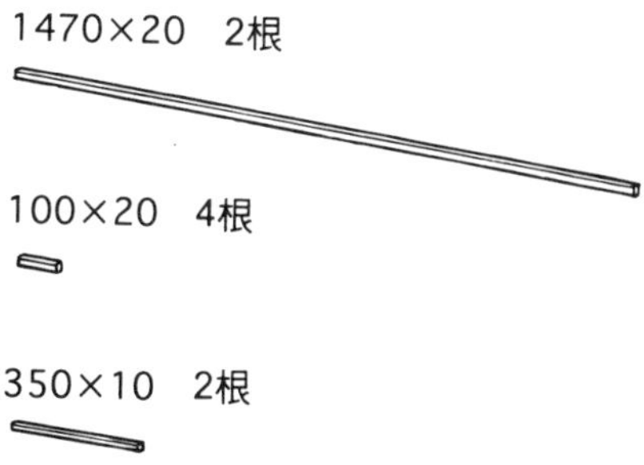
1470×20　2根
100×20　4根
350×10　2根

15 接著準備二根1470×20毫米的木板和四根100×20毫米的木板、二根350×10毫米的木板。

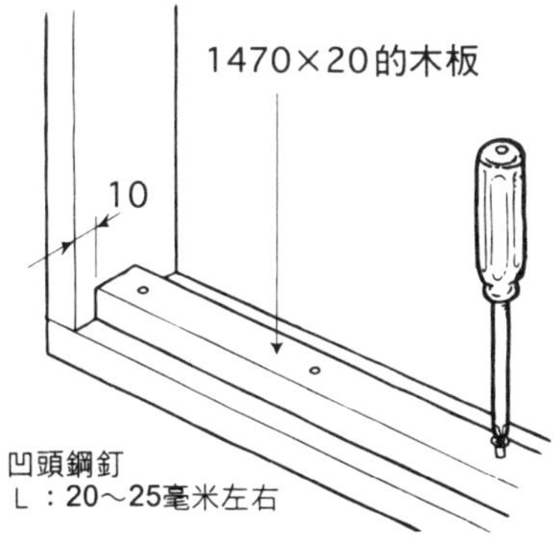
1470×20的木板
10
凹頭鋼釘
L：20～25毫米左右

16 1470毫米的木板固定在外框較長邊的內側下方10毫米處。左右都要固定。

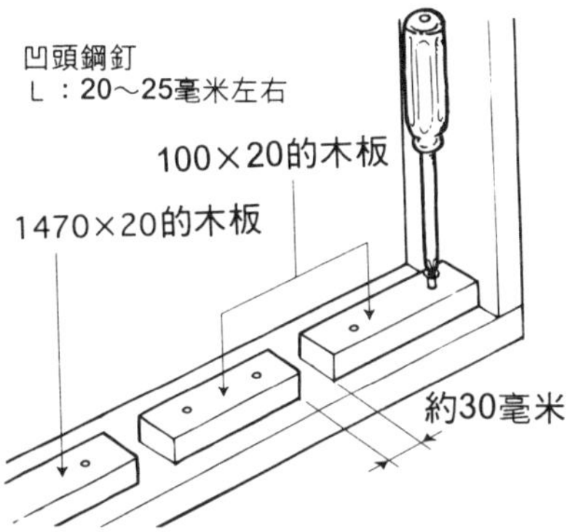
凹頭鋼釘
L：20～25毫米左右
100×20的木板
1470×20的木板
約30毫米

17 留在後面的空間，間隔30毫米固定100毫米的板子。

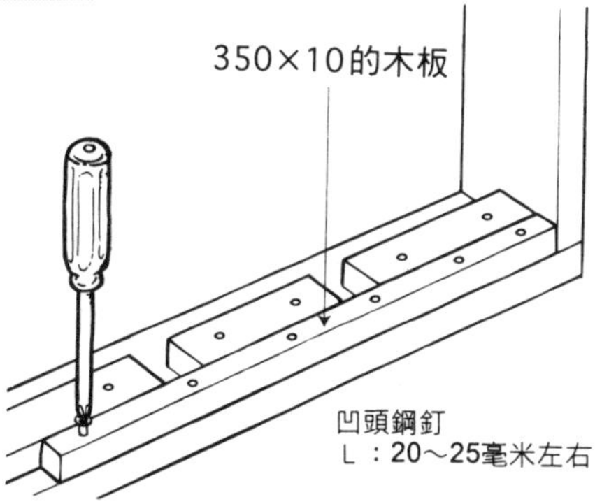
350×10的木板
凹頭鋼釘
L：20～25毫米左右

18 下方空出來的10毫米則固定350×10毫米的木板。先用電鑽頭 ϕ2毫米的電鑽鑽洞再固定較不容易破裂。

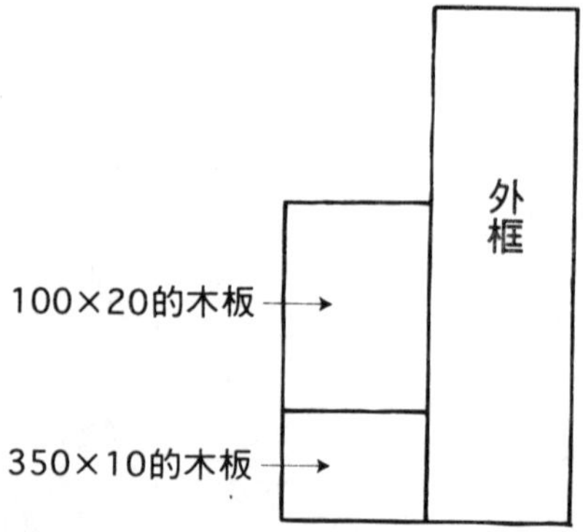
外框
100×20的木板
350×10的木板

19 從側面看這個部分，會變成如圖所示的樣子。

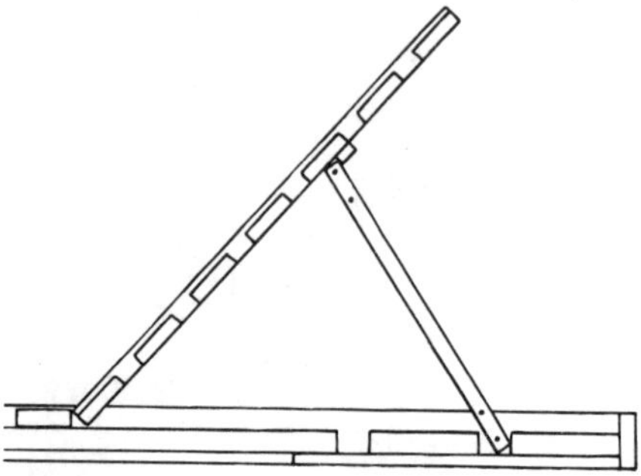

20 將支柱框插入木頭縫隙之間來使用。

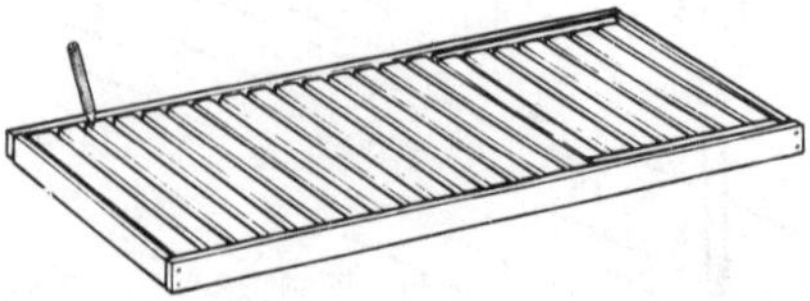

21 準備15根570×50毫米，將所有的木板排在外框上試試看。椅背頭部的上方要間隔10毫米左右。

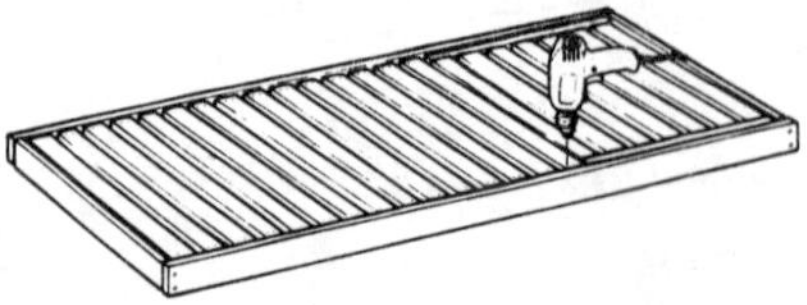

22 決定好位置之後做記號，用電鑽頭 ϕ2毫米的電鑽鑽洞。

凹頭鋼釘
L：20～25毫米左右

23 用螺絲釘固定所有的木板。

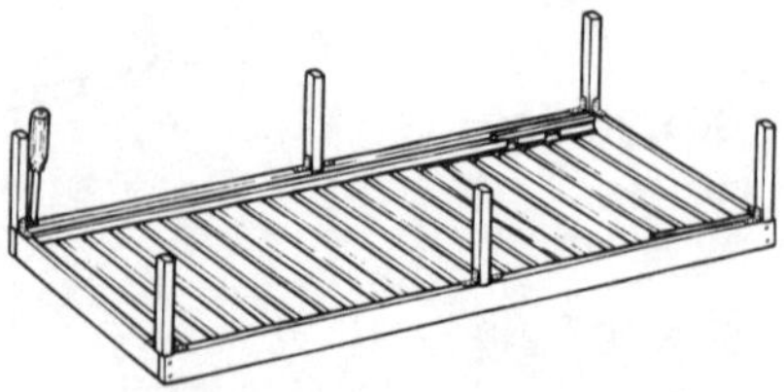

24 翻面，用 L 字型金屬零件固定六根木方材即告完成。

第7章

木工的基本知識

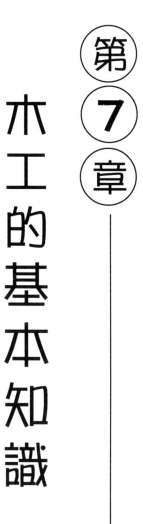

木材的基本知識

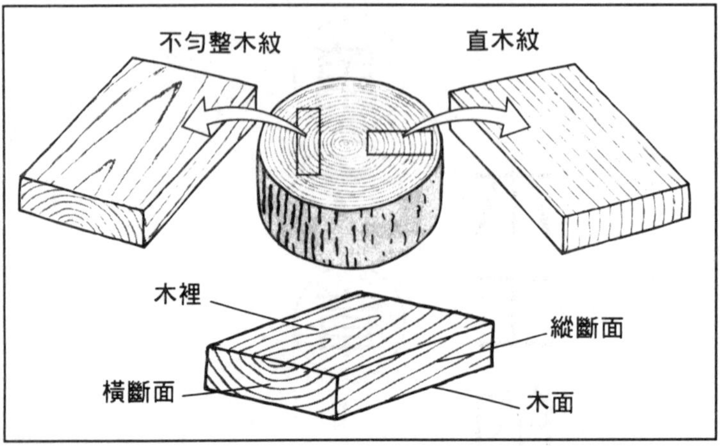

依不同的用途挑選不同的木材種類，這點相當重要。在此解說容易購買到的木材的特徵與用途。

不勻整木紋與直木紋

依製材（鋸木）時切割法的不同，木材可以分為不勻整木紋和直木紋。不勻整木紋是，沿著年輪製材，木紋的範圍較寬廣的橫斷面就是年輪。

而直木紋則是朝向木材的中心垂直製材的木材，木紋平行。直木紋的木材，即使乾燥，木材也不會翹彎或縮縐，而且木紋很美，算是高級品。

主要木材的種類與特徵

●柳安

木紋較粗，節較少，木紋不明顯。具有容易加工的特徵，但是釘釘子時容易裂開。在大賣場就可以買到，可以當成入門用的材料。

●杉木

既軟又輕，容易加工。廣泛用來當成國內住宅用建材。然而耐水性不佳，若是用於戶外則必須刷油漆。

●檜木

耐水、耐濕，具有持久性。容易加工，木紋美，是被用來當成住宅基礎或支柱的高級木材。

●松木

樹脂含量較多，因此耐水性和強度極佳。此外，釘子、螺絲釘的保持力也不錯。但是因為很硬，所以很難加工。

●闊葉樹

山毛櫸或櫟樹、光葉櫸樹、樺木等闊葉樹，非常堅硬，而且木紋細緻，具有很好的持久性。被當成高級家具或地板材料。但是不容易加工，所以很難在大賣場買到。雖然具有木工材料的魅力，但並不適合初學者。

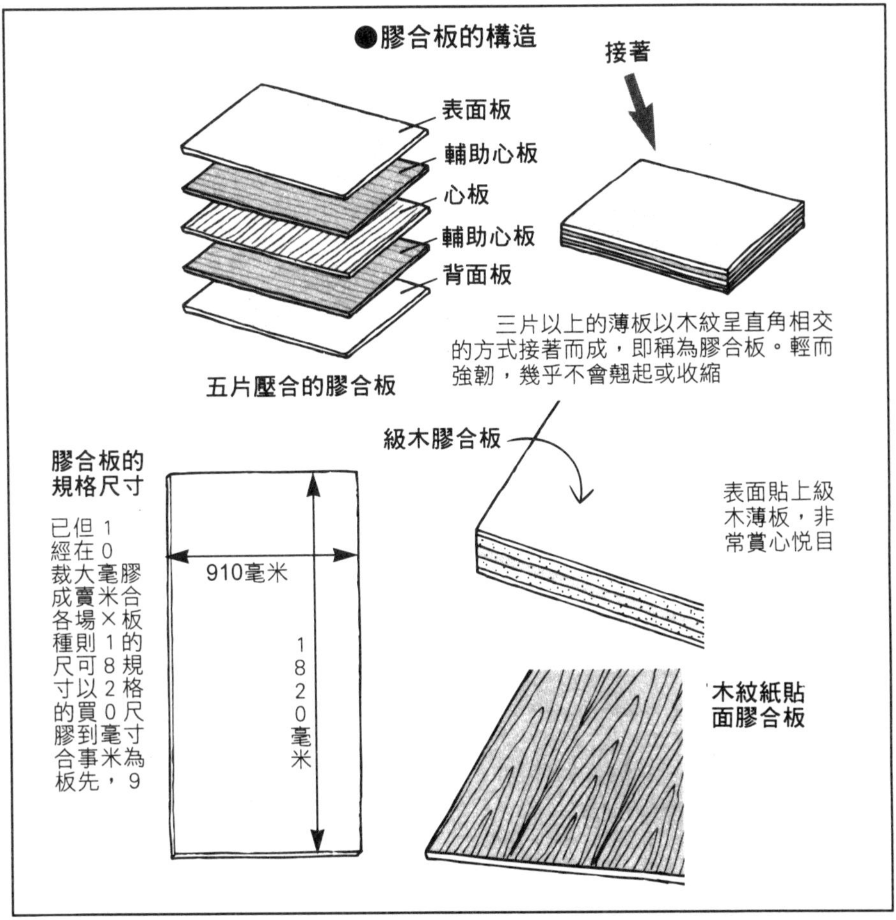
●膠合板的構造
接著
表面板
輔助心板
心板
輔助心板
背面板
三片以上的薄板以木紋呈直角相交的方式接著而成，即稱為膠合板。輕而強韌，幾乎不會翹起或收縮
五片壓合的膠合板
級木膠合板
表面貼上級木薄板，非常賞心悅目
膠合板的規格尺寸
膠合板的規格尺寸為910毫米×1820毫米，但在大賣場則可以買到事先已經裁成各種尺寸的膠合板
910毫米
1820毫米
木紋紙貼面膠合板

多層膠合板的特徵與種類

多層膠合板是指三片以上的薄板重疊壓合而成的膠合板，也稱為夾板或三合板。薄板重疊時，交互木板的木紋呈直角相交接著，因此不容易伸縮，量輕具有持久性，價格便宜。

以耐水性來區分膠合板，從優秀的依序分為一等、二等、三等的規格。擺在大賣場的膠合板，大多是具有中度耐水性的二等。

●柳安膠合板

是最普遍的一種膠合板，價格便宜。木紋翹彎，可以當成底板等用在不顯眼的地方。

●級木膠合板

柳安膠合板的表面板貼上級木薄板。雖然價格比柳安膠合板貴，但木紋美觀，粉刷後賞心悅目。

●木紋紙貼面膠合板

在膠合板表面印刷木紋或圖案的膠合板。不需再粉刷表面就很美

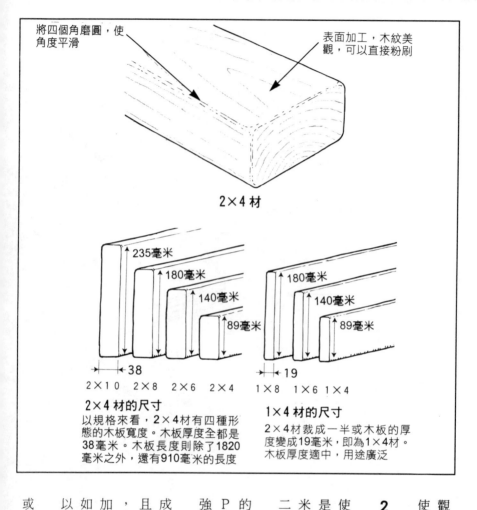

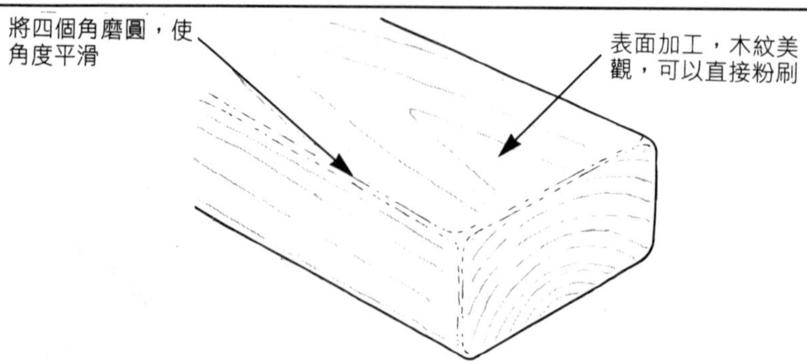
將四個角磨圓，使角度平滑
表面加工，木紋美觀，可以直接粉刷

2×4 材

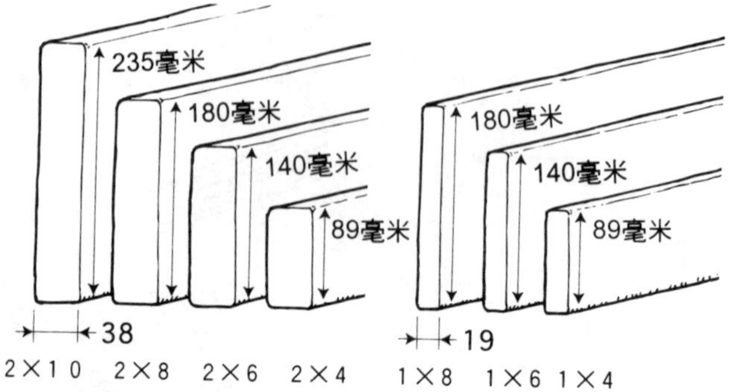
235毫米
180毫米
140毫米
89毫米
180毫米
140毫米
89毫米
38
19
2×10
2×8
2×6
2×4
1×8
1×6
1×4

2×4 材的尺寸

以規格來看，2×4材有四種形態的木板寬度。木板厚度全都是38毫米。木板長度則除了1820毫米之外，還有910毫米的長度

1×4 材的尺寸

2×4材裁成一半或木板的厚度變成19毫米，即為1×4材。木板厚度適中，用途廣泛

觀，多半當成經濟的室內裝潢木材使用。

2×4材

住宅工法之一的2×4工法所使用的建材為2×4材。2×4材是指所有木板厚度規格為三十八毫米，木板的寬度則從八十九毫米到二三五毫米，共有四種。

2×4材使用的是稱為SPF的北美的松科樹木，所以也稱為SPF2×4材。SPF不易翹彎，強韌度極高，可當成住宅用建材。

此外，2×4材表面加工，當成木工用木材，成品非常美觀，而且不需事先處理即可粉刷。節稍多，木紋美麗。市面上還有販售利用加壓注入防蟲防腐劑的2×4材。如果這種2×4材不需粉刷，就可以當成夾板等室外用的木板材。

厚三十八毫米，可以當成家具或室外用桌椅的材料。

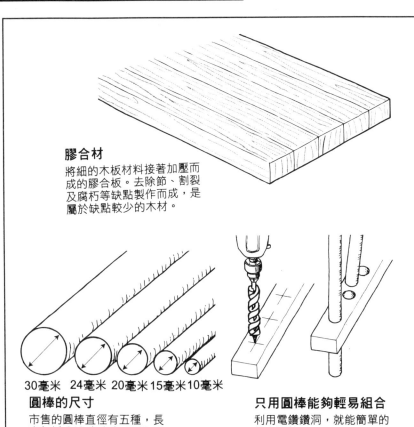

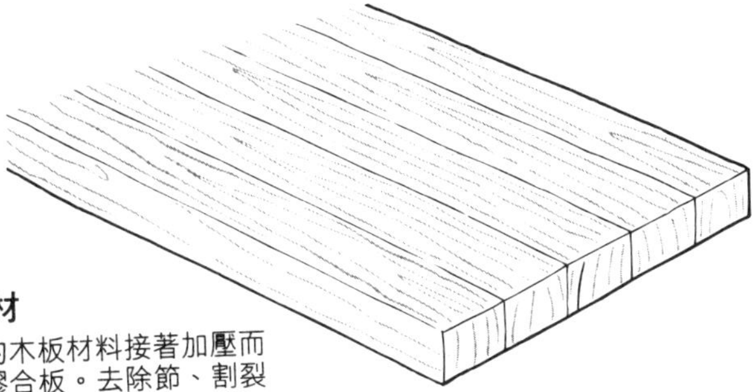

膠合材

將細的木板材料接著加壓而成的膠合板。去除節、割裂及腐朽等缺點製作而成，是屬於缺點較少的木材。

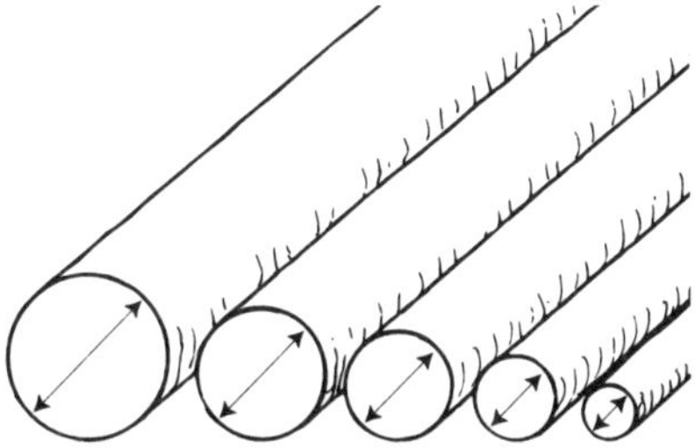
30毫米
24毫米
20毫米
15毫米
10毫米

圓棒的尺寸

市售的圓棒直徑有五種，長度包括 910 毫米和 1820 毫米。

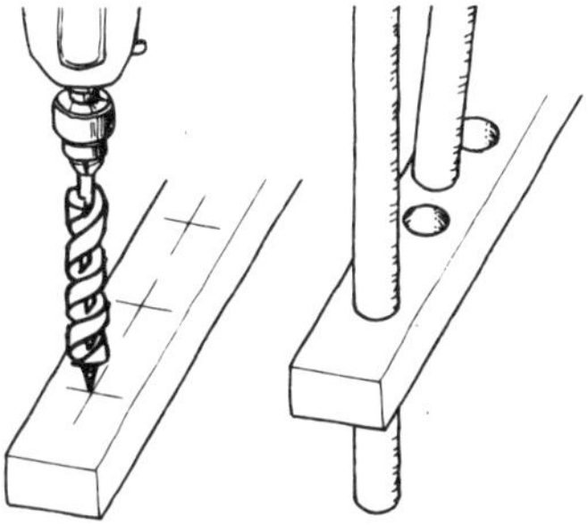

只用圓棒能夠輕易組合

利用電鑽鑽洞，就能簡單的組合圓棒。

膠合材（集成材料）

松木或杉木等的木方料或木板貼合，成為更大的木方材或木板，即膠合材。不會因為乾燥而收縮，所以不易翹彎或裂開，強韌度高。在大賣場可以買到膠合材。

在住宅方面，膠合材被當成木質地板材料或支柱等來使用。假日DIY則適合當成桌子的面板等家具的材料。

堅固耐用，也可以當成擱板來使用。粉刷之後，木紋美觀。

圓棒

除了2×4材和膠合材之外，在大賣場還可以買到圓棒。圓棒可以當成毛巾架的材料來使用或做重點利用，點綴作品。

另外，不需要使用鑿子等，利用電鑽或錐子等在母質上鑽洞，就可以輕易的加以組合。這就是圓棒的魅力。尺寸多樣化，其中以柳安圓棒的價格較適中。

測量工具和基本知識

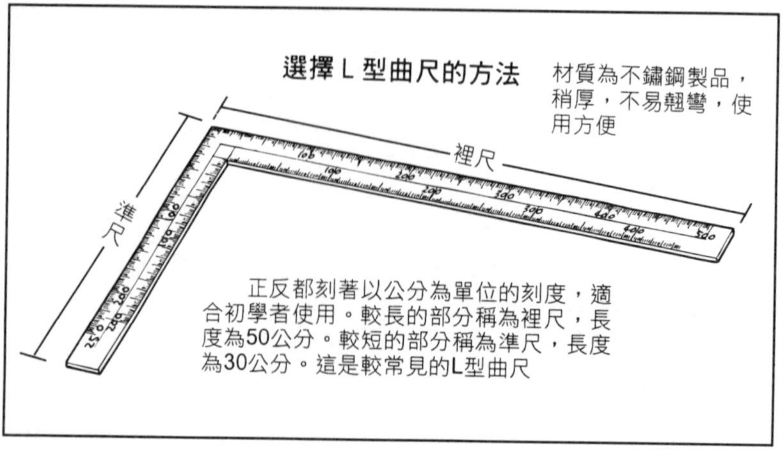
選擇L型曲尺的方法
材質為不鏽鋼製品，稍厚，不易翹彎，使用方便
裡尺
準尺
正反都刻著以公分為單位的刻度，適合初學者使用。較長的部分稱為裡尺，長度為50公分。較短的部分稱為準尺，長度為30公分。這是較常見的L型曲尺

無法測量出材料正確的尺寸，就無法完成理想的作品，所以測量作業相當重要。

L型曲尺的知識

木工們經常使用的測量工具之中，最具代表性的尺是L型曲尺，可以用來測量尺寸或畫直角。熟練的人甚至可以等分木板寬度，同時測量圓形木材的圓周。

不過，要完全熟知L型曲尺的用法，需要豐富的知識和經驗。例如木工等專業人士，會使用L型曲尺畫弧線。當然，假日DIY不需具備這麼高明的技巧。

假日木工DIY較常用在畫直線上。此外，利用L型曲尺畫平行線相當方便。正反面都刻有以公分為單位的刻度的L型曲尺，較適合初學者使用。

L型曲尺的使用法

●畫直線

最基本的使用法是畫直線。畫直角時，將L型曲尺長的部分（裡尺）掛在木板或木方材的一端，就可以畫出與材料呈直角的線。

●畫平行線

按照畫直角線的要領移動L型曲尺，就可以畫幾條平行線。曲尺的寬度為十五毫米，可以利用此寬度畫出間隔十五毫米的平行線。

●測量直角

只要使用L型曲尺，就可以知道木方材的角度是否為直角。

●等分長度

等分木板時，要以L型曲尺的直角部分為頂點，斜抵住木板的一端，再將想要等分的單位刻度與另一端對合，就可以輕易的等分木板的一端。對合的刻度則最好是想要等分的長度可以除盡的長度。

L型曲尺的簡易用法

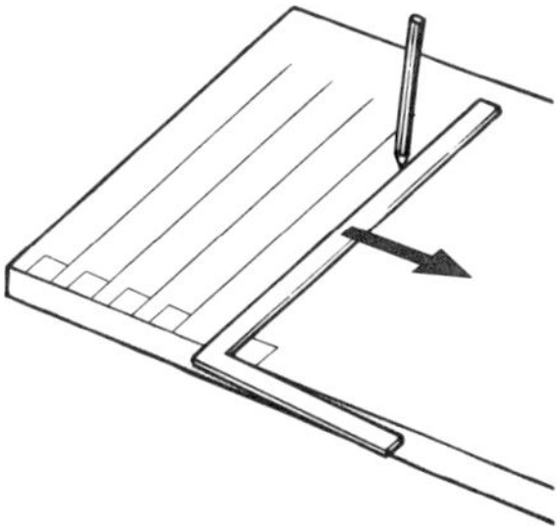

畫平行線

抵住橫斷面的一端，一邊移動一邊畫線，就可以輕易的畫出平行線。

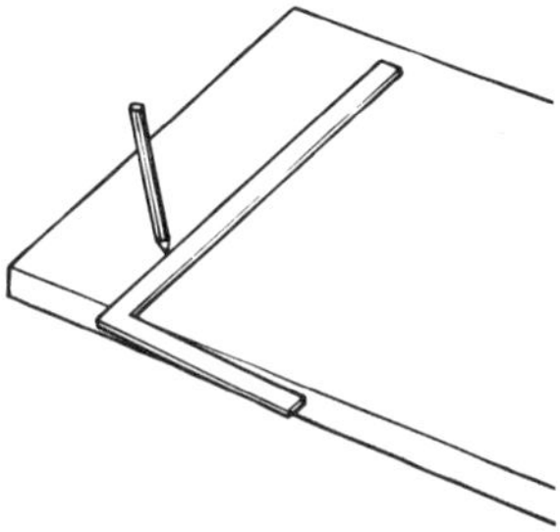

畫垂直線

一側抵住邊緣或縱斷面或橫斷面，沿著另一側畫線。

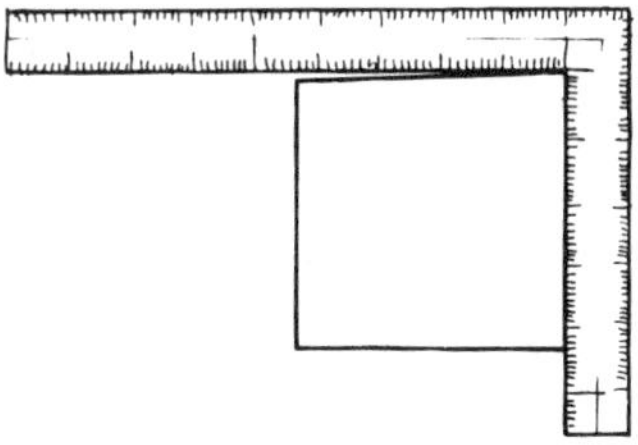

測量直角

兩側抵住橫斷面，沒有縫隙表示是直角。

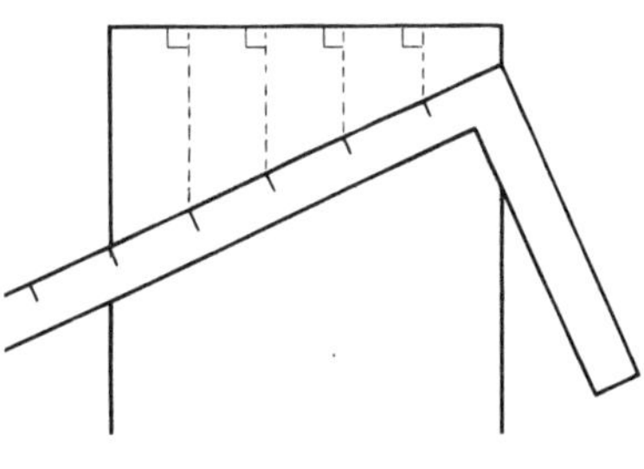

等分長度

即使是無法平均切割的木板，也可以輕易的等分長度。

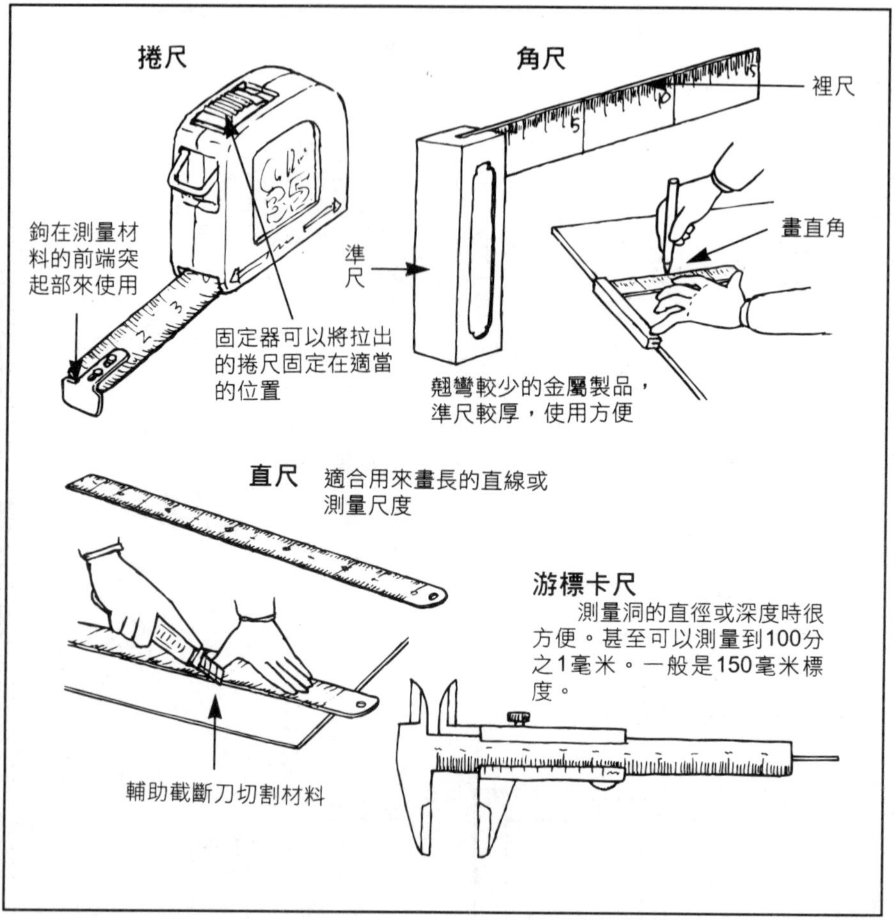

捲尺
角尺
裡尺
鉤在測量材料的前端突起部來使用
固定器可以將拉出的捲尺固定在適當的位置
準尺
畫直角
翹彎較少的金屬製品，準尺較厚，使用方便
直尺 適合用來畫長的直線或測量尺度
游標卡尺
測量洞的直徑或深度時很方便。甚至可以測量到100分之1毫米。一般是150毫米標度。
輔助截斷刀切割材料

其他的測量工具

●捲尺

用L型曲尺或直尺無法測量，或是利用長的木板切割必要材料時所使用的尺。木工用附帶刻度的捲尺是不鏽鋼製的，長三・五公尺。若是附帶將拉出捲尺中途固定的固定器，則使用起來更加方便。

●角尺

準尺的部分較厚，容易掛在材料上，畫出正確的直角。假日DIY時備妥，相當方便。

●直尺

適合用來畫長的直線或抵住截斷刀等來切割材料。如果是一公尺長，則可以選擇不鏽鋼或鋁等金屬製的直尺。

●游標卡尺

可以正確測量圓棒的直徑或洞的外徑、內徑及深度等。雖然不是必須品，但可以備用。此外，也有刻度部分為刻度盤的游標卡尺。

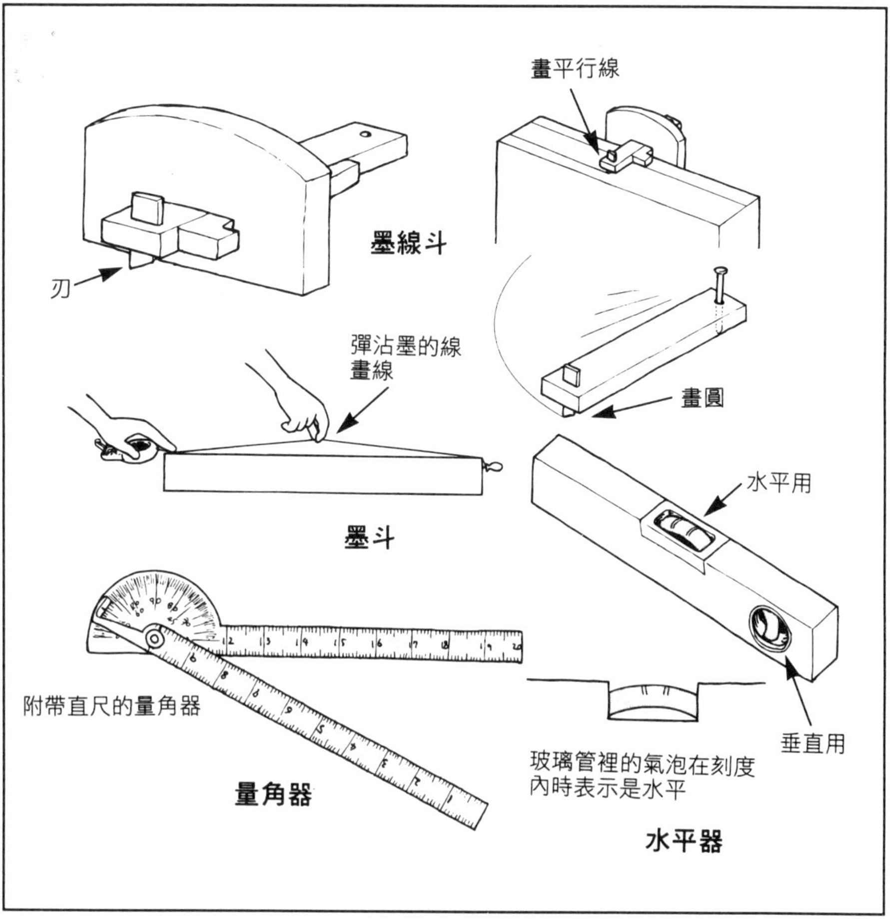
畫平行線
墨線斗
刃
彈沾墨的線
畫線
畫圓
墨斗
水平用
附帶直尺的量角器
量角器
垂直用
玻璃管裡的氣泡在刻度內時表示是水平
水平器

●墨線斗

沿著材料，正確畫出平行線時所使用的工具。可以利用刀鋒在材料上刻痕或畫線，在使用鋸子或鑿子時，具有引導的作用。此外，可以畫出正確的圓。

●墨斗

拉出沾墨的線，彈此線，就可以畫出長的直線。木工們經常使用墨斗，但要畫出正確的線，還是需要熟練的技巧。不必特別準備這種工具。

●量角器

能以任何角度在材料上畫線。假日ＤＩＹ備妥，方便使用。

●水平器

測量水平的工具。玻璃管內的氣泡收藏於刻度中，整組材料一起使用。在安裝架子時很實用。經濟實惠，不妨隨時備用。

鋸木工具與基本知識

正確的鋸材料是提高工作精準度不可或缺的作業。主要工具是鋸子。

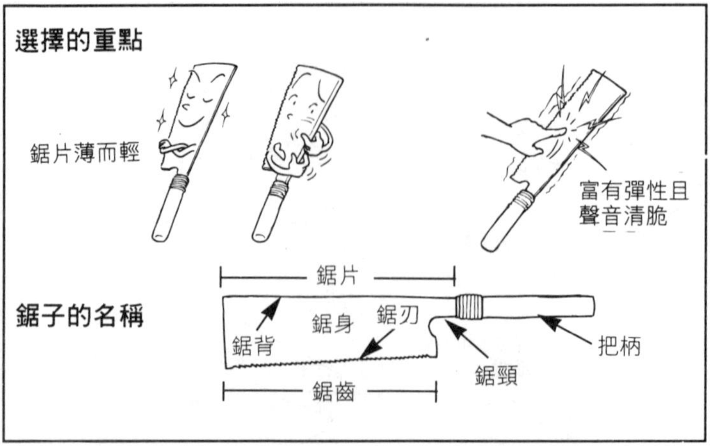
選擇的重點
鋸片薄而輕
富有彈性且聲音清脆
鋸子的名稱
鋸片
鋸背
鋸身
鋸刃
把柄
鋸頸
鋸齒

選擇鋸子的方法

鋸木材時不可或缺的工具是鋸子。除了假日木工DIY經常使用的雙面鋸之外，市面上還販售許多種適合各種用途的鋸子。準備數種鋸子，不只能夠擴大工作範圍，也能提升工作效率。

選購鋸子的標準是，鋸片薄而輕。鋸片薄表示是使用優質材料打造的。壓鋸片時有彈性，而且用指甲等彈刀刃時發出清脆的聲音，表示是優質鋸子。不過，若是要長期使用，仍然要定期銼鋸齒。此外，處理鋸片較薄的高級鋸子時，需要熟練的技巧，所以，初學者最好還是使用可以換刀刃的鋸子。

鋸子的種類

●兩面鋸

刀刃兩面具備與木紋呈平行鋸的縱鋸及與木紋呈直角鋸的橫鋸的鋸子。用途廣泛。若是只打算購買一種鋸子，則建議選擇雙刃鋸。

●更換刀刃式鋸

刀刃變鈍後可以更換的鋸子。最近的木工多半使用這種更換刀刃式的鋸子。更換的刀刃包括縱鋸、橫鋸或雙面式，具有各種的大小和種類。

●線鋸

如線般細刀刃的鋸子，可以用來鋸小的曲線或洞。鋸齒較細，如雙面鋸等無法做到的細小部位，可以改用線鋸。價格不貴，假日DIY時，一定要備妥這種工具。

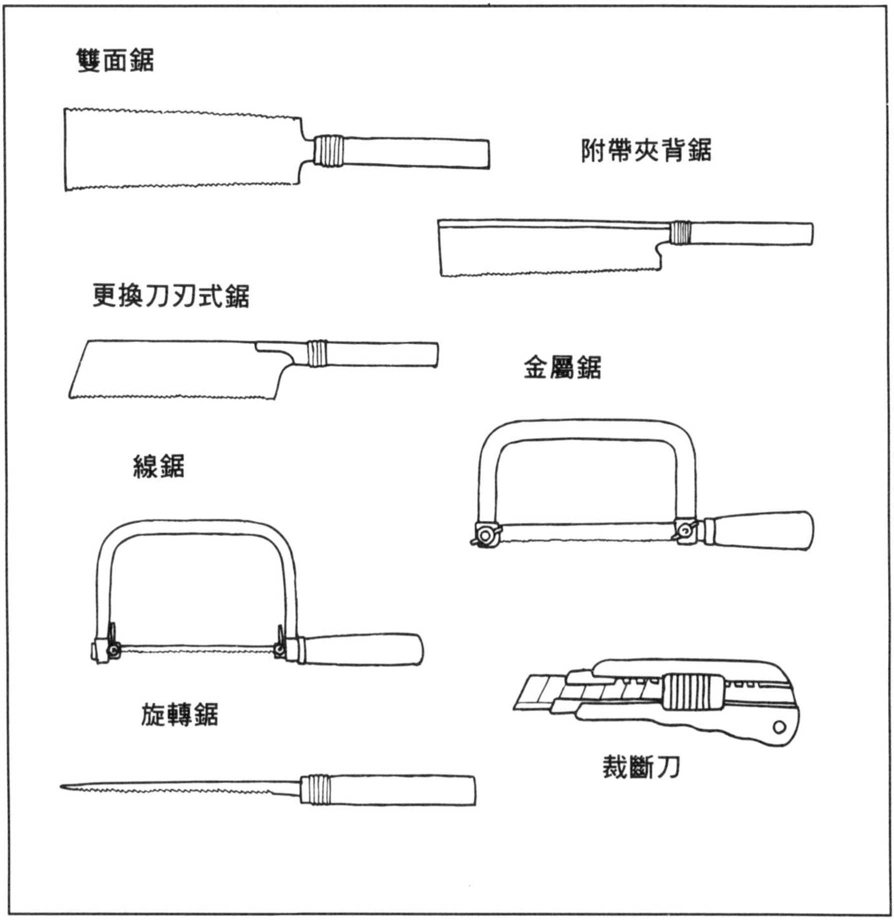

●旋轉鋸（鼠尾鋸）

鋸曲線或穿洞時，可以選擇這種附帶細刀刃的鋸子。若有線鋸，則不必勉強準備這種工具。

●附帶夾背鋸

鋸片極薄，為補強刀刃而嵌入夾背的鋸子。鋸片薄，能夠精確的鋸材料，可以進行枕頭加工，適合高級者使用。初學者使用的機會較少。

●金屬鋸（線鋸）

鋸斷金屬的鋸子。和線鋸同樣的，可以更換刀刃。用螺帽、螺母組合2×4材時，可以用來鋸斷突出的多餘螺帽。

●裁斷刀

雖然不是鋸子，但是事先備妥很方便。握柄部分稍大，安裝刀刃較寬的裁斷刀，可以用來鋸薄的膠合板。

使用鋸子的方法

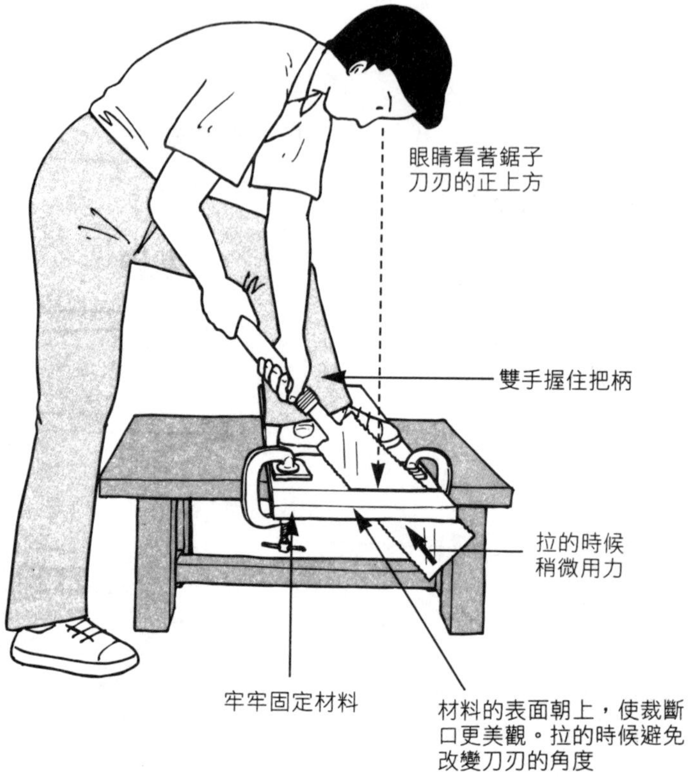
眼睛看著鋸子
刃刃的正上方
雙手握住把柄
拉的時候
稍微用力
牢牢固定材料
材料的表面朝上，使裁斷
口更美觀。拉的時候避免
改變刀刃的角度

基本使用方法

鋸子的鋸齒，分為縱鋸或橫鋸用。與木紋平行鋸是縱鋸，與木紋相交成直角來鋸就是橫鋸。縱鋸的鋸齒較橫鋸粗，而且橫鋸是上下刃紋交互排列，所以，能夠輕易的加以區分。

日本鋸子的鋸齒構造是上拉時可以鋸斷木材。上拉時木材嵌入鋸齒內，下壓時放鬆力量，這才是使用鋸子的祕訣。不過，上拉時不可隨意移動鋸齒，否則會使裁斷口不齊，損傷鋸齒。拉或推鋸子時，動作要順暢。用腳踩住待鋸的材料，或是用夾鉗牢牢固定，這都是高明鋸木材的祕訣。除了最初和最後拉的動作之外，雙手要握住鋸子的把柄，眼睛置於鋸子的正上方，這樣才能鋸出直的木材。

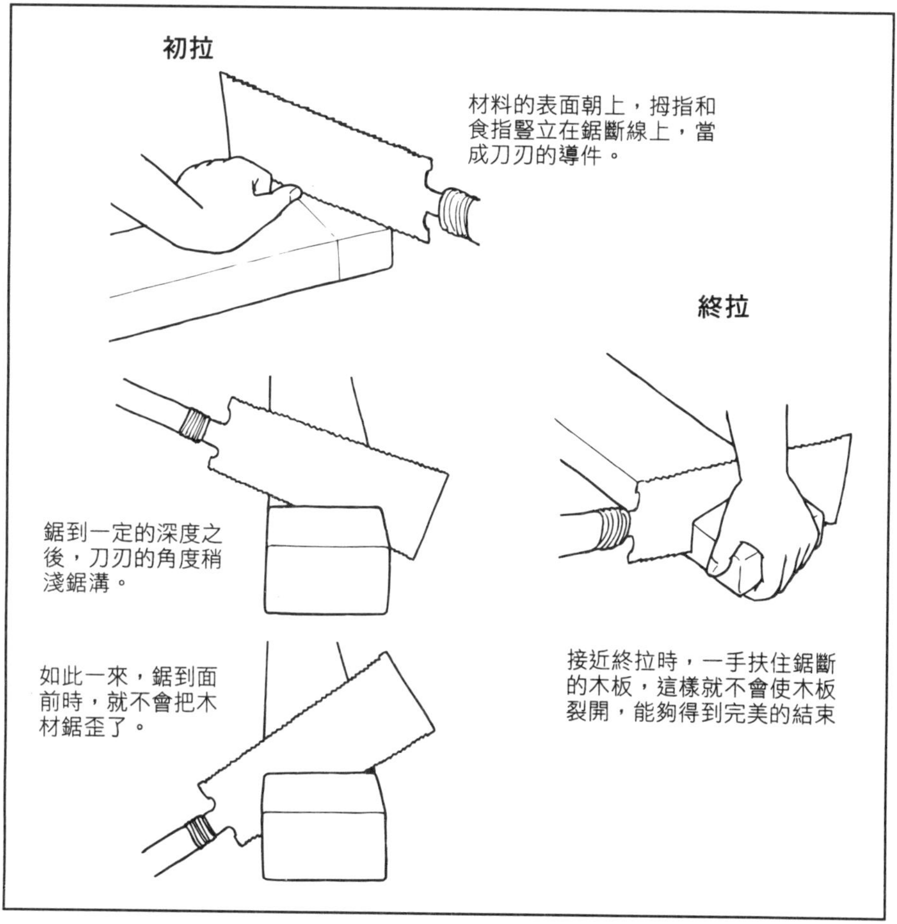
初拉
材料的表面朝上，拇指和食指豎立在鋸斷線上，當成刀刃的導件。
終拉
鋸到一定的深度之後，刀刃的角度稍淺鋸溝。
如此一來，鋸到面前時，就不會把木材鋸歪了。
接近終拉時，一手扶住鋸斷的木板，這樣就不會使木板裂開，能夠得到完美的結束

初拉的祕訣

使用鋸子時，最困難的是初拉的步驟。初拉的技巧不成熟，容易導致裁斷口不齊而使鋸斷線彎曲，無法鋸成理想的大小。因此初拉時要特別謹慎。

初拉時，拇指和食指豎立在鋸斷線上，當成刀刃的導件。鋸子則抵住鋸斷線的外側。好像鋸齒嵌入材料中似的，小幅度移動鋸子，就能夠巧妙的進行初拉。此外，初拉時，雙手握在接近刀柄刀刃附近的位置，較容易增減力量。

終拉的祕訣

進行終拉時，材料的重量可能會使木板裂開，必須特別注意。

一手扶住鋸斷的木板，和初拉時同樣的，握住鋸子接近刀刃部分的手柄上，小幅度移動鋸子，這樣就不會使材料裂開，能夠得到完美的結束。

正確鋸木材的技巧

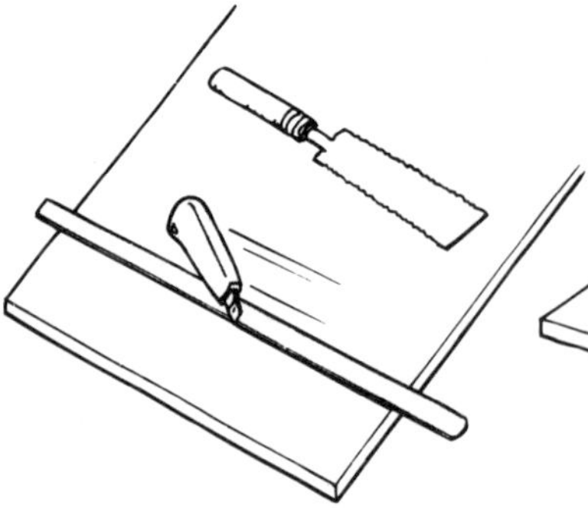

用裁斷刀劃裁斷溝

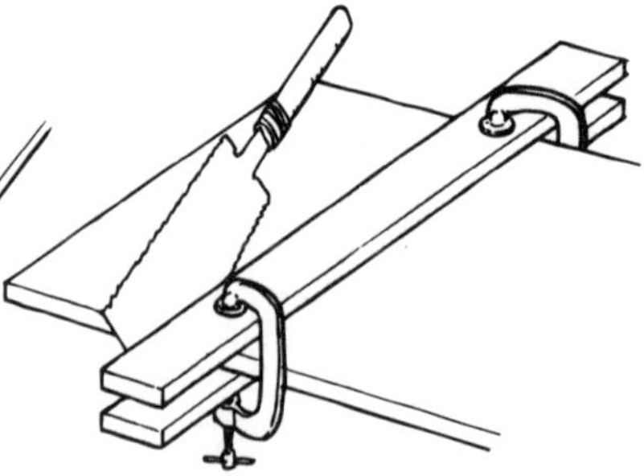

使用2塊導件

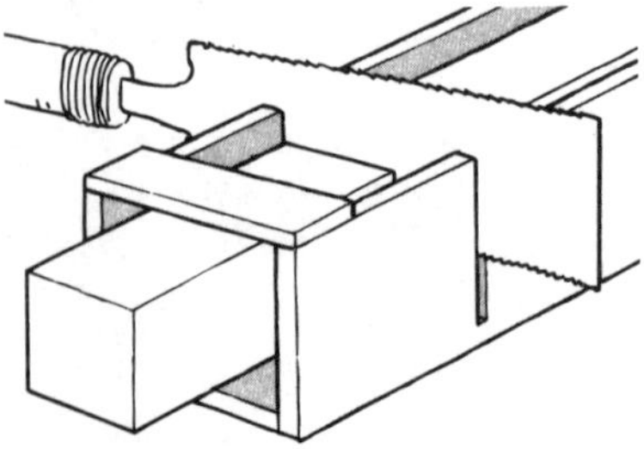

使用導件鋸木方材

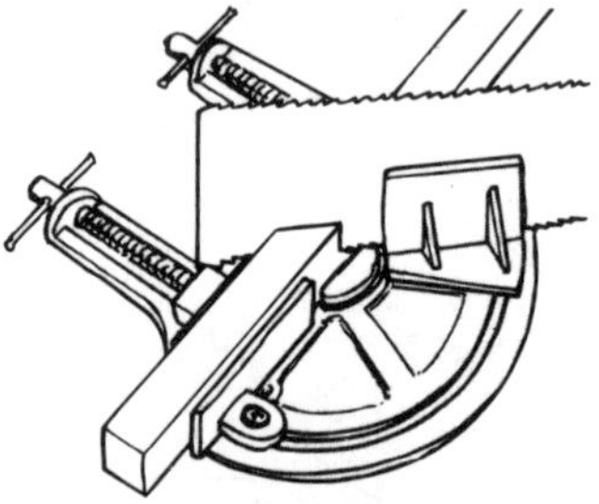

使用夾鉗

高明鋸木材的技巧

使用鋸子時，除了遵守基本事項之外，最重要的是要累積經驗。只要稍微下點工夫，則連初學者也能高明的鋸木頭。

對初學者而言，較辛苦的是裁斷面彎曲。能夠切成直面的簡易法是，將不需要的木板的裁斷面當成刀刃的導件。如上面的插圖所示，利用夾鉗等，將二塊木板固定於裁斷面。事先用裁斷刀劃上裁斷溝，效果更佳。

此外，對初學者而言，將木方材鋸成直角狀，也是困難的作業之一。為了避免彎曲，最簡單的方法是，在材料的二面劃上裁斷線，然後再沿著裁斷面鋸，就可以防止鋸歪。

另外，也可以自己製作木方材的導件，或是活用夾鉗等，就能正確的鋸木頭。

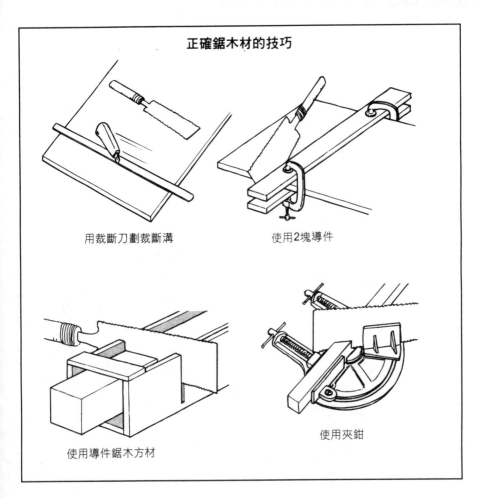

使用線鋸的方法

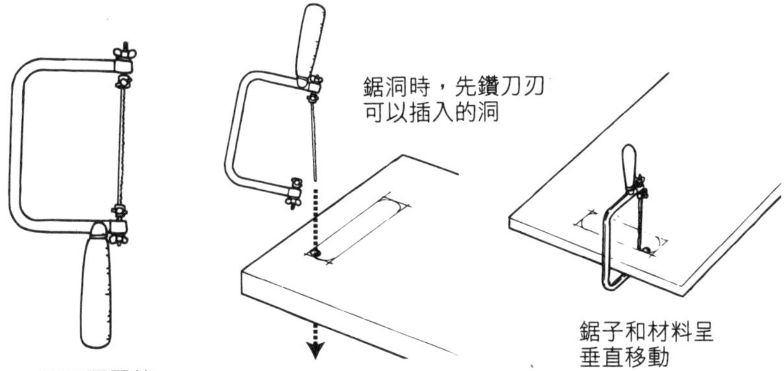
刀刃要緊繃

使用裁斷刀裁割膠合板

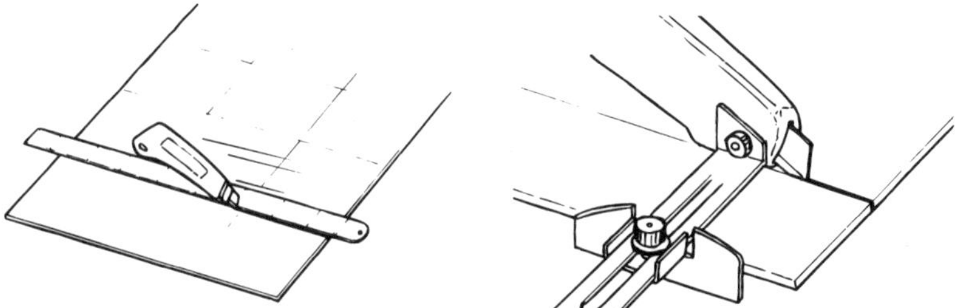
使用裁斷刀可以輕易
的裁斷薄的膠合板
市面上有販售較寬的裁斷刀，
即使沒有直尺，也可以裁割出
漂亮的木材

使用線鋸的方法

利用線鋸，可以在木板上鑽洞或鋸花紋。線鋸使得工作的範圍更廣泛，初學者一定要準備線鋸。

使用線鋸時，必須要讓刀刃緊繃。張力不夠，鋸木時刀刃可能會折斷，無法鋸出完美的曲線。刀刃與裁斷面垂直，輕輕移動，這就是使用線鋸的祕訣。此外，如果要鋸出洞，則最好事先用錐子或電鑽鑽一個可以讓刀刃插入的洞。

使用裁斷刀的方法

若是三毫米內稍厚的膠合板，則與其使用鋸材，不如使用大型的裁斷刀，較能順利的裁割，而且使用裁斷刀時，裁斷面不易彎曲。

使用裁斷刀時，避免刀刃過度伸出。刀刃過長，裁割木材時，刀刃容易斷裂，造成危險，要注意。

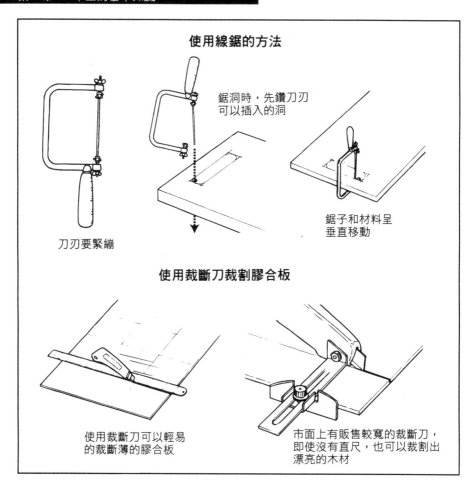

鉋削工具與基礎

修飾完美，做精細加工時不可或缺的工程就是鉋削作業。粉刷前需要鉋削。

各種鉋削工具

鉋材料表面使其平滑或修飾得更美的工具代表就是鉋子。經過鉋子修飾的木頭，木紋美麗，但是需要相當好的技術和經驗。

初學者在修飾表面時，一般較常使用的是砂紙。用砂紙修飾過的表面，雖然不像用鉋子修飾過的木紋那麼細緻，但至少能夠鉋削材料的表面。就算是初學者，也不容易失敗。

砂紙的發展型是砂紙盒。在塑膠製的架子上，安裝可更換式的研磨面。好拿，研磨面的持久性也比砂紙好。價格適中。適合用於修飾較大的面積。

銼刀與鑿子

鉋子或砂紙以外的鉋削工具是金屬製的銼刀。一般木工很少用到銼刀。不過，在進行修正或擴大用電鑽鑽開的洞時，使用銼刀相當方便，最好準備一把。

木工等專業人員所使用的鉋削工具是鑿子。鑿子是鑽洞後將材料牢牢組合起來所不可或缺的工具之一。和鉋子同樣的，必須具備非常高明的技巧才懂得如何使用鑿子。這是很方便的工具。可以應用在稍微加工時。

配合不同的用途，鑿子可分為數種。刀刃呈直線型的較易處理，使用範圍也較廣。刀刃寬度有六毫米～四十毫米之分。視需求準備即可

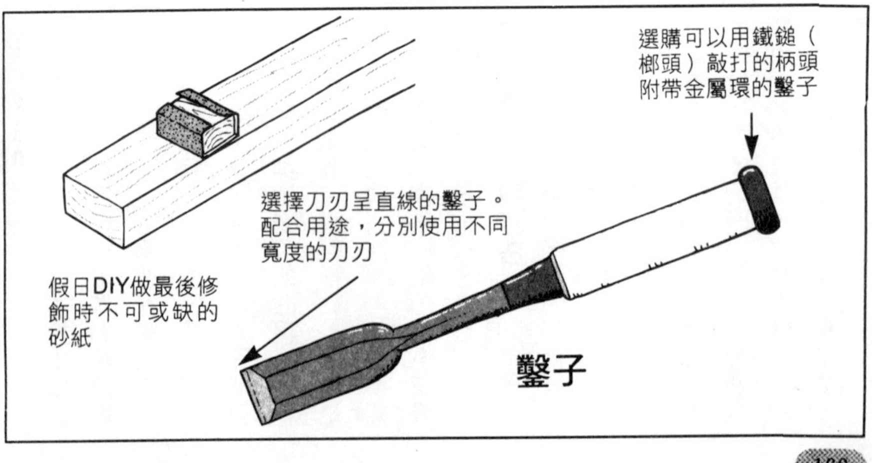
選購可以用鐵鎚（
榔頭）敲打的柄頭
附帶金屬環的鑿子
選擇刀刃呈直線的鑿子。
配合用途，分別使用不同
寬度的刀刃
假日DIY做最後修
飾時不可或缺的
砂紙
鑿子

使用砂紙的方法

背面記錄了顆粒的粗細

使用墊木就能均勻的鉋削廣大的表面

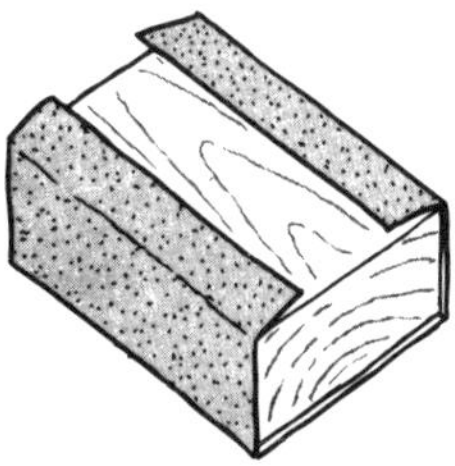

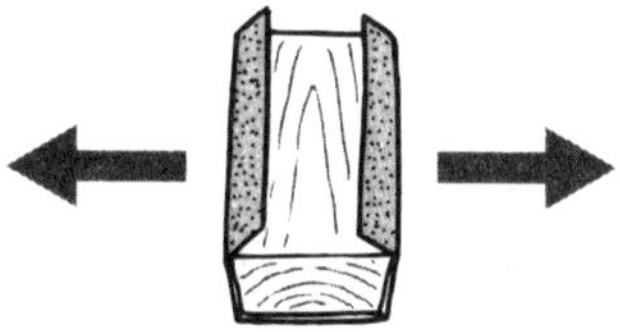

基本上要沿著木紋研磨

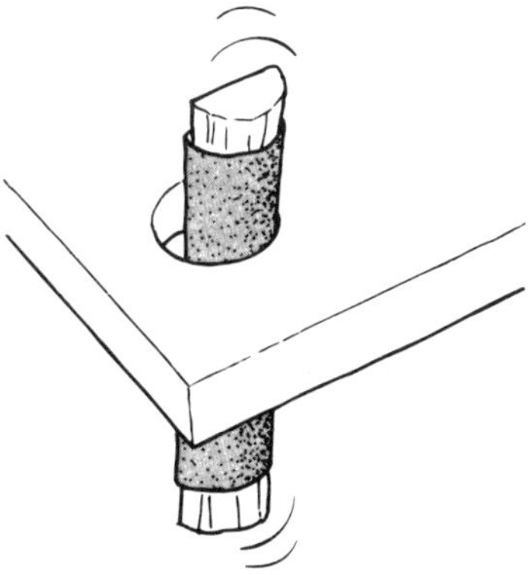

捲在棒子上就可以用來修飾曲面

使用砂紙的方法

砂紙是紙的表面附帶金屬顆粒的物質，可以用來研磨材料的表面。除了紙之外，還有持久性更佳的布製品或塗敷碳化硅等研磨粉末的砂紙。

準備各種粗細的砂紙。愈粗愈容易鉋削，但是表面會較為粗糙。其粗細以編號表示，編號愈小表示顆粒愈粗。

木工通常使用四十～六十號的粗磨砂紙。另外，還包括一〇〇～一五〇號的中磨砂紙，以及一八〇～三〇〇號的細磨砂紙。

表面完整的材料，可以從二〇〇號開始使用。

修飾範圍較大而平坦的面時，可以用砂紙裹住墊木再鉋削，這樣就能使研磨面承受均勻的力量，修飾出均勻的表面。此外，在鉋削曲面時，可以用砂紙裹住圓棒等再鉋削。

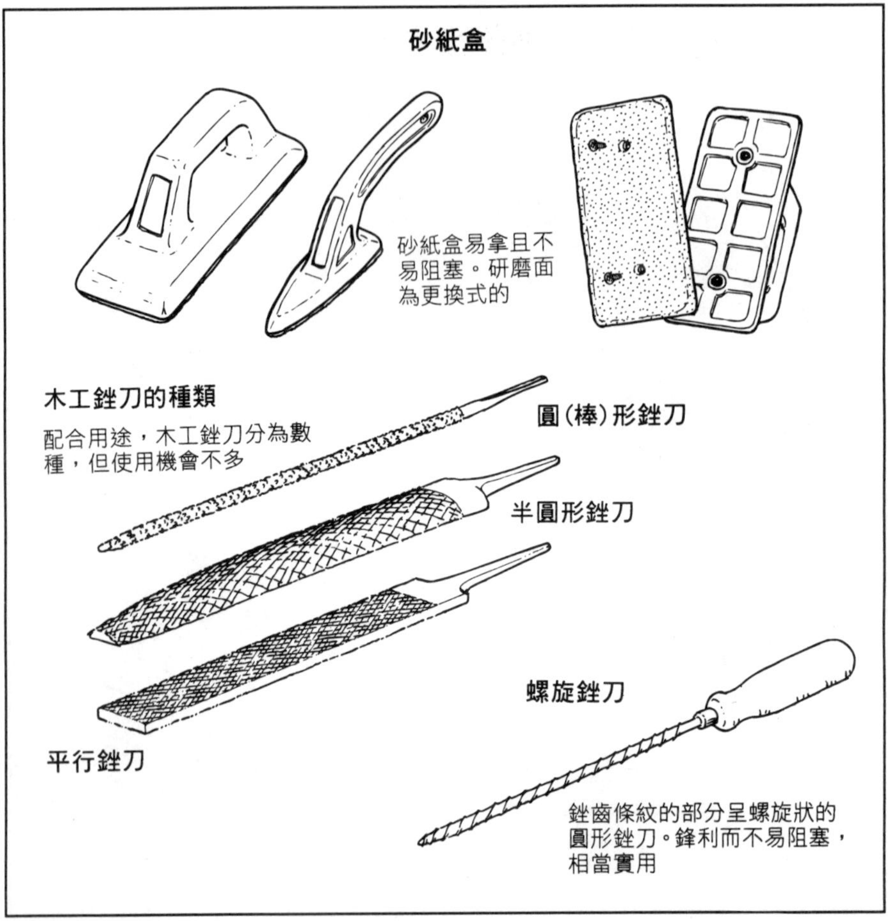
砂紙盒
砂紙盒易拿且不易阻塞。研磨面為更換式的
木工銼刀的種類
配合用途，木工銼刀分為數種，但使用機會不多
圓（棒）形銼刀
半圓形銼刀
平行銼刀
螺旋銼刀
銼齒條紋的部分呈螺旋狀的圓形銼刀。鋒利而不易阻塞，相當實用

砂紙盒和銼刀

砂紙盒比砂紙的研磨面更不易堵塞，而且較持久，所以能夠有效的進行表面加工。和砂紙同樣的，準備各種粗細不同的可更換式研磨面，可以配合目的或用途來使用。

金屬製的木工銼刀比砂紙或砂紙盒更能迅速的鉋削材料，但不適合用來刮圓等，而可以用來去除細工的角落，或是鉋削洞或弧度較大的溝等。

木工銼刀分為圓形（棒形）、半圓形、平行等不同種類的銼刀。其中圓形和半圓形是木工經常使用的銼刀。一側為半圓形，另一側為平行，兩側都具有研磨面的銼刀較實用。此外，還包括螺旋狀的圓形銼刀。因為不易阻塞，所以在擴大洞時，能夠有效的進行作業。

鑽洞工具

螺絲要先鑽洞或將圓棒組合在母質上時，必要的作業就是鑽洞。工具則是錐子和電鑽。

錐子的種類

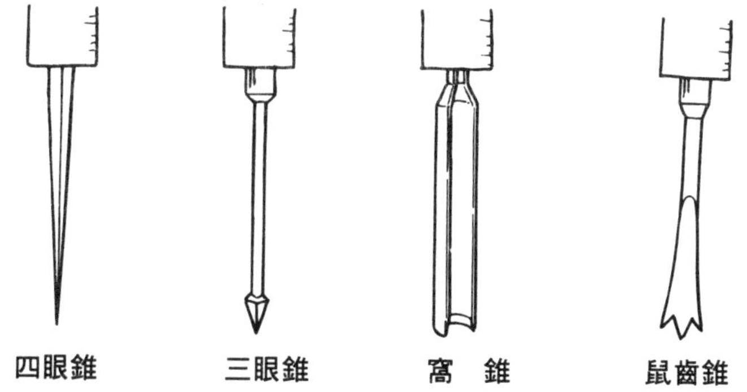

四眼錐
三眼錐
窩　錐
鼠齒錐

錐子的種類

以前經常使用的鑽洞工具是錐子。最近由於電鑽普及，所以假日DIY很少用到錐子。事實上，錐子相當實用。

錐子依刀刃種類的不同，可以分為四眼錐、三眼錐、窩錐和鼠齒錐。其中假日DIY較常用到的是四眼錐和三眼錐。四眼錐用來鑽較小釘子的洞。要鑽比四眼錐更大、更深的洞時，則使用三眼錐。若只要選購一個，則選擇四眼錐較好。窩錐和鼠齒錐是用來鑽較大的洞。鼠齒錐適合用來鑽竹子或塑膠等硬材料的洞。不過，有電鑽之後，就不必特別準備這二種錐子了。

使用錐子的方法

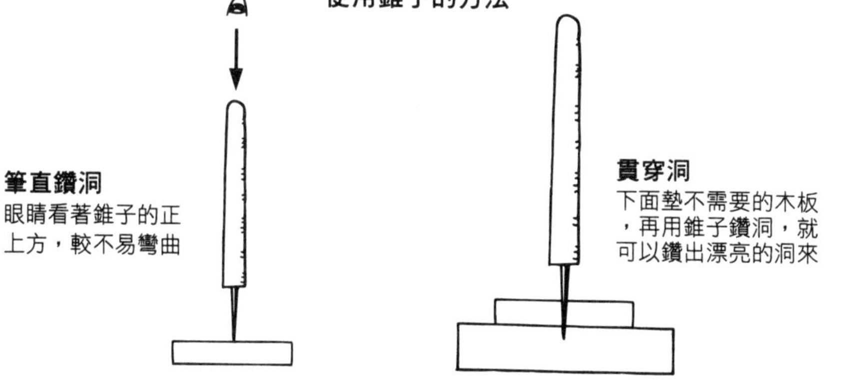

筆直鑽洞
眼睛看著錐子的正上方，較不易彎曲
貫穿洞
下面墊不需要的木板，再用錐子鑽洞，就可以鑽出漂亮的洞來

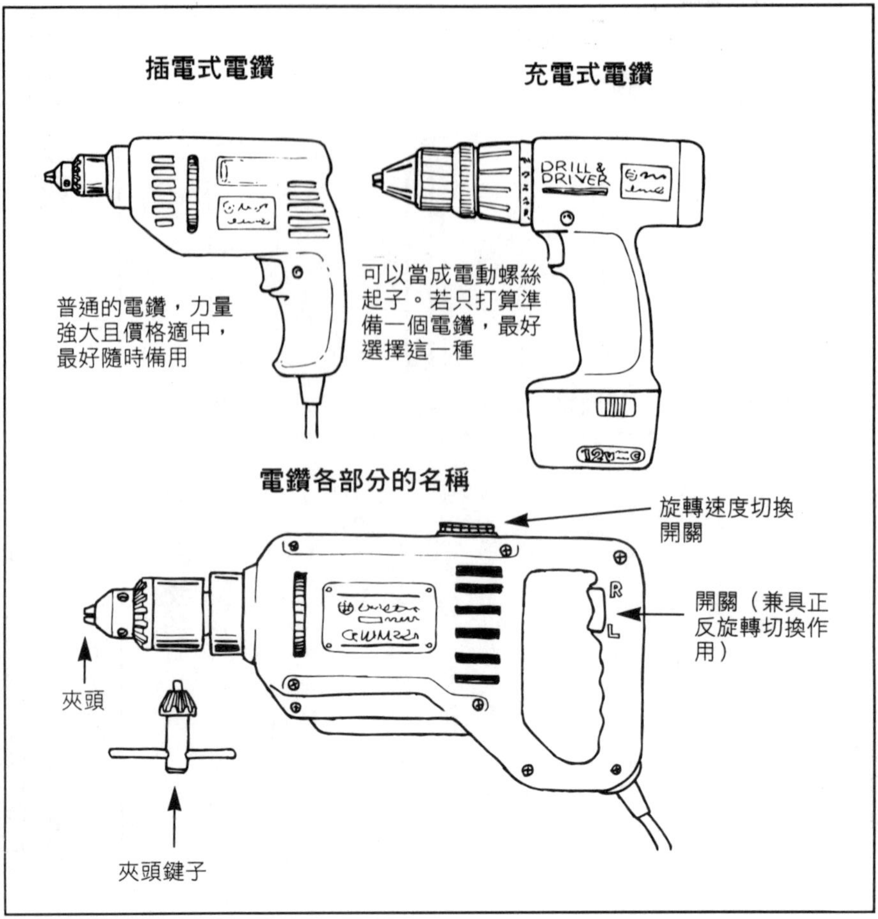
插電式電鑽
充電式電鑽
DRILL & DRIVER
普通的電鑽，力量強大且價格適中，最好隨時備用
可以當成電動螺絲起子。若只打算準備一個電鑽，最好選擇這一種
電鑽各部分的名稱
旋轉速度切換開關
R
L
開關（兼具正反旋轉切換作用）
夾頭
夾頭鍵子

電鑽

雖然準備錐子就足夠鑽洞，但還是使用電鑽比較方便。例如，製作2×4材的花園涼椅時，要用翹出的螺帽和螺母加以組合，則可以用電鑽先鑽螺帽的洞。

插電式與充電式

一般而言，電鑽分為插電式和可以當成螺絲起子使用的充電式。只要準備充電式電鑽，就可以當作螺絲起子和電鑽來使用。沒有電線阻礙，作業比較方便，只是不像插電式電鑽力量那麼大。使用萬向錐挖大洞時，還是電鑽較有效率。

大型而力量過於強大的電鑽，反而不適合當成木工用電鑽。最好選用較輕的袖珍型。此外，若是有多餘的預算，選擇可以變換電鑽旋轉方向或旋轉速度的電鑽較好。

在厚木板上鑽洞要使用電鑽台

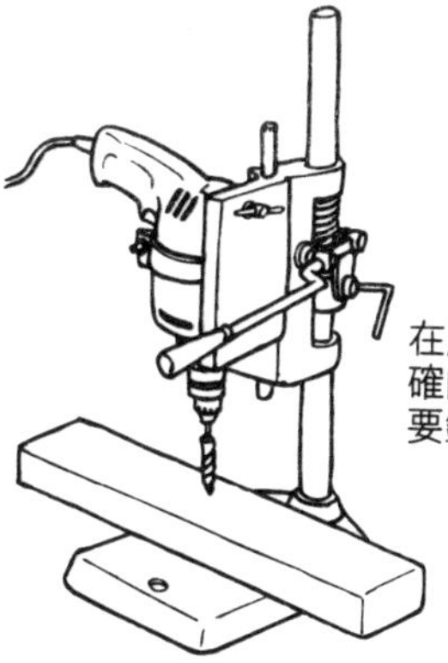

在厚的材料上正確的鑽垂直洞需要鑽架

以一定的深度鑽洞

在電鑽頭上裹上膠帶等，就能夠鑽出一定深度的洞

鑽較大的洞要使用萬向錐

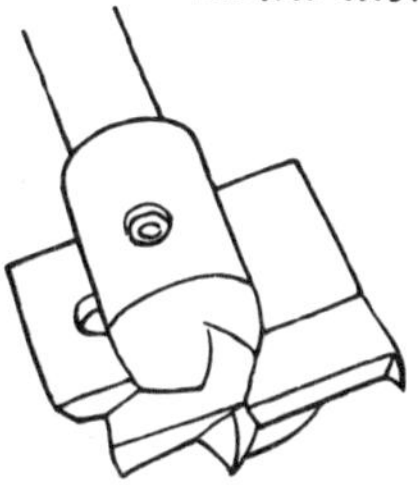

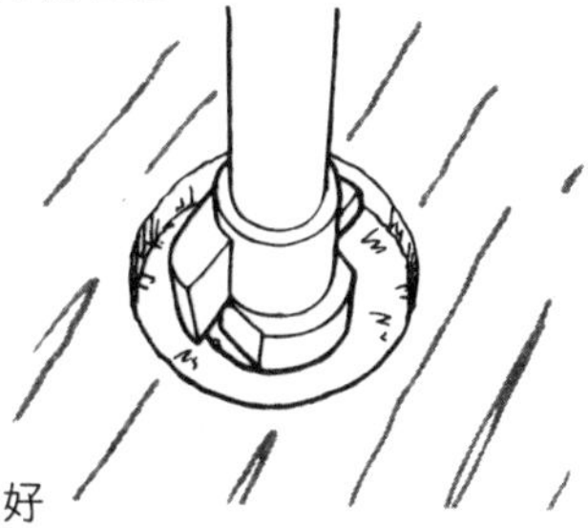

鑽直徑 30 毫米以上的大洞時，最好使用萬向錐，則在鑽洞中途可以立刻停止鑽洞作業

使用電鑽的方法

電鑽頭安裝在稱為夾頭的固定裝置上。使用電鑽時，首先要確認電鑽頭是否牢牢的固定在夾頭上，而且要檢查電鑽頭是否彎曲而無法安裝。

鑽洞時，重點在於垂直鑽洞。薄板當然沒有問題，但若是要在厚的木方材上筆直鑽洞，比較困難。要筆直鑽洞，必須將電鑽置於正確的位置，眼睛直視電鑽正上方。同時在鑽洞時，確認電鑽是否與材料保持垂直。

正確鑽垂直的洞相當困難，較厚的材料難度更高。想要正確的鑽洞，有時需要鑽架或萬能機。

此外，一般市售木工用的電鑽頭為六毫米以上。要鑽更小的洞，可以選擇金屬工藝工用的鑽架。

組合的知識

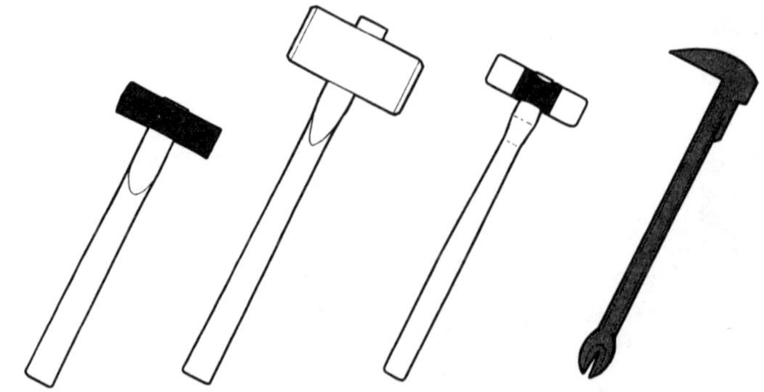

簡單接合木頭與木頭的方法是使用釘子和螺絲釘。最近假日DIY則是以螺絲釘為主流。

鐵鎚（榔頭）的種類

●兩頭鎚

頭的一側是平的，另一側則略帶弧度的鐵鎚。剛開始釘釘子時，要用平坦的一側釘。最後階段則使用凸面。

●木槌

在組合木頭時，釘入材料或輕敲臨時固定的材料、修正位置時，都可以使用。

●塑膠鎚

也可以用來調整鉋子。

頭為樹脂製，和木槌同樣的，不會損傷材料。假日DIY最好準備一個木槌或塑膠鎚，相當實用。

●拔釘鎚（箱匠鎚）

要拔出不慎釘錯的釘子時的必須品。假日DIY最好選用二十公分長的小拔釘鎚。

使用鐵鎚的方法

假日DIY最常使用的鐵鎚是兩頭鎚。兩頭鎚不仔細看，很難分辨。頭的一側平坦，另一側則稍微成凸頭面。

使用時，先用平坦的一側釘釘子，最後再用凸面的一側將釘子完全釘入木頭中。最後階段使用凸頭面，是為了避免損傷材料，同時將釘子完全釘入的緣故。

基本上，兩頭鎚要握住手柄的後側。如果握住手柄的中央，則無法活用鎚頭的重量，而且釘釘子時容易產生偏差。

此外，要避免過度用力握住手柄，以能夠運用鎚頭重量的感覺敲打即可。力量較輕時，以手腕為支點，採畫圓的方式敲打。重重一擊時，則改以手肘為支點。

兩頭鎚依頭部重量的不同，可以分為三種。假日DIY選用頭重二五〇～五三〇公克的中型兩頭鎚即可。

釘釘子的方法

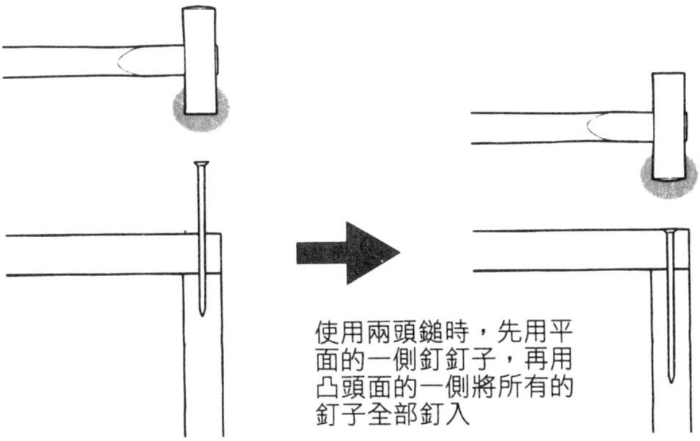

使用兩頭鎚時，先用平面的一側釘釘子，再用凸頭面的一側將所有的釘子全部釘入

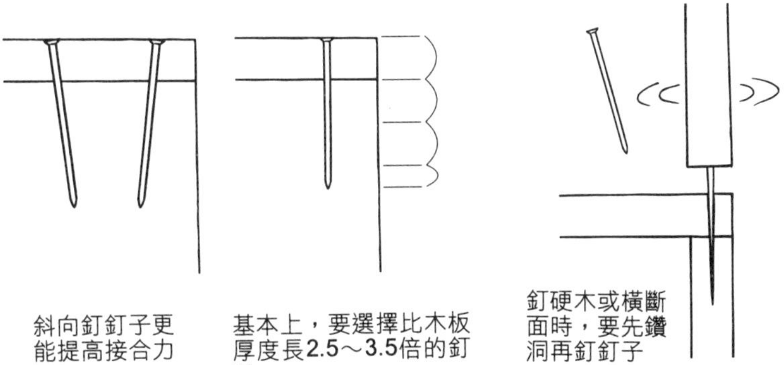

斜向釘釘子更能提高接合力

基本上，要選擇比木板厚度長2.5～3.5倍的釘子

釘硬木或橫斷面時，要先鑽洞再釘釘子

高明釘釘子的方法

目前假日木工ＤＩＹ以使用螺絲釘為主流。如果是小型的組合，使用較方便的是釘子。將整個釘頭敲扁，不會像螺絲那麼顯眼，這就是釘子的魅力。在此要學會釘釘子的基本技巧。

首先，使用的釘子應該以要釘入的木板厚度的二・五～三・五倍為標準。太短的釘子無法充分展現強度，太長的則容易使木板破裂。

另外，不要筆直釘釘子，斜向釘入更能加強接合力。不過，斜釘釘子很困難，初學者不必在意這個問題。如果想要提高組合木材的強度，那麼最好併用釘子和木工用接著劑。

要在硬的木頭或橫斷面釘釘子時，先鑽一個比釘子更細的洞，藉此可以防止木材破裂或中途釘子釘彎。要正確的釘釘子，重點不在於材料或位置，而是要事先鑽可以釘釘子的洞。

電鑽

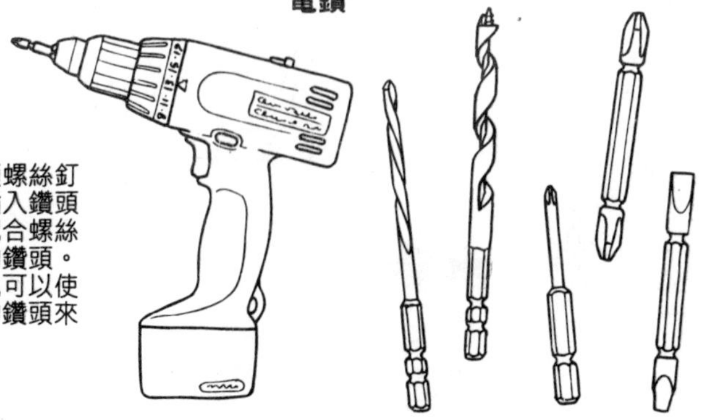

用電鑽鎖螺絲釘時，要插入鑽頭。選擇配合螺絲釘大小的鑽頭。此外，也可以使用電鑽的鑽頭來鑽洞

假日DIY最適合使用螺絲釘

長時間接合木頭與木頭所使用

的釘子，現在已經被日漸普及的螺絲釘所取代。最近興建住宅時，也經常用到螺絲釘。

使用螺絲釘的優點是，數目較多。帶有螺旋狀花紋的螺絲釘，比釘子具有更強的接合力。對初學者而言，釘釘子是很困難的作業，因為中途容易釘彎釘子。

不過，螺絲釘不易釘彎，任何人都可以輕易使用。這就是它的魅力所在。就算釘錯，也可以輕鬆的拔起。

假日木工DIY使用螺絲釘的優點，與其說是提高接合力，不如說是螺絲釘較易使用。一旦木工開始使用螺絲釘，則很少會回頭再使用釘子。

本書列舉的作品例，除了特別指定的項目之外，都是以使用螺絲釘為前提。以往只用過釘子的人，建議一定要嘗試使用螺絲釘，你必然會驚訝的發現，它真的很容易上手。

電鑽是螺絲釘的必須品

用螺絲釘進行木工作業時，最好使用充電式電鑽。雖然螺絲起子也可以用來旋轉螺絲釘，但比較費事、費時，完全抹煞了使用螺絲釘的優點。

最近，充電式電鑽的價格已經下降，很多便宜的製品上市，性能明顯的提高。如果是假日DIY使用，那麼就算是價格便宜的電鑽，也不必擔心力量不夠。

電鑽具備正反旋轉切換裝置，訂錯的螺絲釘只要將電鑽逆旋轉，就能夠輕易的拔出來。失敗例少，對初學者而言，能夠輕易拔出螺絲釘的電鑽，使用較方便。昔日DIY常用的是鐵鎚和鋸子，現在則是電鑽和電動圓鋸（稍後說明），成為假日DIY的象徵性工具。

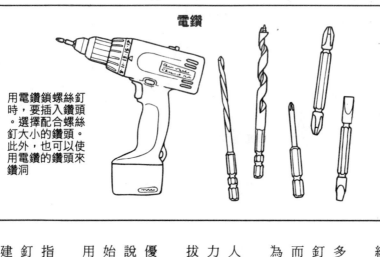

螺絲釘的優點

接合力較強

可以輕易的釘入

可以輕易的拔出

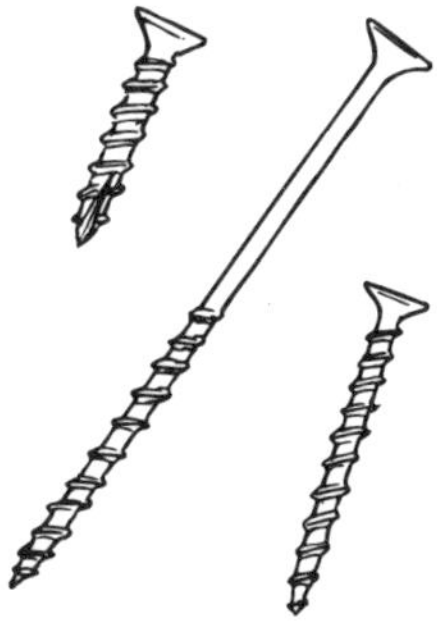

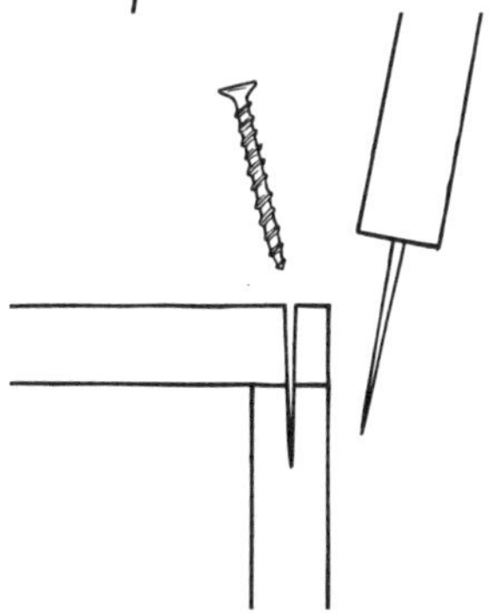

使用木工用的專用螺絲釘，尺寸種類多

釘螺絲釘之前事先鑽洞，可以防止木板破裂

螺帽和螺母

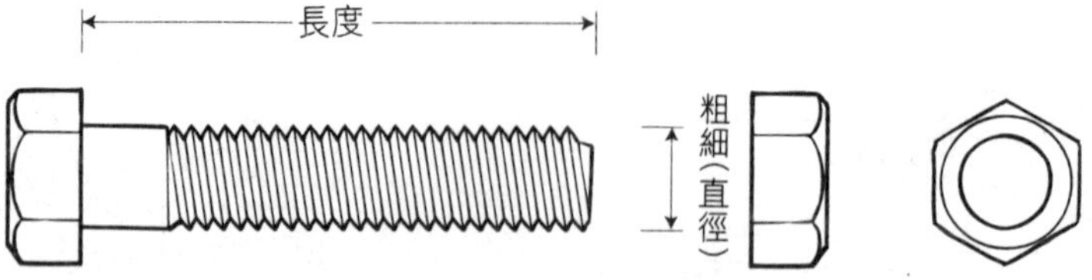

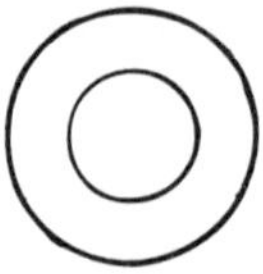

在DIY賣場販售的螺帽墊圈的大小和粗細（直徑）×長度，以毫米為單位來表示。6×30表示螺絲釘直徑6φ×螺絲釘長度30毫米。直徑不包括頭的部分，要特別注意。

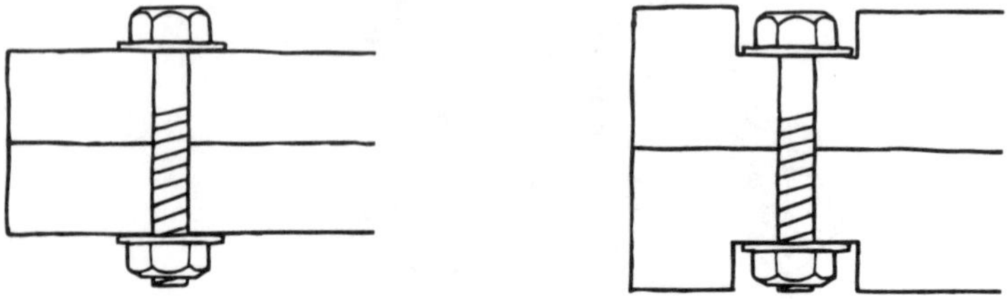

用螺帽和螺母固定木材，頭的部分會突出來。要掩飾這個突出的部分，則可以事先挖較大的洞，將頭部隱藏起來。

能夠牢牢固定的螺帽與螺母

比螺絲釘更容易得到強大接合力的組合是螺帽與螺母。尤其是使用2×4材堅固材料做桌子等時，更能發揮效果。使用螺帽和螺母，不需採用困難的接合方式，就可以簡單的組合大型的木工作品。

此外，利用螺帽和螺母的組合所接合的作品，也具有輕易分解的優點。例如桌子等不用時，可以拆開收藏。

螺帽和螺母頭看起來很顯眼，只要事先挖個隱藏螺帽和螺母頭的洞就可以加以掩飾。另外，用圓棒等做蓋子，就能夠完全遮蓋螺帽和螺母頭。

利用螺帽和螺母組合室外用的花園涼椅等時，最好選擇價格稍貴，但不易生鏽的不鏽鋼製品。組合時，螺帽和螺母一定要併用墊圈。

木工用接著劑

木工最常使用的是接著木頭與木頭、木頭與紙或竹子等的木工用接著劑。木工用接著劑即使變硬也具有某種程度的柔軟性，不會損傷鋸子等的鋸片。使用螺絲釘或釘子組合材料時，在接合面塗抹木工用接著劑，就能大幅提高接合力。不過，無法抵擋水分滲透，所以不適合用於屋外。

高明使用接著劑的方法

不只是木工用接著劑，使用任何接著劑時，都必須先將接合面擦拭乾淨。此外，配合用途使用接著劑時，則要遵守配合各種形態的接著方法，這點相當重要。

在未乾之前，木工用接著劑的接合力較弱，所以在接著後、完全乾燥前不能移動，否則會使塗料無法附著在滲出的接著劑上。因此，接著劑滲出時，要立刻用打溼的抹布擦掉。

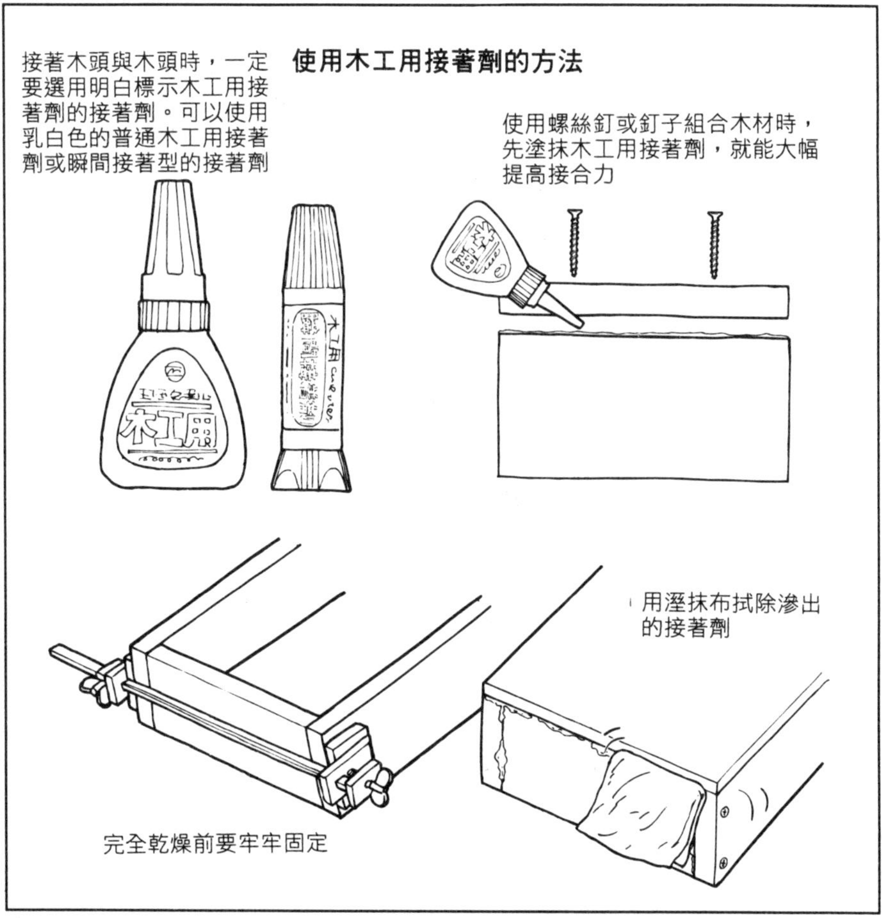
使用木工用接著劑的方法
接著木頭與木頭時，一定要選用明白標示木工用接著劑的接著劑。可以使用乳白色的普通木工用接著劑或瞬間接著型的接著劑
使用螺絲釘或釘子組合木材時，先塗抹木工用接著劑，就能大幅提高接合力
用溼抹布拭除滲出的接著劑
完全乾燥前要牢牢固定

粉刷的基本知識

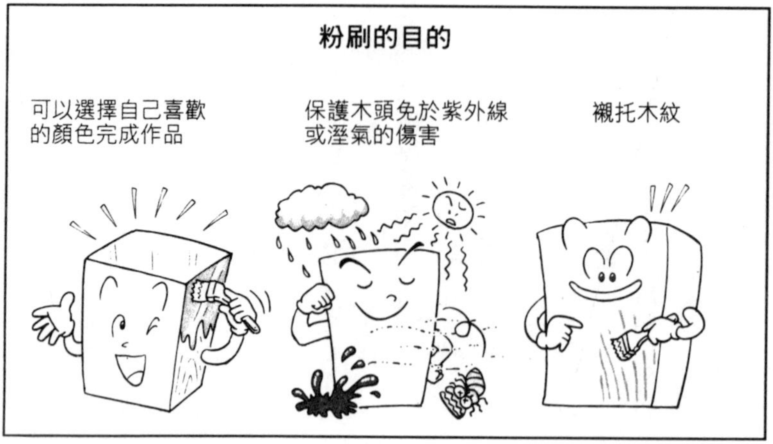
粉刷的目的
可以選擇自己喜歡的顏色完成作品
保護木頭免於紫外線或溼氣的傷害
襯托木紋

粉刷工藝品，不僅成品美觀，而且耐髒，能夠提高保存性。

粉刷的目的

除了利用天然漆或著色亮光漆塗上美麗的顏色之外，粉刷還具有其他各種目的。最主要的目的是，想要利用粉刷提高木工作品的保存性。塗料在木材表面形成皮膜，可以保護作品免於刮傷或髒汙。

塗料也能保護木材免於因為紫外線或溼氣而腐爛或翹彎。另外，某些油性染色劑還具有防蟲效果。要使放在室外的桌子或椅子等堅固耐用，最好使用塗料粉刷。

木工用的塗料中，有些能夠發揮素材之美。例如，膠合材或松木樹材等，可以利用亮光漆或染色劑加以修飾。能夠充分顯示出木紋之美，完成典雅的木工作品。

塗料的種類

●水性塗料

可以用水稀釋。用完之後，刷子等也可以用水沖洗。使用方便是水性塗料的魅力。此外，粉刷時不會有參差不齊的現象，容易粉刷。雖然是水性的，但是完全乾燥後就能發揮耐水性。水性塗料包括天然漆或亮光漆等。

●油性塗料

比水性塗料更具耐水性，適合用以粉刷在室外使用的木工作品。例如天然漆、亮光漆或油性染色劑等，都有這類油性塗料。

●亮光漆

有水性和油性之分。除了透明亮光漆之外，市面也有販賣著色亮光漆。可以用來襯托木紋之美，是最常使用的木工用塗料。

●染色劑

用揮發油或水溶解著色劑的塗料。塗料具有滲透性，可以保護木頭免於溼氣或紫外線之害，而且擁有不會阻礙木頭呼吸的優點。

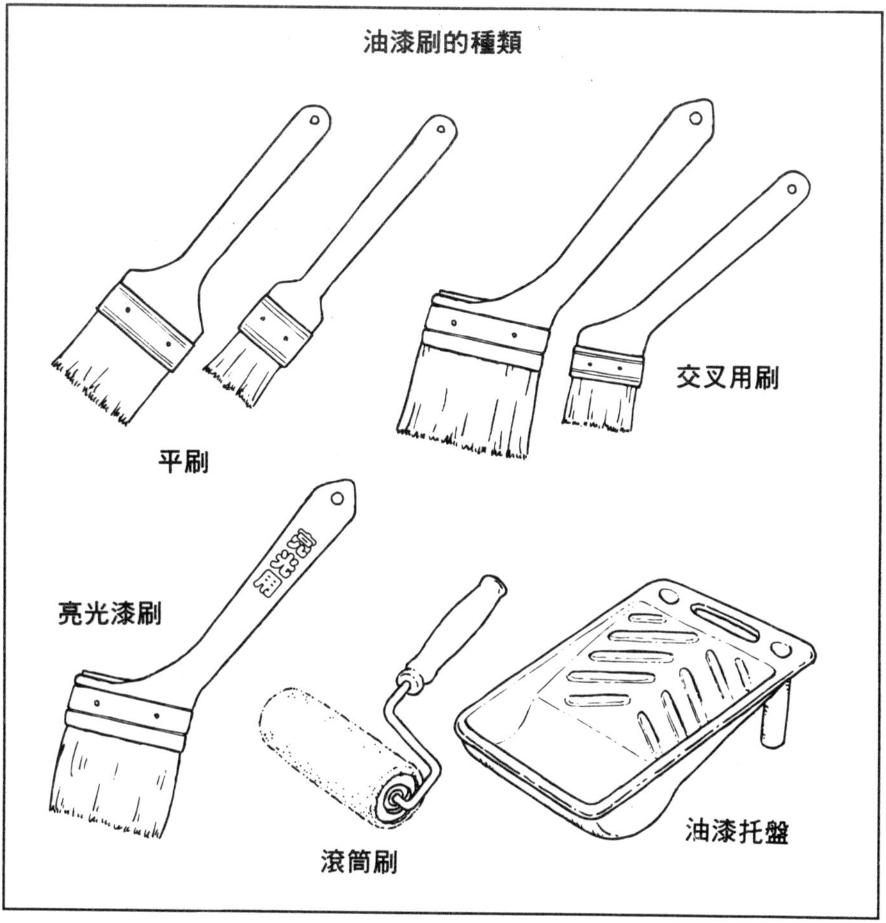

油漆刷的種類與選擇法

●平刷

適合用於塗抹平坦而寬廣面的刷子，分為水性用和油性用等。刷子的寬度種類很多。寬五十毫米的刷子較適合初學者使用。

●交叉用刷

可以用來粉刷較細微的部分。包括水性用與油性用二種。三十毫米寬的油漆刷，可以廣泛應用。和平刷同樣的，最好隨時備用。

●亮光漆刷

用來刷亮光漆或染色劑。

●滾筒刷

和油漆托盤組合，用來塗抹寬廣的表面。安裝海綿製的滾筒取代油漆刷，可以有效的粉刷牆壁等。初學者使用滾筒刷，刷油漆時絕對不會失敗，這是它的優點之一。木工也可以用來塗抹桌子的面板。

處理塗料的方法

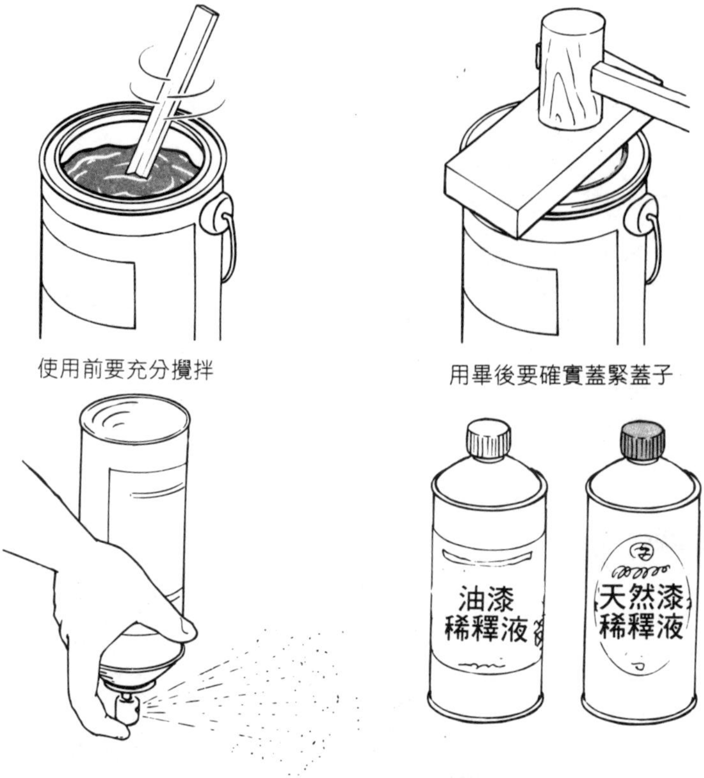

使用前要充分攪拌

用畢後要確實蓋緊蓋子

噴漆倒立噴 2～3 秒後再保存

使用配合塗料的稀釋液

處理塗料的基本方法

使用塗料之前，必須先用免洗筷等充分攪拌。噴漆也是如此。如果沒有充分混合塗料，則顏色不均勻，粉刷途中可能會變色。

塗料太濃時可以稀釋，但是稀釋液一定要配合塗料使用。若是不稀釋塗料而直接使用，則稀釋液可以用來清洗油漆刷，或是擦拭掉滲出的塗料。因此，必須配合使用的塗料來準備稀釋液。

粉刷結束後，罐裝塗料一定要蓋緊油漆罐的蓋子，以免塗料中所含的揮發成分飛散。塗料最好置於陰涼處保存。相同的塗料，罐裝容量較多者較便宜。

不過，只粉刷小面積時，多餘的塗料可能會變硬，所以要配合用量，購買足夠量即可。

打底工作的重點

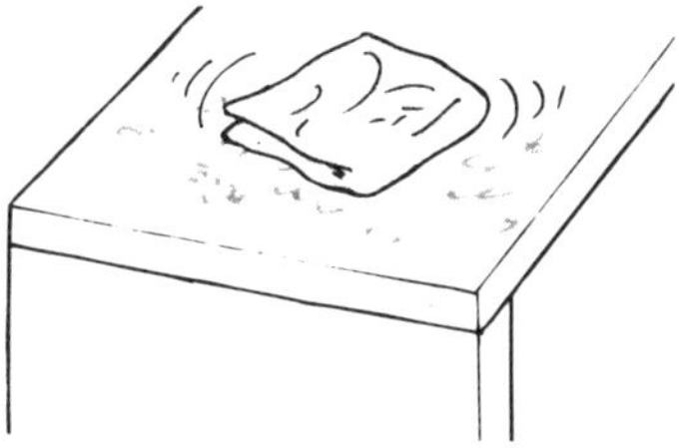

①去除汙垢或接著劑

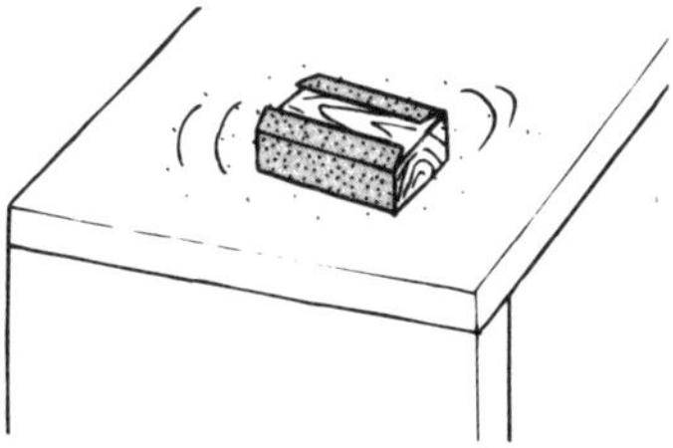

②用砂紙調整粉刷面

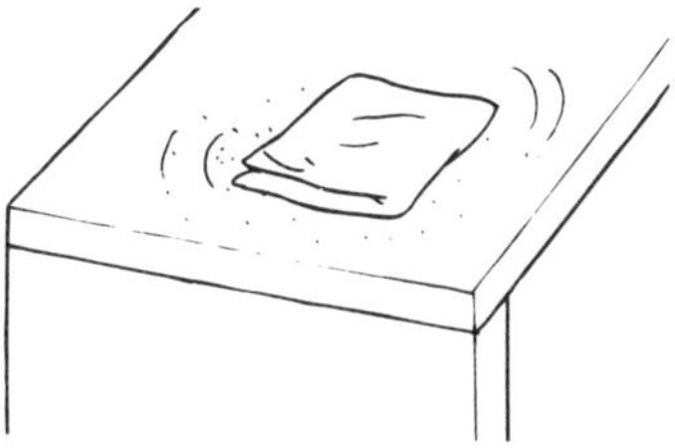

③拭除研磨粉屑

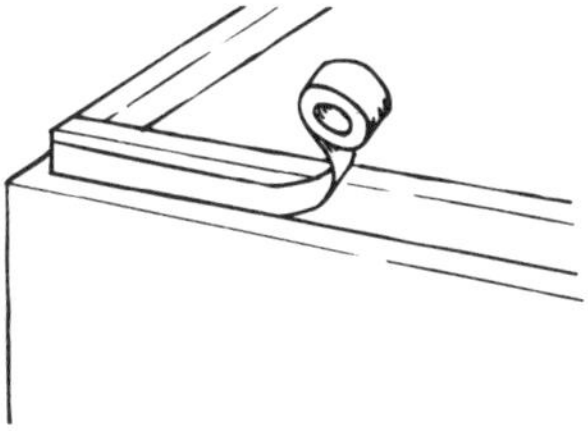

④使用掩蔽膠帶遮蓋不需要塗抹的部分

決定作品是否完美的打底工作

粉刷前做好表面的打底工作，是使作品完美的重點。在完成作品後，當然會想儘早粉刷，但是進行最後的工程之前，一定要徹底的做好打底工作。

組合時可能有髒汙，要用擠乾水分的抹布等充分擦拭乾淨。用亮光漆修飾不塗顏色的白木時，若粉刷面附著汙垢，則粉刷亮光漆也無法展現效果。

去除汙垢之後，用二四〇號～三二〇號的細磨砂紙研磨表面，使其平滑。粉刷面變得平滑後，用溼毛巾拭除砂紙的粉屑。當然，粉刷前一定要保持粉刷面乾燥。此外，接著劑滲出時，塗料無法附著，必須用裁斷刀等割除滲出的接著劑。不需要塗抹塗料的部分，則要用專用掩蔽膠帶加以遮蓋。

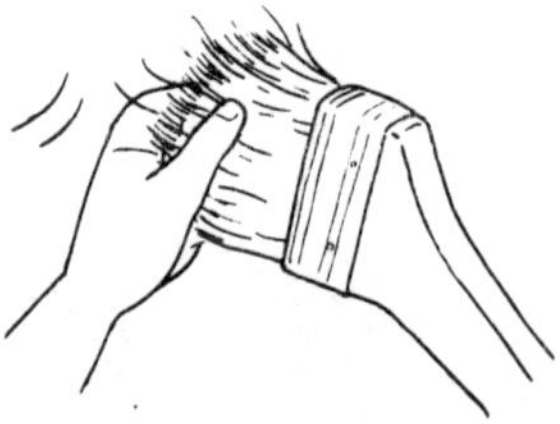

使用新的油漆刷時要先清除脫落的毛

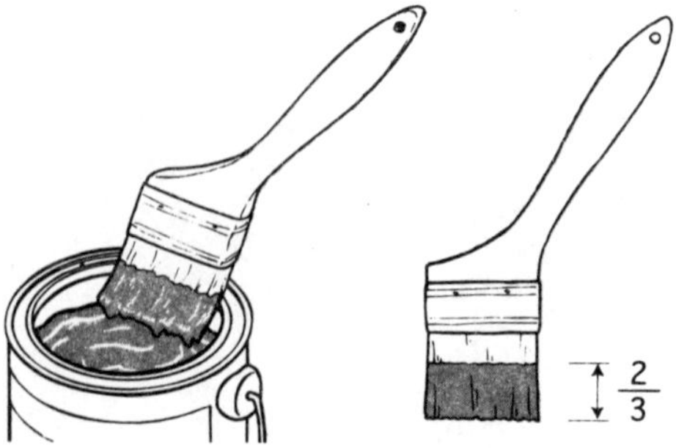

避免油漆刷沾過多的塗料

用畢的油漆刷要洗掉塗料，吊掛保管

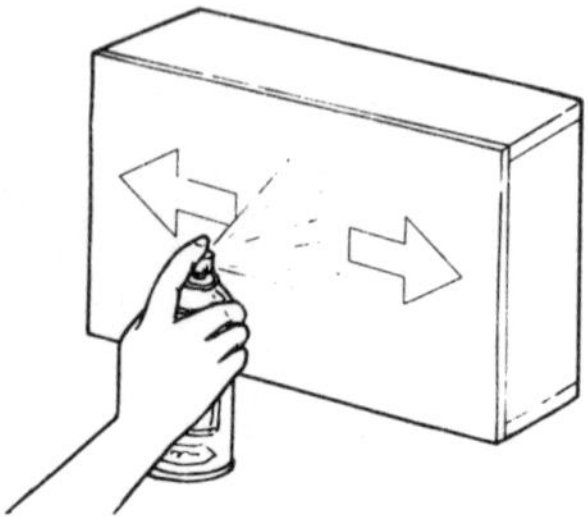

噴漆要和粉刷面保持一定的距離來移動

使用刷子的方法

使用新的油漆刷時，要先清除脫落的毛。若不清除脫落的毛，則會留在粉刷面上，影響粉刷，要特別注意。

油漆刷沾塗料時，要避免將油漆刷完全浸泡在塗料中，浸泡到三分之二的部分即可。此外，油漆刷沾完塗料後，要在油漆罐邊緣刷幾下，去除多餘的塗料。

粉刷結束後，要用稀釋液去除油漆刷上的塗料，再用中性洗劑清洗。吊掛陰乾，油漆刷前端不會翹起，能夠持久耐用。

使用噴漆的方法

可以簡單進行粉刷的是噴漆。基本上噴漆要和粉刷面保持二十～三十公分的距離，平行移動噴漆。薄薄的噴數次塗料才不會滴落。

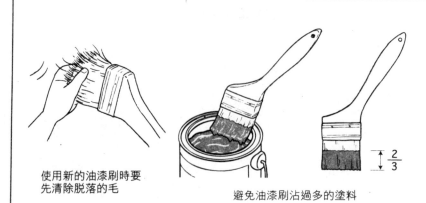

塗抹亮光漆的方法

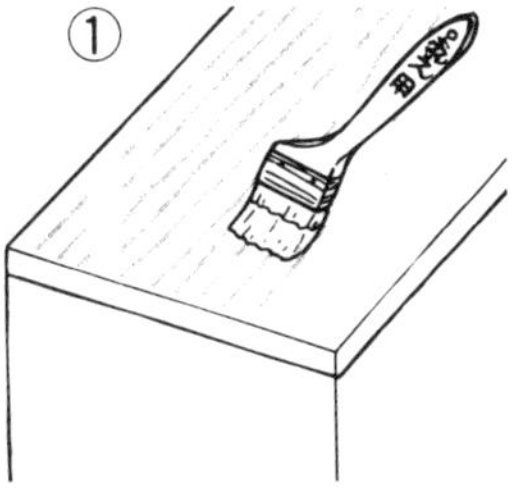

做好打底工作後，沿著木紋粉刷。為避免造成不均勻，油漆刷前端最好稍微用力朝單一方向粉刷

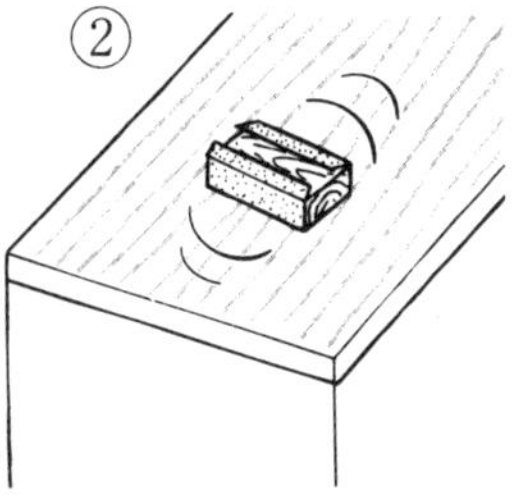

亮光漆完全乾燥後，用細磨砂紙輕輕打磨一遍，使粉刷面光滑

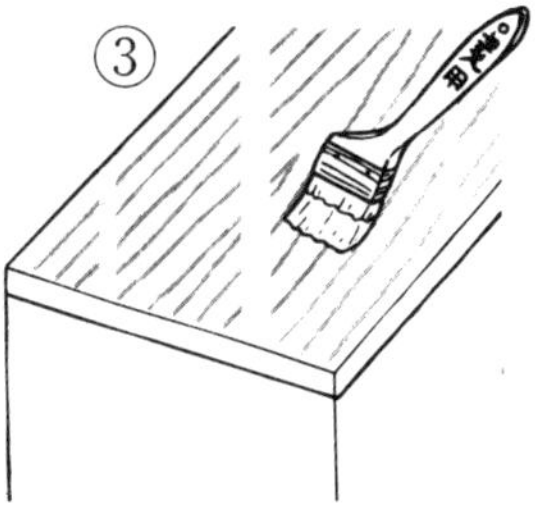

再刷一層亮光漆。依同樣的要領再刷一層，更能增加光澤，提高保存性

塗抹染色劑的方法

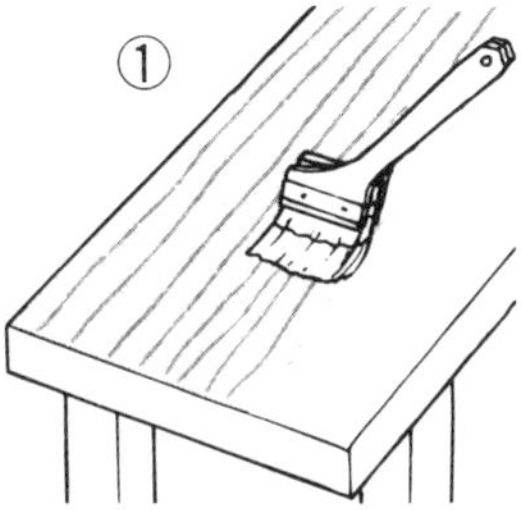

沿著木紋，用油漆刷塗抹染色劑。染色劑要塗得稍厚一些，感覺好像要滲入木頭中似的

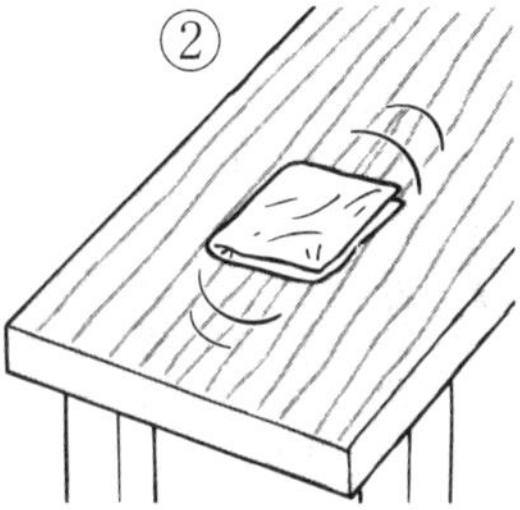

染色劑乾燥後，用乾抹布等去除多餘的染色劑

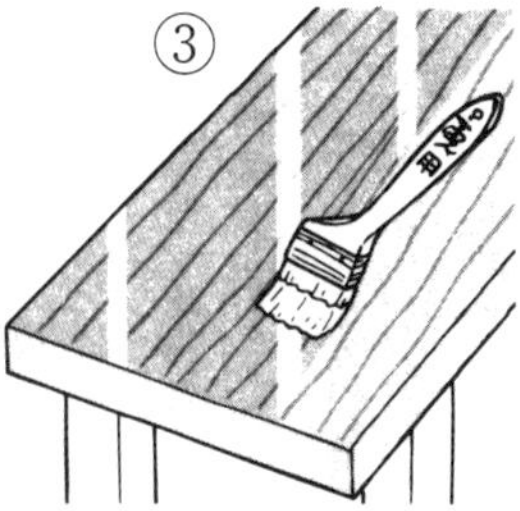

用240號～320號的砂紙調整粉刷面，再上一層亮光漆即可

塗抹亮光漆的方法

透明亮光漆容易出現粉刷不均勻的情況，所以油漆刷要朝固定的方向移動，不可中途轉向，這才是粉刷亮光漆的秘訣。此外，塗料過濃也會造成不均勻的現象。可以加入稀釋液，一邊稀釋一邊確認塗料的濃稠情況。

多塗一層亮光漆，作品更具深度，至少要塗抹二次。塗抹二次而等塗料完全乾燥後，用三二〇號的砂紙稍微研磨再粉刷，這樣就能擁有更細緻的紋理及更深的光澤。

塗抹染色劑的方法

完成打底工作之前的作業和塗抹亮光漆等塗料完全相同。不過，一旦刷上染色劑後，要用破布等拭除多餘的塗料，這樣才能使木紋變得更美麗。

使用油性染色劑時可以直接粉刷，但若是使用細磨砂紙調整粉刷面後再塗抹亮光漆，則作品更具光澤。

電動工具的知識

一旦使用就愛不釋手的電動工具

不是必須品，但能夠大幅提高作業效率，擴大假日ＤＩＹ範圍的是電動工具。

提高性能且價格適中

開始使用之後，因為相當方便而不願放棄的是電動工具。最近其性能更是大幅提升。專業人員所使用的高性能機種，或是假日ＤＩＹ所使用的普遍型機種，價格都很適中。經常動手製作的人，不要將其當成奢侈品，而應該善加活用。

其中較方便的是兼具螺絲起子作用的電鑽及電動圓鋸。像之前提及的兼具螺絲起子作用的電鑽，是鎖螺絲釘不可或缺的工具，甚至已經取代鐵鎚，成為假日ＤＩＹ的必須品。電動圓鋸則能夠提高鋸木頭作業的效率。例如，要將２×４材的木板鋸成一半的厚度時，使用電動圓鋸相當方便。可以擴大工作範圍，最好能夠隨時備用。

電動工具的種類與選擇方法

●兼具螺絲起子作用的電鑽

沒有電線的充電式電鑽，可以鎖緊或鬆開螺絲釘。除了當成電鑽使用之外，還有在旋轉時加入振動而發揮更強大力量的振盪型電鑽。不過，強力震動式電鑽所費不貲，只要準備普通型即可，是必備品。

●電鑽

如果擁有兼具螺絲起子作用的電鑽，就不必再額外準備電鑽。如果要購買，則最好選擇旋轉速度可以任意調整的自動變速型電鑽。

●電動圓鋸

除了兼具螺絲起子作用的電鑽之外，還要準備電動圓鋸。現在已經有很多價格適中的普及型上市。圓鋸鋸片的直徑一般為一六五毫米和一九〇毫米。選擇任何尺寸都可以。不過，使用錯誤會變成相當危險的工具。一定要遵守基本事項，注意安全。

兼具螺絲起子作用的電鑽

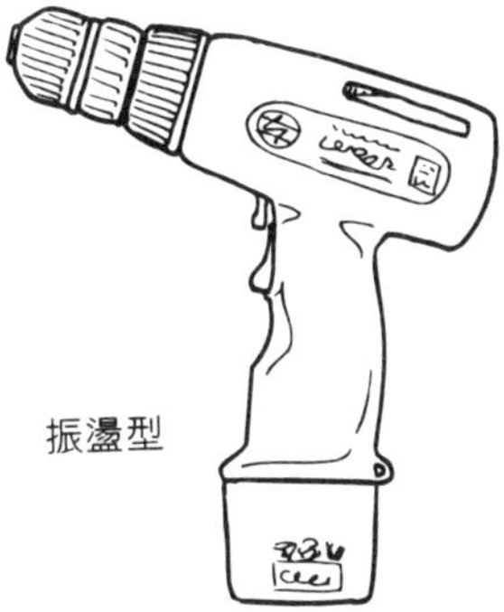

振盪型

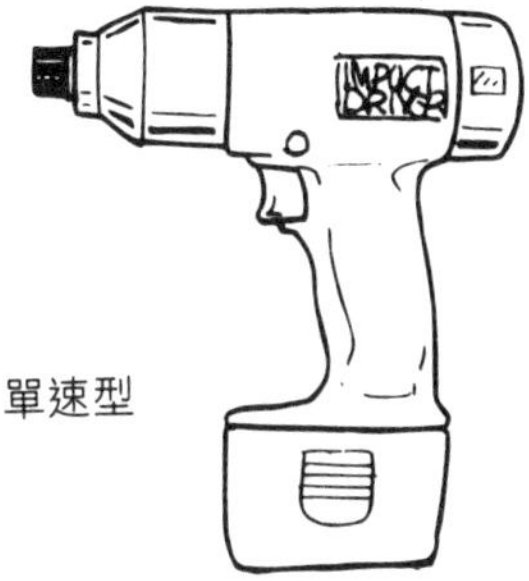

單速型

電鑽

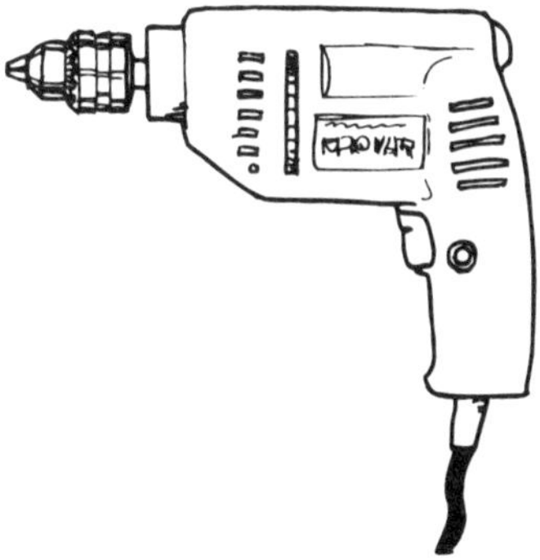

電動圓鋸

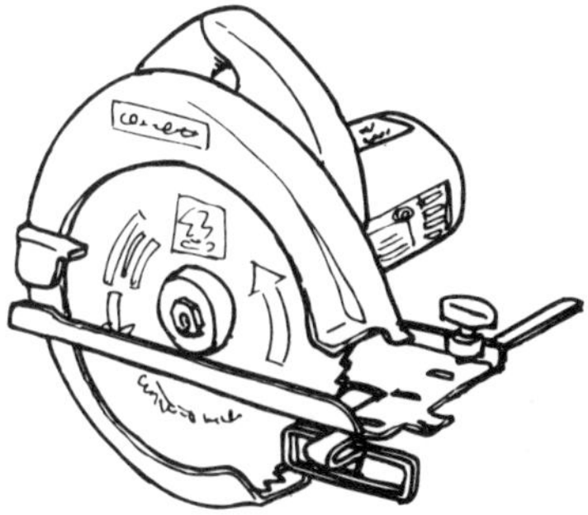

磨光機

軌道磨光機

圓盤磨光機

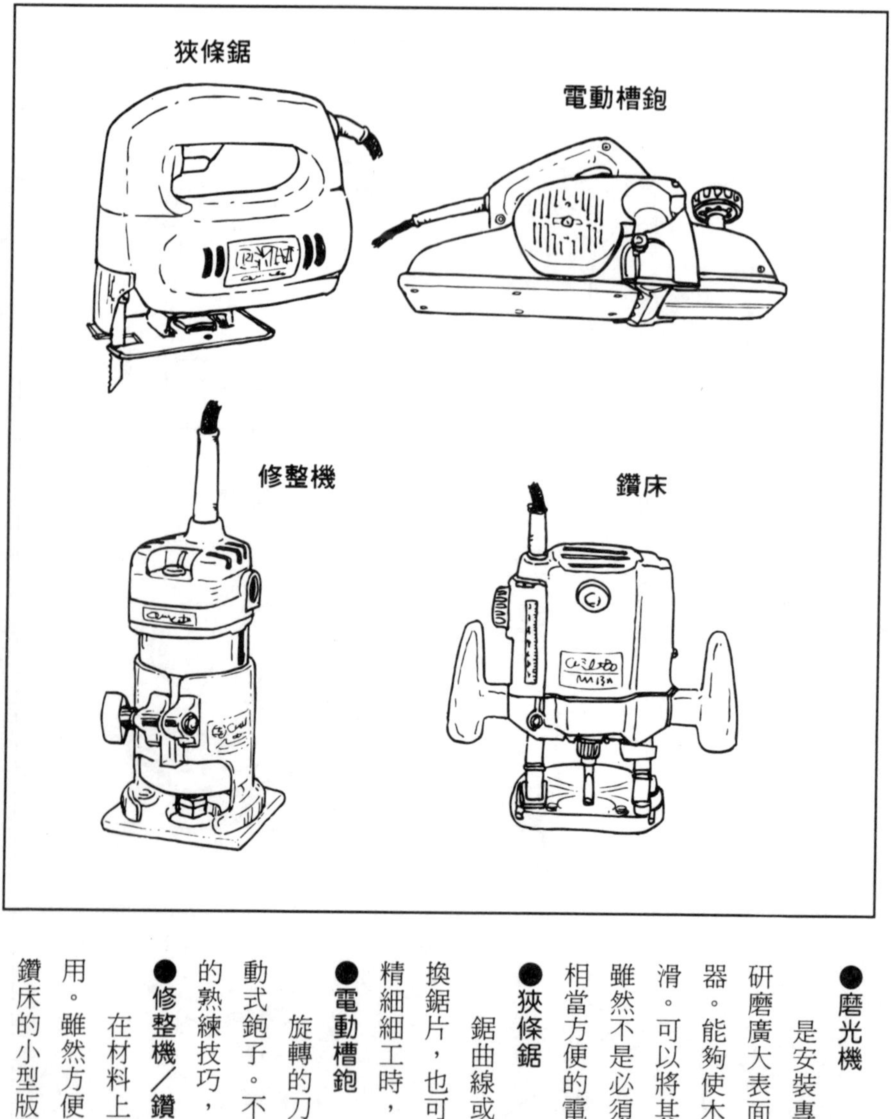

●磨光機

是安裝專用研磨墊或砂紙，在研磨廣大表面時能夠發揮效果的機器。能夠使木方材或木板角變得平滑。可以將其當成電動版的砂紙。雖然不是必須品，但隨時準備也是相當方便的電動工具之一。

●狹條鋸

鋸曲線或圓形時使用。可以更換鋸片，也可以切割樹脂等。進行精細細工時，非常方便。

●電動槽鉋

旋轉的刀刃可以鉋削材料的電動式鉋子。不需具備如使用鉋子般的熟練技巧，也不必額外準備。

●修整機／鑽床

在材料上挖溝或刮圓時可以使用。雖然方便，但不必特別準備。鑽床的小型版就是修整機。

兼具螺絲起子作用的電鑽的機能

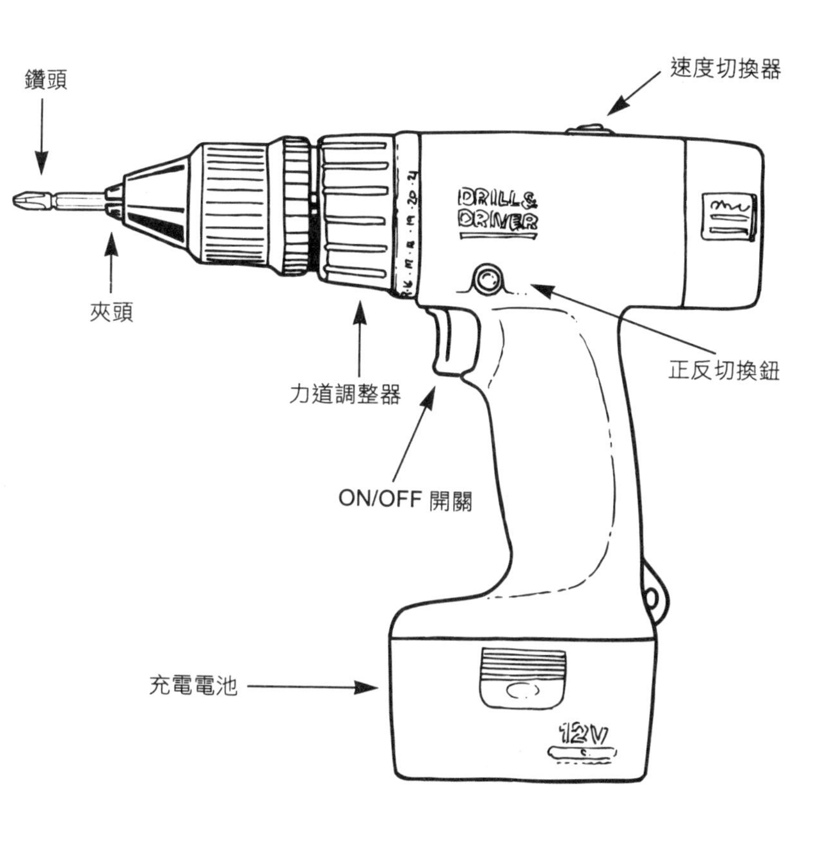
鑽頭
速度切換器
DRILL&
DRIVER
夾頭
正反切換鈕
力道調整器
ON/OFF 開關
充電電池
12V

使用兼具螺絲起子作用的電鑽的方法

●鑽頭

鎖螺絲時使用鑽頭。若是木工用螺絲釘，則用一種鑽頭就可以鎖緊或鬆開螺絲釘。

●夾頭

安裝鑽頭或電鑽刀刃。電動螺絲起子電鑽具有不需使用工具就可以輕易卸下鑽頭等的構造。

●力道調整器

調整旋轉力的強弱。旋轉力變弱時，則小的螺絲釘就不會鎖得太緊。

●速度切換器

藉著高／低二階段式來調整旋轉速度。另外也有不分階段而能夠隨意調整速度的機種。

●正反切換鈕

鬆開螺絲釘時，需要反向旋轉機能。

●充電電池

可以反覆充電的電池。最近以二十分鐘快速充電式為主流。

使用兼具螺絲起子作用的電鑽的方法

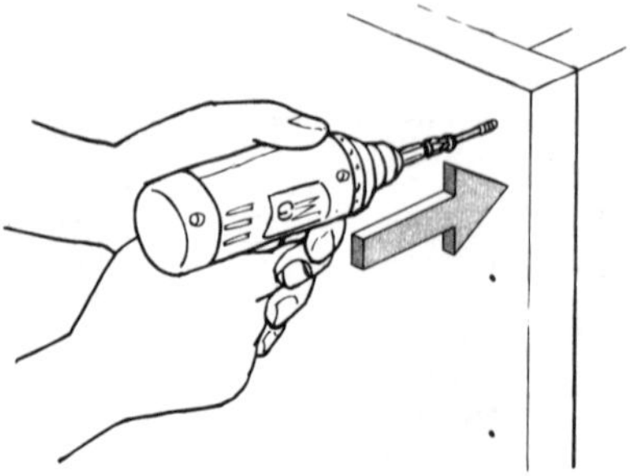

與螺絲釘呈垂直，一邊壓一邊鎖緊

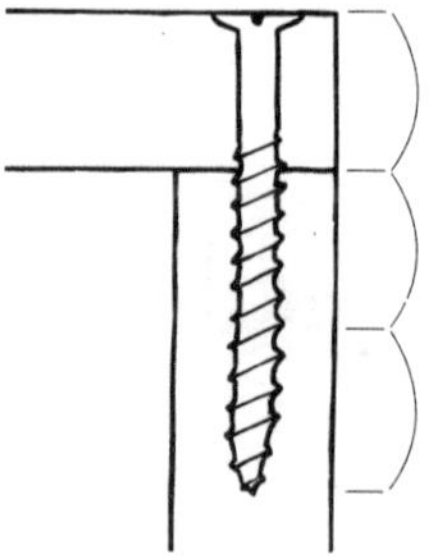

螺絲釘長為木板厚度的 2 倍

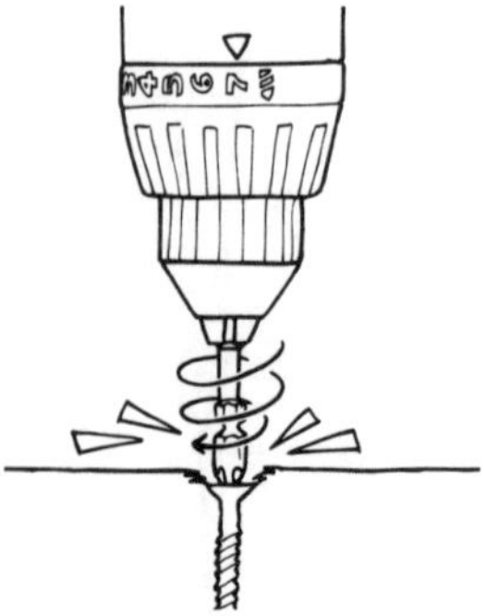

調整力道調整器，避免鎖得太緊

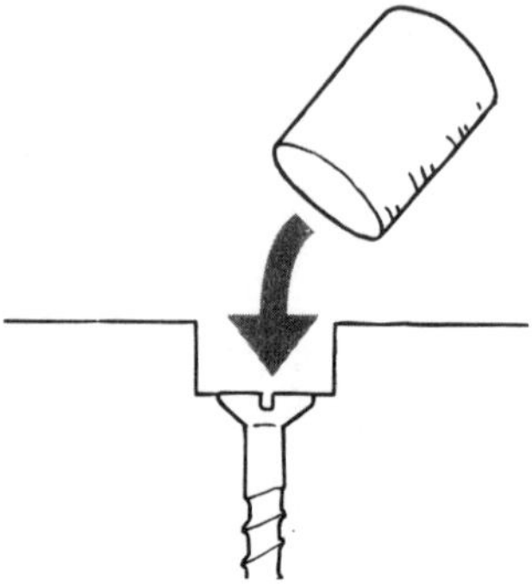

用圓棒蓋住螺絲釘頭

●以壓的感覺鎖螺絲釘

用兼具螺絲起子作用的電鑽鎖螺絲釘時，要保持螺絲釘和螺絲起子（鑽頭）的軸呈筆直狀態。如果螺絲起子與螺絲釘軸呈彎曲角度，則不只螺絲釘頭會滑脫，釘入的螺絲釘也會彎曲。此外，好像將螺絲起子往下壓入似的，要使螺絲釘頭和鑽頭緊緊咬合。

●選擇螺絲釘的長度

螺絲釘的接合力較釘子強，長度為木板厚度的二倍，就能發揮足夠的強度。

●調整力道調整器

鎖長型螺絲釘沒問題，但是在鎖小螺絲釘時，要將力道調整器調整到較弱的階段。強度太高，容易使螺絲釘過度陷入而損傷材料。

●隱藏螺絲釘頭

挖個比螺絲釘頭大的洞再鎖螺絲釘，或是用圓棒做成按鈕似的蓋在螺絲釘頭上較美觀。此外，使用木工用填充材則更簡單。

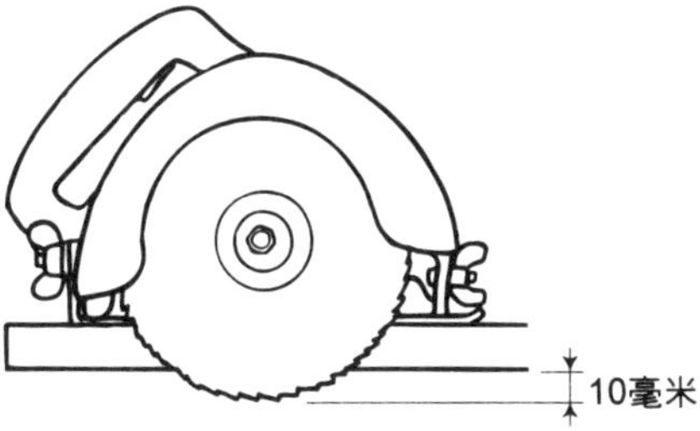

鋸片調整為比木板多出10毫米的距離

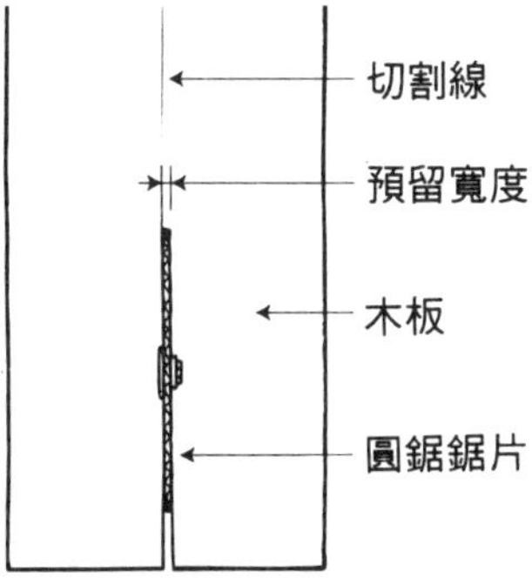

鋸木時預留寬度

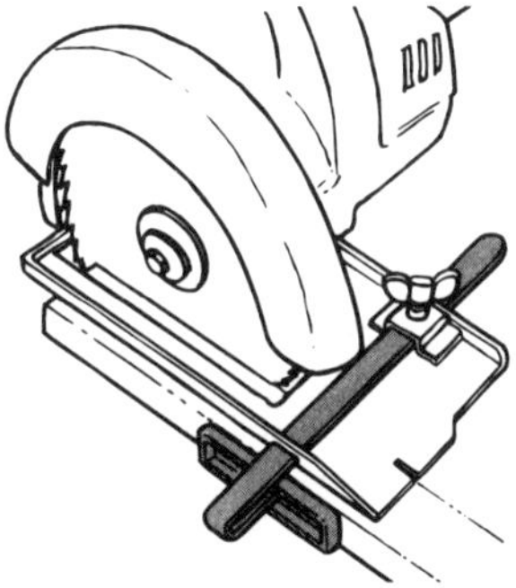

鋸直線時使用導尺

注意反彈力

使用電動圓鋸的方法

●避免鋸片伸出過多

鋸片調整為伸出比待鋸的木板厚度更多十毫米的距離即可。鋸片突出太多，不只危險，還會使裁斷口變得很不美觀。

●鋸木頭時要一併計算鋸片厚度

電動圓鋸的鋸片很厚，要留下切割線，鋸片抵住外側鋸木頭。

●使用導尺（平行規尺）

使用電動圓鋸上附帶的導尺，就能夠輕易鋸出筆直的長線。

此外，市面上也有販賣比附屬品精準度更高的導尺。

●注意反彈力

鋸片整個嵌入材料內或勉強轉換鋸片的方向時會出現反彈力。一旦出現反彈力，則鋸片會順勢推回面前，相當危險。為避免出現反彈力，不要勉強用力。另外，鈍化的鋸片容易反彈，必須注意。

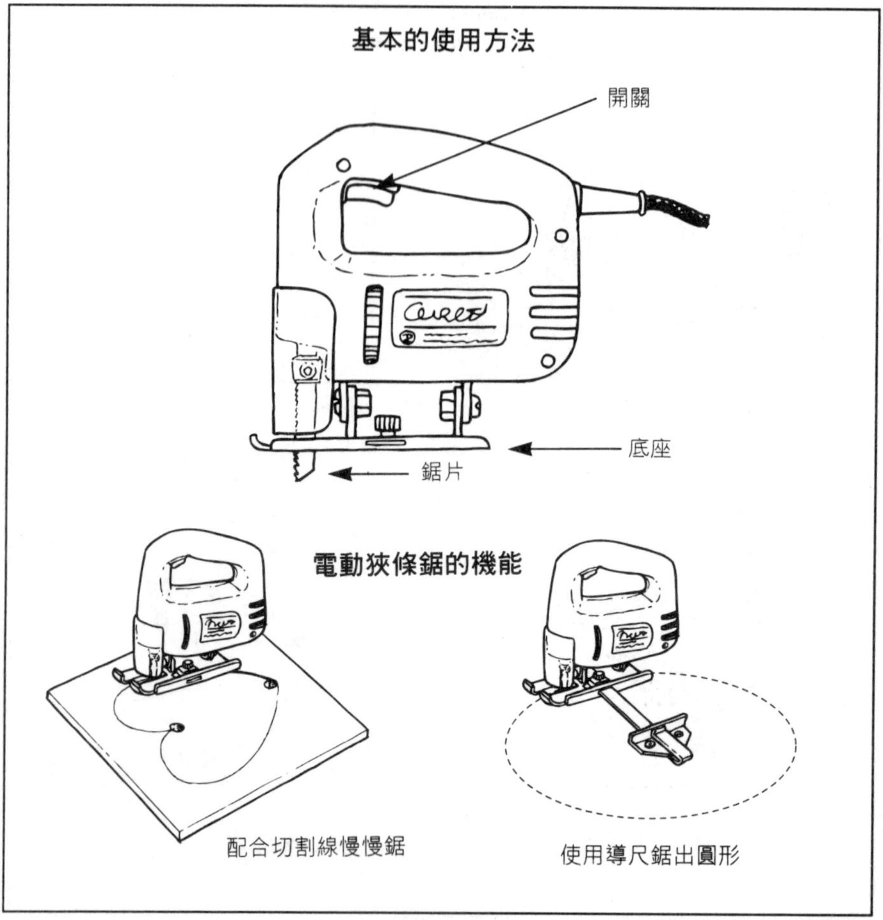
基本的使用方法
開關
底座
鋸片
電動狹條鋸的機能
配合切割線慢慢鋸
使用導尺鋸出圓形

電動狹條鋸的機能

●開關

可以使鋸片作動或停止。大部分的狹條鋸，可以藉著按下開關調整送出鋸片的速度。

●底座

調整底座角度，則左右任一側的切斷面都可以保持一定的角度來切割。

●鋸片

鋸片為可更換式。依狹條鋸的不同，安裝的方法也不同，要特別注意。

基本的使用方法

鋸曲線時太過匆忙，鋸片容易在中途傾斜過度而無法鋸出理想的形狀。為避免發生這種情況，送出鋸片的速度不要太快，要以緩慢的速度來鋸。

狹條鋸的鋸片是上下移動的，必須利用夾鉗等牢牢固定待鋸的材料。此外，若是使用導尺，就能輕易的鋸出正確的圓形。

使用磨光機的基本方法

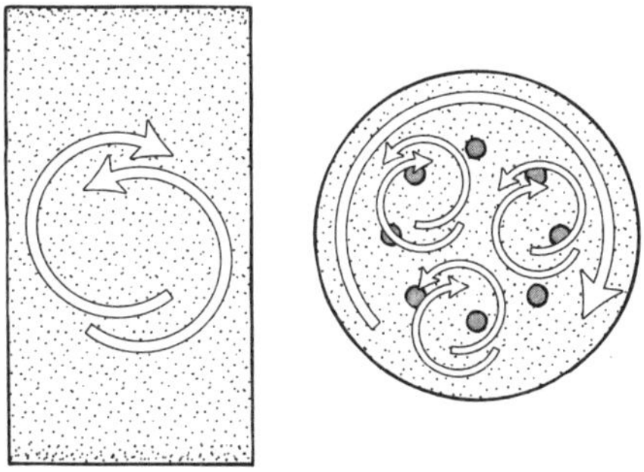

軌道型與圓盤型

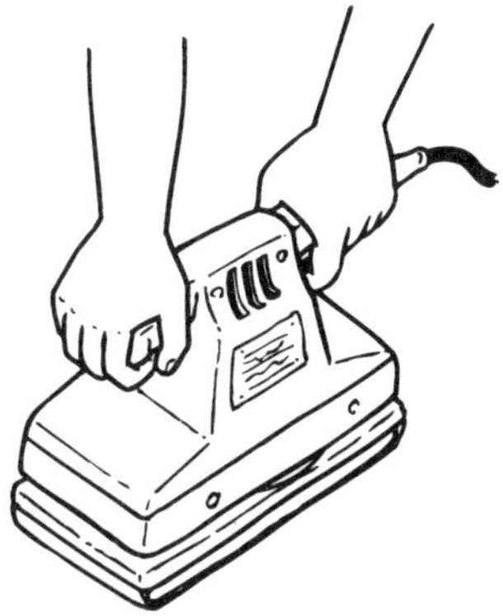

用雙手拿但不要用力壓

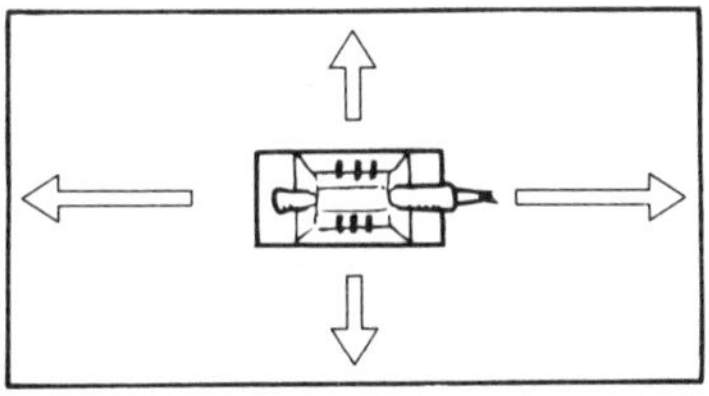

全部都要研磨

定期清除塞住的木屑

磨光機的使用方法

●依研磨墊動向的不同而分為二種類型

研磨墊進行圓運動的稱為軌道型，進行更細的圓運動的則稱為圓盤型。

圓盤型能更均勻的進行研磨，但軌道型也不錯。和砂紙同樣的，研磨墊也有各種粗細。

●正確的使用

雙手拿著磨光機，不可用力按壓，否則研磨墊移動不順暢，會降低效率，同時會使研磨面粗糙，必須特別注意。

●縱橫向都要研磨

為避免有所遺漏，縱橫向都要使用磨光機研磨。

●時時清除研磨墊的阻塞物

作業時要不時的揮研磨墊，清除木屑，而且要戴防塵面罩。市面上也有販賣具集塵機能的磨光機。

國家圖書館出版品預行編目資料

假日木工ＤＩＹ／月夜木工手藝俱樂部編著；李久霖譯
－初版－臺北市，大展，民 93
面；21 公分－（休閒娛樂；23）
譯自：満点父さんの日曜大工入門
ISBN 957-468-278-1（平裝）
1. 傢俱－製造　2. 木工
474.3　　92022392

假日木工 DIY

ISBN 957-468-278-1

編　　著／月夜木工手藝俱樂部
翻 譯 者／李　久　霖
發 行 人／蔡　森　明
出 版 者／大展出版社有限公司
社　　址／台北市北投區（石牌）致遠一路 2 段 12 巷 1 號
電　　話／(02) 28236031・28236033・28233123
傳　　真／(02) 28272069
郵政劃撥／01669551
網　　址／www.dah-jaan.com.tw
E-mail／dah_jaan @pchome.com.tw
登 記 證／局版臺業字第 2171 號
承 印 者／國順文具印刷行
裝　　訂／協億印製廠股份有限公司
排 版 者／千兵企業有限公司
初版1刷／2004 年（民 93 年） 3 月

定　價／200 元